项目经理/安全员培训教材

高空服务业企业安全管理手册

中国职业安全健康协会高空服务业分会
北京市西城区安全生产监督管理局　　编著
北京市劳动保护科学研究所

中国质检出版社
中国标准出版社
北　京

图书在版编目（CIP）数据

高空服务业企业安全管理手册/中国职业安全健康协会高空服务业分会，北京市西城区安全生产监督管理局，北京市劳动保护科学研究所编著．—北京：中国质检出版社，2017.1
ISBN 978－7－5026－4363－8

Ⅰ．①高…　Ⅱ．①中…②北…③北…　Ⅲ．①高空作业—服务业—企业安全—安全管理—手册　Ⅳ．①TU744－62

中国版本图书馆 CIP 数据核字（2016）第 268792 号

中国质检出版社
中国标准出版社　出版发行

北京市朝阳区和平里西街甲 2 号（100029）
北京市西城区三里河北街 16 号（100045）
网址：www.spc.net.cn
总编室：（010）68533533　发行中心：（010）51780238
读者服务部：（010）68523946
中国标准出版社秦皇岛印刷厂印刷
各地新华书店经销

＊

开本 787×1092　1/16　印张 22.5　字数 431 千字
2017 年 1 月第一版　2017 年 1 月第一次印刷

＊

定价：65.00 元

编　委　会

序　言

安全生产事关人民群众生命财产安全，事关改革发展和社会稳定大局。近年来，我国经济社会快速发展，首都北京更是日新月异，高层建筑如雨后春笋般拔地而起，由此带来的各类高处悬吊作业呈几何式增长。

在安全生产监管过程中，我们发现，由于高处悬吊作业本身无主管部门，安全管理法律法规不健全，企业安全管理水平不高，从业人员缺乏专业的培训教育，导致高处悬吊作业事故多发。近几年，高处悬吊作业已经成为安全生产事故的高发领域，也是城市安全生产监管的薄弱点和困难点。

在北京市安全生产监督管理局的指导下，北京市西城区安全生产监督管理局联合北京市劳动保护科学研究所，编制了 DB11/T 1194—2015《高处悬吊作业企业安全生产管理规范》，作为北京市推荐性地方标准，于 2015 年 11 月 1 日正式实施。标准的实施，有助于规范高处悬吊作业安全生产管理，提高企业安全生产管理水平，有效遏制高处悬吊作业安全生产事故的发生，促进整个行业领域健康持续发展。

安全生产教育培训是搞好安全生产、预防事故的重要环节，《中华人民共和国安全生产法》对安全生产教育培训作出了明确规定。本着规范高处悬吊作业安全生产教育培训体系的宗旨，让广大高处悬吊作业的管理者和从业者更加科学化、专业化、系统化地掌握本标准以及相关法律法规的重要内容，中国职业安全健康协会高空服务业分会、北京市西城区安全生产监督管理局和北京市劳动保护科学研究所共同编写了本培训教材。

希望本培训教材的出版能够得到广大安全生产培训教育工作者和高处悬吊作业工作者的认同，在规范企业安全管理、提高企业管理者和从业者的安全生产意识、业务能力方面发挥积极作用，为提高整个行业安全管理现状作出贡献。同时，也希望各位专家、读者提出宝贵意见，共同完善本培训教材，使其能够与时俱进，保持新颖、先进、科学、实用，为高处悬吊作业安全管理和教育培训提供最大的帮助。

借此机会，向长期在高处悬吊作业安全管理和安全生产培训教育工作中不懈努力的干部职工表示崇高的敬意！向在 DB11/T 1194—2015《高处悬吊作业企业安全生产管理规范》和本培训教材的编写、出版过程中辛勤付出的全体人员表示感谢！

北京市西城区安全生产监督管理局局长　李华

2016 年 7 月

前　言

高空分会发展历程

　　高空服务业是指有高空作业业务的商业服务业。涉及楼宇内外墙玻璃、石材及其他材料的清洗粉饰、维护；工业厂房和玻璃幕墙的安装、维修维护；道路高架桥、路灯的清洗维护；烟囱清理维护粉饰；港口、电厂、水泥厂、钢铁厂、化工厂等高大设备的清洗保洁；船舶、桥梁、储油罐的油漆清洗；高空广告及亮化工程的安装、维护、清洗；公路、铁路的隧洞边坡护理；风力发电机浆叶塔筒的清洗维护；光伏发电工程的维护清洗等。高空服务业在我国各行业的清洁作业中都有不可替代的作用。

　　高空服务业在我国还是个新生事物。目前，我国对这一新兴行业的安全管理还很薄弱。20世纪90年代曾由当时主管劳动安全的国家劳动部管理，后归国家安全生产监督管理总局管理，这几个管理机构都曾经颁发过安全生产证书。2004年，《中华人民共和国行政许可法》实施后，要求行政管理机关必须依法行政。由于高空清洗的安全生产许可证尚没有国家立法的支持，国家行政管理部门停止颁发行业安全生产许可证。因而，目前这个行业处于尚无统一的行业主管的状态。高空服务业企业分布在物业、城管、环卫、商业、园林、建筑、家政、卫生等多个行业内，但高空业务都不是这些行业的主营业务，没有得到各行业应有的重视。同时，由于高空作业属高风险作业，伤亡风险高，产值相对较小，各行业均不愿将其纳入自己的行业管理。虽然安监、技监、劳动、工商、环保等政府管理部门都参与管理，但基本都是事故后的处理，而日常的监督管理，以及前期的安全教育、培训、组织等工作缺少相应的负责主体，企业和用户有需求时，没有明确的部门提供相应的管理和服务。

　　高空服务业中座板式单人吊具清洗作业在20世纪80年代中期经日

本、香港传入中国大陆，第一批清洗公司开始组建。随着改革开放，高层建筑越来越多，清洗业务大增，利润丰厚，清洗公司数量激增，形成了很大的清洗市场。据初步统计，北京、上海、深圳等特大城市各有1500家以上清洗企业，南京、武汉等省会城市也有数百家企业，中小城市也至少有几十家。全国有2万家以上的清洗公司或企业。按平均每家企业10人计算，全国大约有清洗从业人员20万人左右。按保守估计，每人年产值12万元，则总年产值将达300亿元。如果算上为这些清洗公司提供服务和产品的吊具制造厂商和清洗材料供应商，全国的清洗行业及相关服务的产值每年都将在数百亿元以上。

国际上，由于各国有相关的法规来严格制约和规范，国外相关从业公司都是专业化的公司，并且在这些国家都实施了工伤与商业保险挂钩的措施，一般的企业也不敢轻易冒着承担巨额赔偿的责任而涉足此行业。高空清洗行业在北美和欧洲基本上没有大的安全事故。

我国的高空清洗行业的市场需求大，但行业内部还存在相当严重的问题。市场混乱、不规范，技术和产品相对落后，从业人员技能有待提高，严重缺乏有效的安全生产保障。有些业主单位为了降低清洗费用，无视安全生产要求，雇佣缺乏安全保障和技能的清洗人员。市场上有一批不具备安全生产条件的清洗企业和个人，他们不使用安全装备，无安全管理，无员工的技术培训，以压低价格为手段，争夺清洗市场。从业人员未进行专业培训就直接上岗，造成很多高空坠落事故。极端危险的高空作业，成为安全管理的死角。

安全监管分散。高空服务业坠落事故发生后，安监部门负责对事故单位按责任大小进行处理，劳动部门负责工人赔偿问题，质监部门负责调查事故技术原因，但这些工作都是事故发生之后的作为。如果能把安全管理的关口前移，在事故之前就做好市场安全准入、职业培训、规范设备、严控不安全行为，就可以大大降低高空作业的风险。2009年，北京市安全生产监督管理局、北京市市政市容管理委员会、北京市质量技术监督局联合印发《北京市高处悬吊作业安全生产规定》（京安监〔2009〕53号），是北京市高空服务业安全生产工作的政府规章。该规定要求生产经营单位必须建立安全生产管理体系，制定安全生产制度文件，员工应有特种作业上岗证等16条具体要求。对工程发包方也提出不准将工程分包给不具备安全生产条件的单位或个人等3条要求。特别是第二十六条规定，行业协会应当协助政府，帮助企业建立安全生产管理体系，指导企业制定并落实安全生产制度文件。相关单位要对形势有清晰的判断和把握，积极配合政府有关部门做好高空作业的监管工作。

强制性国家标准GB 23525—2009《座板式单人吊具悬吊作业安全技术规范》是在总结归纳全国高空悬吊清洗行业的经验教训的基础上起草的，同时引进了国外先进安全理念、安全技术和设备。标准规定了操作规范和安全管理要求。标准的实施极大地推动高空服务业的技术进步和提升安全生产水平，也有利于高空清洗行业的市场规范和从业人员素质的提高，从而有效地减少生产安全事故。

根据国家安监总局规范高空服务业的要求、高空服务业的市场需求和全国高空服务业企业的共同愿望，有必要成立高空服务业的行业组织。通过中国职业安全健康协会研究，报国家安监总局人事司批准，取得了国家民政部的全国社会团体的资质，中国职业安全健康协会高空服务业分会（以下简称分会）于2009年12月4日在北京人民大会堂成立。国家安监总局、中国职业安全健康协会、北京市安监局的领导和全国18个省市清洁协会及清洗企业的200多位代表汇聚一堂，通过了分会工作条例，选举了分会的委员、会长和秘书长。几年来分会稳步发展，现有会员700多家，分布在全国29个省。

成立高空服务业分会有利于本行业内各地企业建立统一的平台，为彼此交流提供便利条件。分会可以更快捷、更方便地向各个会员企业提供国内外最新的行业信息。分会制定了行业自律办法，防止恶性竞争，提高技术和管理门槛，在规范行业行为和行业自律上起到主导作用，制定本行业的国家标准和安全管理办法。分会不仅提供行业内信息，也是企业与政府之间的桥梁和纽带，能够将政府对高空清洗行业的最新政策及时传递给企业，并向政府有关部门及时反馈企业的需求和建议。不仅有利于行业的发展，也有利于政府对本行业管理。分会鼓励和奖励先进企业，使其起到表率作用，并推广先进的技术和安全理念。对于那些不规范企业，提供多方位服务使之逐渐规范。本行业是个高风险的行业，分会要加强宣传教育，提高职工的自我保护意识，加强行业自律，提高安全性，减少意外事故的发生。

分会要在全社会的安全发展中承担起应有的责任和义务，在促进安全发展中实现其价值。秉承政府意志，服务于政府、企业、用户，广泛地团结和联系高空服务业企业及工作者。更好地为会员单位及高空服务业企业提供高效、优质、全方位的服务。分会将以全体会员单位为基本服务对象，迅速将行业内相关政策、法规、动态、资讯以及在行业中将要推行的协调、监督、评价、扶持的新管理模式传递给企业，帮助企业在生产、经营的运作中及时掌握信息，捉住机遇赢得市场。分会向企业提供系统化、专业化、个性化的服务，根据企业的需求，为企业办好事、办实事、办大事，形成企业离不开分会帮助、分会离不开企业支持的深度合作态势。目前，分会正在开展以下工作：

（1）在全国各地组织 GB 23525—2009《座板式单人吊具悬吊作业安全技术规范》的宣贯，让高空清洗企业、工程发包方、设备制造商、经销商及安全生产监管人员学习、理解、掌握国家标准。

（2）依据 GB 23525—2009《座板式单人吊具悬吊作业安全技术规范》的要求，制定分会高空清洗企业安全生产证书评审办法。通过行业自律，对自愿申请的企业进行审查评定，为达到安全管理要求的企业颁发分会的全国统一高空清洗企业安全生产证书，推行市场安全准入制度，使符合安全生产要求的企业能够更好地赢得市场并提高本行业的安全作业水平和技术水平。

（3）开展作业人员上岗培训，以保证高空清洗企业员工掌握生产操作技术和安全操作规程。

中国职业安全健康协会高空服务业分会的宗旨是：政府满意、用户放心、企业发展、员工安全、市场规范、社会和谐。在国家安监总局及中国职业安全健康协会领导下，将全国的高空服务业企业团结在一起，以国家的法律法规和强制性国家标准为依据，开展行业自律，根据安全评价办法，统一规范各地清洗企业的安全准入工作。使符合安全规范的企业能够占据市场的主导地位，逐步清除不具备安全作业条件的企业。政府加强监管，促使企业提高安全投入，加强安全措施，从而规范市场，降低事故。

高空服务业企业安全准入

鉴于高空服务业行业现状，分会认为应当把清理目前混乱的市场作为首要工作。通过政府制定相关政策法规和国家标准，为能够达到安全生产要求的企业提供行业准入的通行证，为工程发包方提供能够安全生产的施工企业。从而把那些不具备安全生产条件的"游击队"清除出市场。通过政府、协会、工程发包方和正规企业的共同努力，造就一个安全、保证服务质量、有诚信的高空服务业市场。

为此，分会制定了《高空清洗悬吊作业企业安全生产证书管理办法》（简称《管理办法》）和《高空清洗企业安全生产证书实地核查办法》（简称《实地核查办法》），经过分会会员的充分讨论并得到会员大会批准，在会员自律的基础上，自愿申请高空清洗企业安全生产证书。

《管理办法》和《实地核查办法》依据《中华人民共和国安全生产法》、《中华人民共和国标准化法》、《北京市高处悬吊作业安全生产规定》和强制性国家标准 GB 23525—2009，规定了高空清洗企业应当符合的 23 条要求。从安全管理职责、安全生产资源、人力资源要求、采购管理、工程安全管理 5 个方面规范企业。

根据建立健全企业安全生产管理体系的要求，企业要有组织机构图；要有企业决策层的安全第一负责人、工程安全员、文档管理员的任命文件；要有安全管理制度规定各部门、各人员的职责和应急救援组织。落实企业安全生产管理体系。

根据指导企业制定并落实安全生产制度文件的要求，提出安全管理制度、安全检查制度、文件管理制度、设备和材料采购制度四大制度和相应的配套管理方法。

为了从市场上清除非正规企业（"游击队"），根据市场现状，设置了具有营业执照及 30 万元注册资金，有固定办公场所和库房，有清洗施工队伍的要求。企业悬吊作业工人要按国家标准培训合格，取得上岗证，最少有 6 人的要求。企业应按国家标准要求配备相关的悬吊作业装备。

这些要求从各方面规范了企业的安全管理。不是事故发生后再追究原因和责任，而是在总结以往的经验教训的基础上把企业的安全工作前置，让企业取得市场安全准入时，就具备安全施工的条件。

为了了解企业的真实情况，不仅审查企业的申请材料，还要求到企业实地核查。对企业申报的材料复印件须核对原件，避免发生欺骗和蒙混。现场与企业领导、技术人员、安全员、工人等进行座谈交流，将安全管理工作落到实处。

围绕安全生产证书的评审、颁发这一系统工程，分会做了一系列的相关工作。

进行国家标准的宣贯，让企业知道国家标准是衡量企业安全工作的尺子，管理部门会按国家标准裁判企业管理的对与错。分会按照国家标准的要求审查企业的安全管理、技术设备和悬吊作业人员。企业只有符合标准要求才能获得安全生产证书。

编写符合国家标准要求的员工培训教材，对悬吊作业员工进行理论知识和实际操作上岗培训。经考试合格，颁发上岗证。

由于高空作业坠落风险较高且伤亡损失较大，工程发包方为了规避人身事故的风险，往往要求施工企业提供作业员工的商业补充保险。经调查，目前各商业保险公司提供的人身意外险种都将属于高空作业的5类人员排除在外，企业购买的人身意外险一旦发生高空坠落事故，保险公司会因属于5类人员事故而拒赔，所以人身意外险不能保障高空作业员工。分会与中国平安保险公司联合推出了专门为高空清洗员工量身制定的高空作业保险，以确保员工在发生事故时能够得到救助补偿。

联络我国高空清洗行业设备制造厂商，研制符合国家标准的作业设备和劳保用品，并向高空清洗企业推广，把安全先进的设备和技术应用到市场上。避免因企业采购的设备不合格，发生坠落事故。同时推广具有先进技术的劳保用品，更好地保护员工的安全与健康。

发展前景

一、规范市场

针对高空清洗市场企业安全管理水平低、非正规企业（"游击队"）充斥、事故频发、低价竞争的现状，分会在行业内依据国家安全法规和国家标准，通过安全生产证书评审和市场准入，扶植符合条件的企业，把不具备安全条件的"游击队"清除出市场。从而提高行业的安全生产水平。市场是由工程发包方和清洗企业构成的，工程发包方需要能够保证安全施工和清洗质量的清洗企业，以规避他们的风险。如果使用了无安全资质的企业，一旦出现事故，发包方要承担相应的责任，所以发包方一定会要求清洗企业有相关安全资质。清洗企业为了满足发包方要求，也希望能够得到相关安全资质。这就是市场的需要。过去政府发证，使市场相对有序，2004 年《中华人民共和国行政许可法》实施后，政府不发证了，市场安全管理出现了真空，各种不符合安全要求的"游击队"企业趁机而起，低价竞争，使很多正规企业无法经营，退出市场，使得高空清洗市场更加混乱，事故层出不穷。

根据《中华人民共和国行政许可法》，行业组织通过自律，可以进行资质审查工作。分会在国家安监总局和中国职业安全健康协会的领导、支持下，团结广大的会员企业，开展安全评审，市场准入，符合市场需要，既满足了发包方和清洗企业的需求，又为政府分担了工作。只要我们把握政策，严格把关，随着企业的不断加入，市场会越来越规范，安全有保证，企业更规范。安全事故下降，甲方、企业和政府都将满意。

二、企业分析

现今市场上的高空清洗企业分为以下三类：

（1）企业具规模，效益较好。领导素质好，管理水平高，安全意识强。企业的安全管理制度完善，有的企业还通过了 ISO 9000 系列认证。其中有的企业领导具有行业领军作用，在当地行业内颇具影响力。他们普遍具备把行业规范视为己任，这些企业领导是分会的核心力量，依靠力量。但在提高技术水平，引进国外先进技术，拓展新的清洗领域方面还需努力。

（2）企业规模一般，效益平平，可以维持。企业领导层一般是靠市场打拼，多年积累形成，市场经验丰富，但文化水平较低，管理水平低，企业的管理主要靠领导者个人的威信和经验，没有形成企业的管理制度和企业文化，管理队伍也主要依靠家族成员或亲戚朋友。虽然有安全意识，但不知道应该如何管理。这些企业申请评审时，按照评审条件要求，在分会耐心细致的帮助、指导下，积极制定企业的各项安全管理制度，完善企业管理，逐步进入规范管理的企业队伍，并积极配合分会的工作。这类企业是分会的基本力量。

（3）企业规模小，效益较差。企业管理和安全管理水平较差。甚至没有固定的高空清洗的人员和施工队伍，没有办公场所。这些企业的老板，主要靠低价竞争承揽工程，临时招募工人，没有安全管理，没有安全投入，甚至没有设备。这类企业若想取得安全生产证书，必须进行重大改造，才能达到安全生产的条件。否则将不得不退出高空清洗市场。高空清洗是高危作业，我们要严格把关，不具备安全生产条件的企业不能进入这个市场。

三、积极与甲方沟通配合，共同规范高空清洗市场

市场是由甲乙两方构成的，如同树叶的正反两面，规范高空清洗企业的安全工作，除乙方的努力外，甲方的理解、支持与配合极端重要。只有甲方认真审查乙方的安全生产条件，才能督促乙方认真做好安全工作。同时，甲方才能有效规避风险。这是甲乙双方的共同利益。不可否认，目前市场上确实存在着不考虑安全成本，只以低价选择施工企业的现象，但大量的甲方希望首先选择具备安全生产条件的施工企业。目前，甲方的困难是不知道哪些企业是具备安全生产条件的施工企业。分会所做的安全生产证书的评审工作，就是为甲方提供符合国标要求的企业，希望甲方能够与分会合作，让具备安全生产条件的施工企业逐步扩大市场份额。

四、争取政府支持，配合政府搞好高空清洗安全工作

各级政府部门对高空清洗安全工作极为重视，成立分会得到国家安监总局的批准并获得国家民政部的资质。国家安监总局提出制定了高空悬吊作业的安全规范，使全国高空悬吊作业的安全工作有了统一的管理依据。分会的各次会议都有国家安监总局领导参会指导，并亲自公布了分会的安全生产证书管理办法，希望各地安监局与分会共同做好这项工作。随着政府对高空清洗安全工作的重视，各地高空清洗安全工作会有很快的发展。

分会参与了《北京市高处悬吊作业安全生产管理规定》的起草工作，

2012年协助西城区安监局制定了《北京市西城区高处悬吊作业企业安全管理办法》和《北京市西城区高处悬吊作业现场检查规程》。2013年北京市安监局提出，西城区安监局、北京市劳动保护科学研究所和分会联合高空作业企业共同制定北京市地方标准 DB11/T 1194—2015《高处悬吊作业企业安全生产管理规范》，将分会的高空清洗悬吊作业企业安全生产证书管理办法上升为北京市高空清洗悬吊作业企业都应遵循的安全管理要求。

随着市场的规范，北京市的工程发包方在选择服务商时，除要求有资质外，还要求企业的项目经理和安全员也要经过培训取得相应的资格，有相应的法规知识和管理能力，以加强工程施工的安全。分会适应市场需求，联合北京市西城区安全生产监督管理局和北京市劳动保护科学研究所共同编写了本培训教材，并在安监局的指导下，开展企业的项目经理和安全员培训。

本培训教材编写过程中，政府和企业积极支持，提供了很多行业安全管理实践经验。以下各位专家负责编写本培训教材中相应的内容：

北京市西城区安全生产监督管理局李华、毕军东、赵常华等同志及国家安全生产监督总局职业安全卫生研究中心教授级高级工程师马海澎负责法律法规及事故案例部分；高空服务业分会张辉副秘书长负责企业项目经理和安全员安全职责与安全管理部分；北京旭日创维保洁服务有限公司冯九军总经理和北京兆京保洁服务有限公司陈江涛总经理负责高处作业安全管理部分；北京三和晨光物业管理有限公司杨晖总经理、北京新侨物业管理有限公司唐建强总经理和北京美汐朗洁环保科技有限公司杜晶总经理负责企业安全管理部分；申锡机械有限公司喻惠业总工程师负责高处作业吊篮部分；天津市中盛百利工程机械有限公司杜学民总经理负责高空作业平台部分；易盛通达工程设备（北京）有限公司刘连平、邢立化经理负责移动式脚手架部分。

初稿编写完成后，北京云瀚清洁工程有限公司李仲秀总经理、山西蓝泰物业管理有限公司邓永红总经理、上海蓝云保洁有限公司曹明高总经理、宁夏三和晨光物业服务有限公司冯华总经理等对书稿进行审阅，并提出了宝贵的修改意见。高空服务业分会高哲宇秘书长、赵磊副秘书长在收集标准、文字编辑和组织协调方面付出了劳动。在此对以上各单位及各位同仁表示衷心的感谢。

编委会

2016 年 6 月 18 日

目 录

第一部分 安全生产法律法规和标准

第一章 安全生产法律法规知识 ……………………………………… 3

　第一节 安全生产法律体系的概念和特征 ……………………… 3

　第二节 安全生产法律体系的基本框架 ………………………… 4

　第三节 《安全生产法》在安全生产法律体系中的地位 ………… 6

　第四节 安全生产立法的必要性 ………………………………… 11

　第五节 安全生产立法重要意义 ………………………………… 15

第二章 安全生产法 ………………………………………………… 19

　第一节 安全生产法的立法目的、适用范围 …………………… 19

　第二节 安全生产法的基本规定 ………………………………… 23

　第三节 生产经营单位的安全生产保障 ………………………… 39

　第四节 从业人员的权利和义务 ………………………………… 52

　第五节 安全生产的监督管理 …………………………………… 57

　第六节 生产安全事故的应急救援与调查处理 ………………… 60

　第七节 安全生产法律责任 ……………………………………… 63

第三章 刑法及相关法律法规 ……………………………………… 74

　第一节 刑法及其解读 …………………………………………… 74

　第二节 最高人民检察院、公安部关于公安机关管辖的刑事案件立案追诉

　　　　 标准的规定（一）（公通字〔2008〕36号） ……………… 77

　第三节 最高人民法院、最高人民检察院关于办理危害生产安全刑事案件

　　　　 适用法律若干问题的解释 …………………………………… 79

　第四节 北京市生产安全事故报告和调查处理办法 …………… 84

　第五节 北京市高处悬吊作业安全生产规定（京安监发〔2009〕53号） …… 88

第四章　安全生产常用标准规范 ················· 92

　第一节　我国标准管理体系 ················· 92

　第二节　常用安全管理标准 ················· 93

　第三节　常用安全技术标准 ················· 95

　第四节　劳动防护用品标准 ················· 96

　第五节　安全生产相关地方标准 ············· 96

　第六节　高空作业相关标准 ················· 97

第二部分　企业安全生产管理

第五章　安全生产管理体系 ··················· 103

　第一节　概论 ··························· 103

　第二节　安全管理目标 ··················· 106

　第三节　安全生产责任制 ················· 108

　第四节　安全生产管理组织保障 ··········· 110

　第五节　安全生产管理制度 ··············· 112

　第六节　安全技术措施计划 ··············· 112

　第七节　安全生产检查 ··················· 115

　第八节　安全生产教育培训 ··············· 118

第六章　项目经理和安全员的安全职责与安全管理 ··· 121

　第一节　项目经理 ······················· 121

　第二节　安全员 ························· 124

第七章　高处作业安全防护 ················· 126

第八章　拆除工程安全技术 ················· 130

第九章　座板式单人吊具悬吊作业安全管理 ····· 132

　第一节　座板式单人吊具悬吊作业安全技术设备 ··· 132

　第二节　座板式单人吊具悬吊作业操作安全要求 ··· 138

　第三节　座板式单人吊具悬吊作业施工安全管理 ··· 140

　第四节　座板式单人吊具悬吊作业人员管理要求 ··· 141

　第五节　作业现场防火管理 ··············· 144

第六节　作业现场文明作业与环境保护 ·· 145

第七节　设备、工具的维护和保养规定 ·· 147

第十章　安全事故应急预案与处理方法 ·· 149

第一节　应急预案的编制 ··· 149

第二节　应急预案的演练 ··· 156

第三节　事故调查及处理方法 ·· 157

第十一章　劳动防护用品管理 ··· 161

第一节　劳动防护用品的分类 ·· 161

第二节　劳动防护用品的配备 ·· 162

第三节　劳动防护用品的正确使用方法 ·· 162

第四节　高处作业的劳动保护用品 ·· 163

第十二章　作业机械设备安全管理 ··· 169

第一节　高处作业吊篮 ··· 169

第二节　移动式脚手架 ··· 197

第三节　高空作业平台 ··· 210

第三部分　事故案例

第十三章　座板式单人吊具作业事故案例 ·· 217

第十四章　吊篮事故案例 ··· 229

第四部分　附录

中华人民共和国安全生产法 ··· 239

中华人民共和国标准化法 ·· 256

GB/T 3608—2008　高处作业分级 ·· 259

GB/T 9465—2008　高空作业车 ··· 268

GB 23525—2009　座板式单人吊具悬吊作业安全技术规范 ························· 291

AQ 3025—2008　化学品生产单位高处作业安全规范 ······························· 305

CB 3785—2013　船舶修造企业高处作业安全规程 ··································· 315

DB11/T 1194—2015　高处悬吊作业企业安全生产管理规范 ······················ 327

第一部分
安全生产法律法规和标准

第一章 安全生产法律法规知识

第一节 安全生产法律体系的概念和特征

一、安全生产法律体系的概念

安全生产法律体系是指我国全部现行的、不同的安全生产法律规范形成的有机联系的统一整体。

二、安全生产法律体系的特征

具有中国特色的安全生产法律体系正在构建之中。这个体系具有3个特点。

(一)法律规范的调整对象和阶级意志具有统一性

加强安全生产监督管理，保障人民生命财产安全，预防和减少生产安全事故，促进经济社会持续健康发展，是党和国家各级人民政府的根本宗旨。国家所有的安全生产立法，体现了工人阶级领导下的最广大的人民群众的最根本利益，围绕着执政为民这一根本宗旨，围绕着基本人权的保护这个基本点而制定。安全生产法律规范是为巩固社会主义经济基础和上层建筑服务的，它是工人阶级乃至国家意志的反映，是由人民民主专政的政权性质所决定的。生产经营活动中所发生的各种社会关系，需要通过一系列的法律规范加以调整。不论安全生产法律规范有何种内容和形式，它们所调整的安全生产领域的社会关系，都要统一服从和服务于社会主义的生产关系、阶级关系，紧密围绕着执政为民和基本人权保护而进行。

(二)法律规范的内容和形式具有多样性

安全生产贯穿于生产经营活动的各个行业领域，各种社会关系非常复杂。这就需要针对不同生产经营单位的不同特点，针对各种突出的安全生产问题，制定各种内容不同、形式不同的安全生产法律规范，调整各级人民政府、各类生产经营单位、公民相互之间在安全生产领域中产生的社会关系。这个特点就决定了安全生产立法的内容和形式又是各不相同的，它们所反映和解决的问题是不同的。

（三）法律规范的相互关系具有系统性

安全生产法律体系是由母系统与若干个子系统共同组成的。从具体法律规范上看，它是单个的；从法律体系上看，各个法律规范又是母体系不可分割的组成部分。安全生产法律规范的层级、内容和形式虽然有所不同，但是它们之间存在着相互依存、相互联系、相互衔接、相互协调的辩证统一关系。

第二节　安全生产法律体系的基本框架

安全生产法律体系究竟如何构建，这个体系中包括哪些安全生产立法，尚在研究和探索之中。可以从上位法与下位法、综合性法与单行法两个方面来认识并构建我国安全生产法律体系的基本框架。

一、从法的层级上，可以分为上位法与下位法

法的层级不同，其法律地位和效力也不同。上位法是指法律地位、法律效力高于其他相关法的立法。下位法相对于上位法而言，是指法律地位、法律效力低于相关上位法的立法。不同的安全生产立法对同一类或者同一个安全生产行为作出不同法律规定的，以上位法的规定为准，适用上位法的规定。上位法没有规定的，可以适用下位法。下位法的数量一般多于上位法。

（一）法律

法律是安全生产法律体系中的上位法，居于整个体系的最高层级，其法律地位和效力高于行政法规、地方性法规、部门规章、地方政府规章等下位法。国家现行的有关安全生产的专门法律有《中华人民共和国安全生产法》（简称《安全生产法》）《中华人民共和国消防法》《中华人民共和国道路交通安全法》《中华人民共和国海上交通安全法》《中华人民共和国矿山安全法》（简称《矿山安全法》）；与安全生产相关的法律主要有《中华人民共和国劳动法》《中华人民共和国职业病防治法》《中华人民共和国工会法》《中华人民共和国矿产资源法》《中华人民共和国铁路法》《中华人民共和国公路法》《中华人民共和国民用航空法》《中华人民共和国港口法》《中华人民共和国建筑法》《中华人民共和国煤炭法》（简称《煤炭法》）和《中华人民共和国电力法》等。

（二）法规

安全生产法规分为行政法规和地方性法规。

1. 行政法规

安全生产行政法规的法律地位和法律效力低于有关安全生产的法律，高于地方性安全生产法规、地方政府安全生产规章等下位法。例如《安全生产许可证条例》（国务院令第 397 号）。

2. 地方性法规

地方性安全生产法规的法律地位和法律效力低于有关安全生产的法律、行政法规，高于地方政府安全生产规章。经济特区安全生产法规和民族自治地方安全生产法规的法律地位和法律效力与地方性安全生产法规相同。例如《北京市安全生产条例》。

（三）规章

安全生产行政规章分为部门规章和地方政府规章。

1. 部门规章

国务院有关部门依照安全生产法律、行政法规的规定或者国务院的授权制定发布的安全生产规章的法律地位和法律效力低于法律、行政法规，高于地方政府规章。

2. 地方政府规章

地方政府安全生产规章是最低层级的安全生产立法，其法律地位和法律效力低于其他上位法，不得与上位法相抵触。

（四）法定安全生产标准

国家制定的许多安全生产立法将安全生产标准作为生产经营单位必须执行的技术规范而载入法律，安全生产标准法律化是我国安全生产立法的重要趋势。安全生产标准成为法律规定必须执行的技术规范，它就具有了法律上的地位和效力。执行安全生产标准是生产经营单位的法定义务，违反法定安全生产标准的要求，同样要承担法律责任。因此，将法定安全生产标准纳入安全生产法律体系范畴来认识，有助于构建完善的安全生产法律体系。法定安全生产标准分为国家标准和行业标准，两者对生产经营单位的安全生产具有同样的约束力。法定安全生产标准主要是指强制性安全生产标准。

1. 国家标准

安全生产国家标准是指国家标准化行政主管部门依照《中华人民共和国标准化法》（简称《标准化法》）制定的在全国范围内适用的安全生产技术规范。

2. 行业标准

安全生产行业标准是指国务院有关部门和直属机构依照《标准化法》制定的在安全生产领域内适用的安全生产技术规范。行业安全生产标准对同一安全生产事项的技术要求，可以高于国家安全生产标准但不得与其相抵触。

二、从法的内容上，可以分为综合性法与单行法

安全生产问题错综复杂，相关法律规范的内容也十分丰富。从安全生产立法所确定的适用范围和具体法律规范看，可以将我国安全生产立法分为综合性法与单行法。综合性法不受法律规范层级的限制，而是将各个层级的综合性法律规范作为整体来看待，适用于安全生产的主要领域或者某一领域的主要方面。单行法的内容只涉及某一领域或者某一方面的安全生产问题。

在一定条件下，综合性法与单行法的区分是相对的、可分的。《安全生产法》就属于安全生产领域的综合性法律，其内容涵盖了安全生产领域的主要方面和基本问题。与其相对，《矿山安全法》就是单独适用于矿山开采安全生产的单行法律。但就矿山开采安全生产的整体而言，《矿山安全法》又是综合性法，各个矿种开采安全生产的立法则是矿山安全立法的单行法。如《煤炭法》既是煤炭工业的综合性法，又是安全生产和矿山安全的单行法。再如《煤矿安全监察条例》既是煤矿安全监察的综合性法，又是《安全生产法》和《矿山安全法》的单行法和配套法。

第三节　《安全生产法》在安全生产法律体系中的地位

第九届全国人大常委会第二十八次会议于 2002 年 6 月 29 日审议通过，并于2002 年 11 月 1 日施行的《中华人民共和国安全生产法》是在党中央领导下制定的一部"生命法"，它的颁布实施是我国安全生产法制建设的重要里程碑。

2014 年 8 月 31 日，第十二届全国人大常委会第十次会议又通过了新修改的《中华人民共和国安全生产法》，于 2014 年 12 月 1 日起施行。

针对社会主义市场经济体制下安全生产工作中出现的新问题、新特点，为适应新形势下安全生产监督管理的需要，《安全生产法》以"安全责任重于泰山"的重要思想以及以人为本的理念为指导，与时俱进，以加强安全生产监督管理，防止和减少生产安全事故，保障人民群众生命和财产安全，促进经济发展为宗旨，以规范生产经营单位的安全生产为重点，以确认从业人员安全生产基本权利和义务为基础，以强化安全生产监督执法为手段，立足于事故预防，确立了安全生产的 7 项基本法律制度，制定了当前急需的安全生产法律规范，明确了安全生产法律责任。《安全生产法》是我国第一部安全生产基本法律，是各类生产经营单位及其从业人员实现安全生产所必须遵循的行为准则，是各级人民政府和各有关部门进行监督管理和行政执法的法律依据，是制裁各种安全生产违法犯罪行为的法律武器。全面、准确和深

刻地认识《安全生产法》的法律性质及其法律地位，非常重要。要科学地对《安全生产法》进行定性和定位，必须从全方位、多角度去把握。

一、《安全生产法》的立法背景

法律是上层建筑的重要组成部分。社会主义的经济基础决定了社会主义法律的本质。《安全生产法》的制定，是由我国现阶段的生产力发展水平和安全生产水平决定的。改革开放以来，在党中央、国务院和各级地方党委和人民政府的领导下，我国的安全生产状况逐步好转。但近年来，安全生产状况很不稳定，重大、特大事故连续发生。为了加强安全生产监督管理，遏制事故，减少人民生命安全和财产损失，保证社会主义现代化建设的顺利进行，党中央、国务院坚持安全第一的方针，先后采取了安全生产专项整治，特别是加强法制等一系列重大举措，为实现安全生产的稳定好转奠定了外部条件。在党中央提出依法治国，建设社会主义法治国家的基本方略以后，安全生产法制建设被提到前所未有的重要位置上，安全生产法制建设的进程不断加快。《安全生产法》正是在这种背景下制定的。

二、《安全生产法》的调整对象

从《安全生产法》的调整对象看，它是一部调整安全生产方面社会关系的专门法律。法律的调整对象是指法律所调整的社会关系，经法律调整后所产生的权利和义务关系就是法律关系。安全生产法律关系是指各行各业的公民、法人和社会组织相互之间，在从事生产经营和监督管理的活动中所发生的安全生产方面的权利和义务关系。安全生产法律关系错综复杂，其中基本的社会关系有下列5种：

（1）各级人民政府及其安全生产综合监督管理部门、有关安全生产专项监督管理部门及其安全生产监督检查人员，在履行法定职权时与生产经营单位、有关社会组织和从业人员之间所发生的监督管理关系。这是一种自上而下的基于国家行政管理活动所发生的纵向的行政管理关系。

（2）各级安全生产监督管理部门与其他有关部门之间的综合监督管理与专项监督管理的协调、指导和监督关系。这是各级人民政府所属的平行的各有关安全生产监督管理部门之间，依照法定职权和本级人民政府的授权，在安全生产监督管理工作中各司其职、相互配合时所发生的横向的协同关系。综合监督管理部门主要负责拟定综合性安全生产法律、法规、规章、政策和规划，协调解决重大安全生产问题，调查处理重大、特大生产安全事故，查处安全生产违法行为，指导、监督有关部门的专项安全生产监督管理工作。

（3）生产经营单位内部管理者与从业人员的安全生产管理关系。作为一个生产经营单位，它依法进行安全生产，必然要建立内部安全生产管理体系。这是生产经营单位的主要负责人、分管负责人、安全管理机构负责人、内设机构负责人和作业单位负责人与从业人员之间以及从业人员之间存在的安全管理关系。这种微观管理关系也是《安全生产法》的调整对象。

（4）生产经营单位之间及其与社会组织、公民之间的安全生产方面的权利义务关系。生产经营活动的对象是为社会公众服务的，生产经营单位的生产经营活动是否安全，事关相关单位和从业人员以及不特定的公民的人身安全和财产安全。譬如，工厂、商厦、饭店、博物馆等生产经营单位，承包、租赁场所的安全条件是否符合法律规定，直接涉及从业人员、居民、顾客和观众的人身安全。《安全生产法》对此进行必要的调整，规范生产经营单位的行为，明确各自的权利义务，有利于建立正常、可靠的安全生产秩序，为社会创造一个安定、祥和的环境。

（5）涉外安全生产管理关系。目前我国的中外合资、中外合作和外商独资等"三资"企业数量很多，遍及许多行业。随着我国加入WTO，对"三资"企业的安全管理日益与国际接轨，"三资"企业也必须严格依照我国法律进行生产经营活动，保证安全生产。因此，《安全生产法》同样适用于"三资"企业。

三、《安全生产法》的基本原则

学习实施《安全生产法》，应当掌握贯穿于全部立法过程和法律条文的指导思想和思路，这就是《安全生产法》的5项基本原则。只有这样，才能透彻了解立法的背景和指导思想，把握法律条文的内涵，融会贯通，学以致用。多年来，究竟按照什么思路去体现党和国家关于安全生产工作的大政方针，按照什么思路去构建法律的基本制度，这是立法过程中争论较多也急需确定的重大原则问题。《安全生产法》的基本原则是贯穿于立法和法律实施中的指导思想和基本思路，是统率7项基本法律制度的总纲。它高度概括了党和国家重视安全生产的一贯方针政策，总结了多年来安全生产工作的经验教训，抓住了当前安全生产工作的薄弱环节和突出矛盾，提供了规范生产经营活动安全的法律武器。

（一）人身安全第一的原则

以人为本是科学发展观的核心，"国家尊重和保障人权"已经载入我国宪法。我们社会主义国家的本质是人民当家作主，人民的利益高于一切。我们的每一项工作，都是为人民服务。而作为人民群众的主要组成部分的大批从业人员，他们从事着各种生产经营活动，往往面临着各种危险因素、事故隐患的威胁。一旦发生生产安全事故，从业人员的生命和健康将受到直接的损害。近两年来，全国每年因事故死亡的从业人员多达十几万人，严重损害了人民群众的生命安全，带来了大量的社会问题。随着社会经济发展和民主法制的进步，人的社会地位尤其是人的生命权必然受到前所未有的重视和保障。安全生产最根本最重要的就是保障从业人员的人身安全，保障他们的生命权不受侵犯。按照这个原则，《安全生产法》第一条就将保障人民群众生命财产安全作为立法宗旨，并且在第三章专门对从业人员在生产经营活动中的人身安全方面所享有的权利作出了明确的规定。针对一些私营业主草菅人命的问题，法律第一次赋予从业人员依法享有工伤社会保险和获得民事赔偿的权利，充分体现了国家对尊重和保护从业人员生命和财产权利的高度重视。《安全生产法》的许多条文都是围绕着从业人员的人身安全规定的，要求生产经营单位必须围绕着保障从业人员的人身安全这个核心抓好安全管理工作。

（二）预防为主的原则

"安全第一、预防为主、综合治理"是党和国家的一贯方针。但是目前各级政府和负有安全生产监管职责的部门牵扯精力最多、工作量最大的，往往是对生产安全事故的调查处理。如果对安全管理和监督的过程来说，可以分为事前、事中和事后的管理和监督。

事前管理是指生产经营单位的安全管理工作必须重点抓好生产经营单位申办、筹办和建设过程中的安全条件论证、安全设施"三同时"等工作，在正式投入生产经营之前就符合法定条件或者要求，把可能发生的事故隐患消灭在建设阶段。事中管理是指在生产经营全过程中的安全管理，其环节最多、过程最长，需要每时每处都保证安全，因此生产经营单位必须建章立制，加强管理，保证安全。事后管理是指发生事故后的抢救和善后处理工作，《安全生产法》对此作出具体的规定。为了检查督促生产经营单位的安全预防工作，法律同时要求政府及其负有安全生产监管职责的部门把监督工作的重点前移，放在事前监管和事中监管上，重在预防性、主动性的监督。为此，法律明确规定负有安全生产监管职责的部门要对生产经营单位的安全生产条件，安全设施的设计、验收和使用，生产经营单位主要负责人和特种作业人员的资格，安全机构及其人员，安全培训，安全规章制度，特种设备，重大危险源监控，危险物品和危险作业，作业现场安全管理等加强监管，由被动监管转向主动预防，将事故隐患消灭在萌芽状态，防止和减少重大、特大事故的发生。

（三）权责一致的原则

当前重大事故不断发生的一个重要原因，是一些拥有安全事项行政审批许可及安全监管权力的有关政府部门及其工作人员只要权力，不要责任，出了事故，推卸责任。这种有权无责，权责分离现象的蔓延，必然导致某些政府部门及其工作人员玩忽职守、徇私枉法，对该审批的安全事项不依法审批，不该批准的安全事项违法批准，应当监督管理的不负责任，其结果是一旦出了事故，负责行政审批发证和监督管理的部门和人员想方设法置身法外，不承担任何责任。要从根本上解决这个问题，必须按照权责一致的原则依法建立权责追究制度，明确和加重地方各级人民政府的安全生产责任，使其在拥有职权的同时承担相应的职责，权力越大，责任越重。为了加强安全生产的监督管理，《安全生产法》强化了各级人民政府和负有安全生产监管职责的部门的负责人和工作人员的相关职权和手段，同时也对其违法行政所应负的法律责任及约束监督机制作出了明确规定。

（四）社会监督、综合治理的原则

安全生产涉及社会各个方面和千家万户，仅靠负责安全生产监督管理职责的部门是难以实现的，还必须调动社会的力量进行监督，并发挥各有关部门的职能作用，齐抓共管，综合治理。要依靠群众、企业职工、工会等社会组织、新闻舆论的大力协助和监督，实现群防群治。要提高全社会的安全意识，才能形成全社会关注安全、关爱生命的社会氛围和机制。《安全生产法》主要是通过建立社区基层组织和公民对安全生产的举报制度和加强舆论监督强化社会监督的力度，将安全生产的视角和触角延伸到社会的各个领域、各个方面和各个地方，以协助政府和部门加强监管。各级安全生产监督管理部门在依法履行职责的同时，还应当在政府的统一领导下，依靠公安、监察、交通、工商、建筑、质监等有关部门的力量，加强沟通，密切配合，联合执法。只有加强社会监督，实现综合治理，才能从根本上扭转安全意识淡薄、安全隐患多、事故多发的状况，把事故降下来，实现安全生产的稳定好转。

（五）依法从重处罚的原则

安全生产形势严峻、重大责任事故时有发生的另一个原因，是现行相关立法的处罚力度过轻，不足以震慑和惩治各种安全生产和造成重大事故的违法犯罪分子。随着社会主义市场经济的发展，非公有制经济成分必将逐渐增加。据统计，全国每年各类生产安全事故的 60%～80% 发生在非公有制生产经营单位。一些私营生产经营单位的老板，只求效益不顾安全，出了事故便逃之夭夭，把大量的遗留问题推给政府和社会。过去的安全生产立法主要是针对国有企业制定的，对非公有制企业的安全生产缺乏明确的、严格的法律规范，对违法者存在着法律责任的缺失和处罚偏轻的问题。这也是少数私营业主敢于以身试法的原因之一。对违法者的仁慈，就是对人民的犯罪。所以，对那些严重违反安全生产法律、法规的违法者，必须追究其法律责任，依法从重处罚。《安全生产法》设定了安全生产违法应当承担的行政责任和刑事责任，设定了 11 种行政处罚，有 11 条规定构成犯罪的要依法追究其刑事责任，还破例地设定了民事责任，其法律责任形式之全、处罚种类之多、处罚之严厉都是前所未有的。这充分反映了国家对严重的安全生产违法者和造成重大、特大生产安全事故的责任者依法课以重典的指导思想。

第四节　安全生产立法的必要性

一、安全生产立法的含义

（一）安全生产

安全生产是指通过人一机一环境三者的和谐运作，使社会生产活动中危及劳动者生命安全和身体健康的各种事故风险和伤害因素，始终处于有效控制的状态。安全生产工作，则是为了达到安全生产目标，在党和政府的组织领导下所进行的系统性管理的活动，由源头管理、过程控制、应急救援和事故查处 4 个部分构成。安全生产工作的内容主要包括生产经营单位自身的安全防范，政府及其有关部门实施市场准入（行政许可）、监管监察、应急救援和事故查处，社会中介组织和其他组织的安全服务、科研教育和宣传培训等。从事安全生产工作的社会主体包括企业责任主体、中介服务主体、政府监管主体和从事安全生产的从业人员。

（二）安全生产立法

安全生产立法有两层含义，一是泛指国家立法机关和行政机关依照法定职权和法定程序制定、修订有关安全生产方面的法律、法规、规章的活动；二是专指国家制定的现行有效的安全生产法律、行政法规、地方性法规和部门规章、地方政府规章等安全生产规范性文件。安全生产立法在实践中通常特指后者。

二、加强安全生产立法的必要性

（一）安全生产法制亟待健全

近年来，安全生产事故频繁，死伤众多，不仅影响了经济发展和社会稳定，而且损害了党、政府和我国改革开放的形象。导致我国安全生产水平较低的原因是多方面、深层次的，安全生产法制不健全是其主要原因之一，突出表现在：

1. 安全生产法律意识淡薄

改革开放特别是近 10 年来，安全生产不再是局部的、个别的问题，而是社会经济发展和文明程度的重要标志。能否保证生产经营活动的安全，是关系到人民群众生命和财产安全的基本权益，关系到经济快速发展和社会稳定。从总体上看，公民在生产经营活动中的自我保护和安全生产的意识比较淡薄，一些生产经营单位特别是非国有企业负责人依法安全生产经营的意识也很淡薄，这些单位的负责人或者不懂法律，或者明知故犯，没有依法为从业人员提供必要的安全生产条件和劳动安全保护，使从业人员在十分恶劣和危险的条件下作业，以至发生事故，造成大量人身伤亡。有些地方政府领导人和私营企业老板只要经济效益，片面地追求利润最大化，忽视甚至放弃安全生产，没有意识到这是一种严重侵犯人权的违法行为，没有意识到它所产生的法律后果。总之，安全生产还没有成为所有地方政府和生产经营单位的自觉行动，没有从安全生产是法定的义务和责任的高度引起足够的认识和重视。

2. 安全生产出现了新情况、新问题，亟待依法规范

随着我国社会主义市场经济体制的建立，大量非国有生产经营单位的比重增加。在我国社会生产力总体水平比较低下的条件下，部分非国有生产经营单位存在着生产安全条件差、安全技术装备陈旧落后、安全投入少、企业负责人和从业人员安全素质低、安全管理混乱、不安全因素和事故隐患多的严重问题。而国家现行的有关安全生产的法律、法规基本是针对国有大型生产经营单位制定的，对大量非国有生产经营的安全生产几乎没有明确的、可操作的法律规范，这必然造成法律调整的"空白"和监督管理的"缺位"，以致非国有生产经营单位事故多发、死伤惨重。因此，必须适应安全生产的新形势，制定规范生产经营单位尤其是非国有生产经营单位安全生产的法律。

3. 综合性的安全生产立法滞后

虽然国家制定了几十部安全生产方面的单行法律、行政法规，但是这些现行立法多数是在计划经济体制及其向社会主义市场经济体制转轨时期出台的，已经不能完全适应安全生产工作的需要。在《安全生产法》出台之前，国家关于安全生产的基本方针、基本制度没有依法确立，涉及国家安全生产监管体制、各级政府和有关部门的监督管理职责、生产经营单位的安全保障、生产经营单位负责人的安全职责、从业人员的安全生产权利义务、事故应急救援和调查处理、安全生产违法行为的法律责任等重大问题，缺乏基本的法律规范。

4. 政府机构改革和职能转变后，没有依法确立综合监管与专项监管相结合的安全生产监管体制，尚未建立健全依法监管的长效机制

为适应社会主义市场经济体制关于实行政企分开的要求，自 1998 年以来，国家先后撤销了原有的十几个工业主管部门，同时也保留了铁道、交通、民航、建设等有关主管部门。政府部门已经不直接管理或者基本不直接管理企业的生产经营活动。与此同时，我国安全生产监管体制几经改革，建立了由安全生产综合监督管理部门与其他有关部门相结合的、综合监督管理与专项监督管理相结合的安全生产监督管理体制。安全生产的监督管理工作主要是运用法律手段，辅以必要的经济手段和行政手段，依法加大监管力度，查处安全生产违法行为。因此必须通过制定综合性的安全生产法律，将各级人民政府和各有关部门的安全生产职权、职责和监督管理措施法律化、制度化。但由于相关立法滞后，有的地方人民政府没有建立健全安全生产综合监督管理机构；已经设立的地方，又存在着综合监管部门与专项监管部门的法定职责和相互关系不明确的问题，在工作中产生了职责交叉、互相扯皮的矛盾，影响了安全生产监督管理工作的整体性、协调性，出现了安全生产监督管理工作的脱节和漏洞。

5. 缺乏强有力的安全生产执法手段

现行有关安全生产的法律、行政法规对安全生产违法行为及其法律责任的规定不够完整，有的对安全生产违法行为界定不清楚或者不准确，有的只有要求没有责任，有的虽有罚则但力度不够。对近年来突出的安全生产违法行为特别是非国有企业的安全生产违法行为，没有设定明确的法律责任。由于没有综合性的《安全生产法》，各级安全生产综合监管部门的法律地位、主要职责和执法手段无法可依，难以依法履行职责和实施行政执法。

（二）安全生产立法的必要性

目前我国正处于一个新的历史发展时期。在新形势下安全生产工作面临许多新情况、新问题、新特点，对安全生产监督管理工作也提出了新要求。加强安全生产法制建设，充分运用法律手段加强监督管理，是从根本上改变我国安全生产状况的主要措施之一。这是贯彻依法治国基本方略的客观要求，也是建设社会主义法治国家的必然选择。加强安全生产法治建设的首要问题是有法可依，因此制定一部综合性的《安全生产法》势在必行。加强安全生产立法，制定《安全生产法》的必要性，主要体现在 4 个方面：

1. 依法加强监督管理，保证各级安全监督管理部门依法行政的需要

自 2000 年以来，为了适应安全生产形势和管理的需要，国家对安全生产监督管理体制进行了两次重大改革。2001 年初国务院决定设立国家安全生产监督管理局，对全国的安全生产工作实施综合监督管理，重点对工矿商贸企业安全生产进行监督管理，指导、协调和监督其他有关部门负责的专项安全生产监督管理工作。目前省、自治区、直辖市陆续设立了安全生产监督管理机构，并在绝大多数市、县设立安全生产监督管理机构，全国的安全生产综合监管体系初步形成。2005 年 2 月，国务院将原国家安全生产监督管理局升格为总局。

这两次安全生产监督管理体制改革的目的和目标，是要加强各级人民政府对安全生产工作的领导，强化安全生产监督管理部门的职能、手段和工作力度，实现依法行政。依法行政要求各级行政机关必须做到职权法定、程序法定和责任法定，在法制的框架下实施行政管理活动。各级安全生产监督管理部门要做到依法行政，必须有法可依，即通过法律形式确定安全生产综合监管部门的法律地位、法定职责和行政执法的措施、手段，规范其监督管理和行政执法行为。而现行的有关安全生产的法律、法规都是解决负责专项安全生产监督管理问题的单行立法，没有也不能对国家安全生产监督管理体制和安全生产综合监督管理部门的职责作出明确、具体的法律规定，只有通过综合性的安全生产立法才能规定。因此，制定统一的《安全生产法》，将安全生产体制和安全生产综合监督管理部门的职责法律化、制度化，依法建立健全具有权威性的、高效率的安全生产监督管理体系十分必要，迫在眉睫。

2. 依法规范安全生产的需要

随着社会主义市场经济体制的建立，社会经济活动日趋活跃和复杂，各种经济成分、企业组织形式趋向多样化，生产经营单位已由国有企业、集体企业为主，变为国有企业、股份企业、私营企业、外商投资企业、个体工商户并存。这些生产经营单位的生产安全条件千差万别，安全生产工作出现了许多复杂的情况，存在着5个突出问题：

（1）非公有制经济成分增多，对其安全生产条件和安全违法行为没有明确的法律规范和严厉的处罚依据，缺乏严格的安全生产准入制度。相当多的私营企业、集体企业、合伙企业和股份制企业不具备基本的安全生产条件，安全管理松弛，大多数老板"要自己的钱，不要别人的命"，违法生产经营或者知法犯法，导致事故不断，死伤众多。

（2）企业安全生产管理缺乏法律规范，企业安全生产责任制不健全或者不落实，企业负责人的安全责任不明确，不能做到预防为主，严格管理；事故隐患大量存在，一触即发。

（3）安全投入严重不足，企业安全技术装备老化、落后，带病运转，安全性能下降，抗灾能力差，不能及时有效地预防和抗御事故灾害。

（4）一些地方政府监管不到位，地方保护主义严重。有的地方政府和有关部门对安全生产不重视，工作不到位，熟视无睹，疏于监管。有的官员甚至与企业相互勾结，搞权钱交易，徇私枉法，为不具备安全生产条件的企业违法生产经营"开绿灯"。

（5）国家关于安全生产的基本方针、原则、监督管理制度和措施未能法律化、规范化，许多领域的安全生产监管无法可依。

要解决这些问题，必须依法对生产经营单位的安全生产保障条件、主要负责人和从业人员的安全责任、作业现场和安全设备的安全管理、事故防范和应急措施以及政府和安全生产监管部门的监督管理措施等作出全面的法律规范，使生产经营单位明确应当怎样确保安全生产以及安全生产违法的后果。

3. 制裁安全生产违法行为，保护人民群众生命和财产安全的需要

社会主义法律的功能之一，是通过制裁违法犯罪来保护人民的根本利益。对各类严重的安全生产违法犯罪行为的宽容和姑息，就是对人民的极大犯罪。对各种安全生产违法行为缺乏明确的法律界定和法律责任，有关安全生产责任追究的法律规定不具体或者处罚过轻，不足以震慑安全生产违法犯罪分子，这也是当前安全生产违法行为屡禁不止的症结之一。所以，必须针对那些严重安全生产违法行为设定明确、具体、严厉的法律责任，充分运用刑事责任、行政责任和民事责任的综合制裁功能，最大限度地填补法律责任追究的空白，做到有法可依、有法必依、执法必严、违法必究，绝不让安全生产违法犯罪分子逍遥法外。

4. 建立健全我国安全生产法律体系的需要

改革开放以来，党和国家十分重视安全生产立法工作。国家制定颁布的有关安全生产方面的法律、行政法规几十部（如《矿山安全法》《海上交通安全法》《煤炭法》《铁路法》《公路法》《民航法》《建筑法》《消防法》等），加上各种安全生产规章和安全标准等立法数以千计。这些现行的安全生产立法数量众多，形成了庞大的"法群"对安全生产管理发挥了重要作用。但是，科学的社会主义安全生产法律体系，必须由不同层级、不同内容的法律规范组成。《安全生产法》颁布之前的安全生产立法虽然很多，但都是解决某个行业、某个方面安全生产特殊问题的单行立法，它们不能解决安全生产中存在的基本的和共性的法律问题，不能设定基本法律制度；因受其调整对象和调整范围的限制，不能全面、完整地反映国家关于加强安全生产监督管理的基本方针、基本原则和基本制度，难以体现中央关于安全生产工作的方针原则。这些立法再多，也只能是安全生产法律体系中的"子法"。安全生产法律体系中最重要的基本法律即"母法"却长期空缺，没有"母法"是不能建立安全生产法律体系的。所以，必须解决安全生产立法"群龙无首"的问题。只有制定综合性的《安全生产法》，才能逐步健全整个法律体系，更好地解决规范生产经营单位安全生产和强化监督管理的有法可依问题。

第五节　安全生产立法重要意义

以《安全生产法》的颁布实施为标志，我国安全生产立法进入了全面发展的新阶段。《安全生产法》的出台，对全面加强我国安全生产法制建设，激发全社会对公民生命权的珍视和保护，提高全民族的安全法律意识，规范生产经营单位的安全生产，强化安全生产监督管理，遏制重大、特大事故，促进经济发展和保持社会稳定都具有重大的现实意义，必将产生深远的历史影响。

一、有利于全面加强我国安全生产法律体系建设

《安全生产法》是我国第一部全面规范安全生产的专门法律，是我国安全生产法律体系中的基本法律，是各类生产经营单位及其从业人员实现安全生产所必须遵循的行为准则，是各级人民政府及其有关部门进行监督管理和行政执法的法律依据，是制裁各种安全生产违法犯罪行为的有力武器。《安全生产法》的出台，结束了我国没有安全生产基本法律的历史。《安全生产法》确立的基本法律制度，不仅对有关安全生产的单行法律、行政法规普遍适用，同时也对其作出了重要的、必要的补充完善，从而形成了母法与子法、普通法与特别法、专门法与相关法有机结合的中国安全生产法律体系的框架，为安全生产法制建设奠定了法律基础。

二、有利于保障人民群众生命和财产安全

重视和保护人的生命权，是制定《安全生产法》的根本出发点和落脚点。各种不安全因素和事故，是威胁从业人员和公众生命的大敌。人既是各类生产经营活动的主体，又是安全生产事故的受害者或责任者。只有充分重视和发挥人在生产经营活动中的主观能动性，最大限度地提高从业人员的安全素质，才能把不安全因素和事故隐患降到最低限度，预防和减少人身伤亡。这是社会进步与法制进步的客观要求。《安全生产法》体现了以人为本的理念，在赋予各种法律主体必要权利的同时设定其应尽的义务。这就要求各级政府特别是各类生产经营单位的领导人和负责人，必须以对人民群众高度负责的态度，重视人的价值，关注安全，关爱生命。要通过法律的贯彻实施，把生产安全事故和人身伤亡降到最低限度。

三、有利于依法规范生产经营单位的安全生产工作

针对近年来发生的重大、特大事故，法律把生产经营单位的安全生产列为重中之重，对其生产经营所必须具备的安全生产条件、主要负责人的安全生产职责、特种作业人员的资质、安全投入、安全建设工程和安全设施、安全管理机构和管理人员配置、生产经营现场的安全管理、从业人员的人身保障等安全生产保障措施和安全生产违法行为应负的法律责任等作出了严格、明确的规定。这对促进生产经营单位尤其是非国有生产经营单位提高从业人员安全素质、建立健全安全生产责任制、严格规章制度、改善安全技术装备、加强现场管理、消除事故隐患和减少事故、提高企业管理水平，都有重要意义。

四、有利于各级人民政府加强对安全生产工作的领导

各级人民政府及其领导人担负着发展经济、保一方平安的繁重任务和义不容辞

的政治责任。《安全生产法》明确规定各级人民政府应当加强对安全生产工作的领导，支持、督促各有关部门依法履行安全生产监督管理职责，应当采取多种形式，加强对安全生产法律、法规和安全生产知识的宣传，提高职工群众的安全生产意识；要求县级以上地方各级人民政府对安全生产监督管理中存在的重大问题应当及时予以协调、解决。这就依法确定了各级人民政府在安全生产工作中的地位、任务和责任。只有各级人民政府特别是地方人民政府真正把安全生产当作重要工作来抓，处理好安全生产与稳定发展的关系，加强领导，采取有力措施，才能够遏制重大、特大事故，确保社会稳定，促进地方经济发展。

五、有利于安全生产监管部门和有关部门依法行政，加强监督管理

各级安全生产监督管理部门和有关部门是具体实施安全生产监督管理工作的职能部门。为了理顺关系，明确职责，《安全生产法》规定各级安全生产监督管理部门依照本法对安全生产工作实施综合监督管理，其他有关部门依照本法和其他有关法律、行政法规规定的职责范围，对有关的安全生产工作实施监督管理。这就依法界定了综合监督管理与专项监督管理的关系，有利于综合监管部门与专项监管部门依法各司其职，相互协同，齐抓共管，做好安全生产监督管理工作。为了发挥城镇基层社区组织和舆论对安全生产工作的监督作用，协助政府和安全生产监管部门查处安全违法行为，《安全生产法》专门规定了居民委员会、村民委员会和新闻媒体对安全生产进行监督的权利义务，从而把各级人民政府及其安全生产监管部门的监督范围扩大到全社会，延伸到城镇街道和农村，形成全社会共同参与监督安全生产工作的格局。

六、有利于提高从业人员的安全素质

通过大量的事故分析来看，从业人员安全素质的高低，直接关系到能否实现安全生产。安全生产，既是从业人员神圣的权利又是义不容辞的义务。针对大批从业人员安全素质偏低的问题，《安全生产法》在赋予从业人员安全生产权利的同时，还明确规定了他们必须履行的遵章守规，服从管理，接受培训，提高安全技能，及时发现、处理和报告事故隐患和不安全因素等法定义务及其法律责任。只有从业人员切实履行这些法定义务，逐步提高自身的安全素质，提高安全生产技能，才能及时有效地避免和消除大量的事故隐患，掌握安全生产的主动权。

七、有利于增强全体公民的安全法律意识

关注安全，人人有责。实现安全生产，必须通过宣传教育、培训、监管和执法等活动，增强全体公民的安全法律意识。《安全生产法》赋予公民在安全生产方面的

参与权、知情权、避险权、检控权、求偿权和诉讼权，其目的不仅在于维护他们的合法权益，还在于促使他们在各项生产经营活动中重视安全、保证安全，自觉遵守安全生产法律、法规，养成自我保护、关心他人和保障安全的意识，协助政府和有关部门查堵不安全漏洞，同安全生产违法行为作斗争，使关心、支持、参与安全生产工作成为每个公民的自觉行动。

八、有利于制裁各种违法行为

对安全生产违法行为打击不力，是导致生产安全事故多发的原因之一。法律的基本功能之一就是对违反法律规范的违法行为实施制裁，保证社会的正常秩序。《安全生产法》针对近年来出现的主要安全生产违法行为，设定了严厉的法律责任，其范围之广、力度之大是空前的。各级安全生产监督管理部门要坚持有法必依、执法必严、违法必究的法制原则，秉公执法，严惩安全生产违法犯罪分子，形成一个强大的法制氛围，促进安全生产。

第二章　安全生产法

第一节　安全生产法的立法目的、适用范围

一、安全生产法的立法目的

立法目的亦称立法宗旨，它是每一部法律都不可缺少的。在《安全生产法》的立法过程中，围绕着立法宗旨进行了长期的调研、论证、争论，其中争论最多的问题之一，就是如何确定它的立法宗旨，即《安全生产法》到底按照什么思路来制定，着重解决什么问题？当前在安全生产工作中存在着许多问题，到底哪些是法律问题，哪些问题需要在《安全生产法》中规定并且能够通过法律加以解决？安全生产中存在的问题千头万绪，不仅有法律问题，还有经济问题和社会问题。法律的规范作用虽然是很强的，但它不是万能钥匙，更不是百科全书，它也不可能把所有的问题包揽无余，只能将其中最重要、最紧迫和立法条件成熟的法律问题纳入其调整范围，《安全生产法》也不例外。

要科学地确定《安全生产法》的立法宗旨，必须从当前我国安全生产的实际情况出发，准确地抓住最突出的安全生产法律问题，有的放矢，符合实际。当前各类安全生产问题错综复杂，但其中影响最大、危害最严重的主要有4个：

（1）安全生产监督管理薄弱。首先应当肯定，党和国家高度重视安全生产监督管理工作。不论机构如何改革，各级人民政府都有负责对安全生产监督管理工作的机构。国家先后制定了几十部有关安全生产的法律、行政法规，安全生产监督管理工作初步做到了有法可依。但是必须看到，我国尚处在社会主义初级阶段，低水平的社会生产力决定了安全生产的低水平。由于政府机构多次改革，新旧安全生产监督管理体制交替，目前尚未建立健全有中国特色的、有权威的、高效率的、统一的安全生产监督管理体制，缺少集中统一管理的安全生产监督执法队伍。虽然从中央到大部分省级和部分市县人民政府都建立了分级管理的安全生产监督管理机构，但其规格、职能、隶属关系、人员编制、经费和监督执法手段各不相同，普遍存在着规格较低、职能不一、隶属关系复杂、人员紧缺、经费匮乏、监督执法手段乏力的问题。有些地方虽有机构，但形同虚设；有些地方至今仍无安全生产监督管理机构。

安全生产监督管理不到位的主要原因，是一些政府领导人不重视安全生产工作，没有真正从政治高度深刻认识安全生产事关人民群众生命和财产安全，事关改革稳定和现代化建设的大局，事关党、国家的政治威信和我国的国际形象，他们把发展经济与安全生产对立起来，缺乏对人民群众高度负责的政治责任感，不讲安全生产，监督管理工作不到位。

（2）生产经营单位安全生产基础工作薄弱，生产安全事故居高不下。由于安全生产工作监督管理不到位，生产经营单位的安全条件、主要负责人和特种作业人员安全资格及其安全责任、安全机构设置、安全设施设备管理、现场作业安全保障、交叉作业和承包租赁场所安全管理、危险物品和重大危险源管理和从业人员工伤社会保险等企业生产经营安全方面的重要问题没有基本的法律规范，许多生产经营单位特别是大量非国有生产经营单位的安全生产条件差，管理混乱，各种事故隐患和不安全因素不能被及时有效地发现和消除，以致重大、特大事故频繁发生。

（3）从业人员的人身安全缺乏应有的法律保障。作为生产安全事故的直接受害者，每年我国有十几万人死于各种伤亡事故，远远高于发达国家。生产安全事故造成大量的人员伤亡和巨大的经济损失，造成了无可弥补的损失和恶劣的社会影响，使从业人员及其亲属没有安全感，引发了一系列社会问题。我国是人民民主专政的社会主义国家，人民的利益高于一切，生命的安全高于一切。各级人民政府的宗旨是为人民服务。如果连人民群众最基本的人身安全都不能得到有效的保障，代表最广大人民群众的根本利益和全心全意为人民服务便无从谈起。因此，保证生产经营单位从业人员的生命安全，是安全生产工作的主要任务和目标，是各级人民政府和各有关部门义不容辞的责任。

（4）安全生产问题严重制约和影响了社会主义现代化建设事业的顺利发展。很多地方和生产经营单位把发展经济和提高经济效益列为首要任务，但是不能正确处理安全生产与发展经济的关系，不是把两者有机结合而是加以对立。一些生产经营单位尤其是私营企业，"要钱不要命"，为了赚钱不惜以牺牲从业人员生命和发生事故为代价，减少甚至不进行安全生产投入，以降低短期成本追求长期利润。而一旦发生重大、特大事故，除了人员死亡之外还要不同程度地造成经济损失，其代价往往要等于或者高于安全生产投入成本，最终厂毁人亡，得不偿失。据统计，近几年我国平均每天因生产安全事故死亡 300 余人，每年直接经济损失约为 1500 亿元。

为了解决上述问题，《安全生产法》第一条开宗明义地规定："为了加强安全生产工作，防止和减少生产安全事故，保障人民群众生命和财产安全，促进经济社会持续健康发展，制定本法。"这既是《安全生产法》的立法宗旨，又是法律所要解决的基本问题。《安全生产法》的立法指导思想、方针原则、基本法律制度、法律条文都是围绕这个立法宗旨确定的。要全面、准确地领会和实现《安全生产法》的立法目的，应当把握以下 5 点：

（1）安全生产工作必须坚持安全责任重于泰山的指导思想。安全生产，人人有责。各级人民政府领导人及其各有关部门负责人都应时刻牢记全心全意为人民服务的根本宗旨，认真学习《安全生产法》的有关规定，明确安全生产责任，重视安全生产，抓紧安全生产，抓好安全生产，做到不安全不生产，要生产必须安全，以防止和减少重大、特大生产安全事故，减少人员伤亡，促进国民经济发展。社会组织、公民也应当把安全生产作为一件人人关心的大事，关注安全，关爱生命，协助政府和生产经营单位做好安全生产工作，营造一个全社会重视安全生产的氛围。

（2）依法加强安全生产监督管理是各级人民政府和各有关部门的法定职责。为了加大监督管理力度，《安全生产法》对各级人民政府及其安全生产监督管理部门的安全生产工作任务、职责、措施、处罚等方面作出了明确的规定，赋予其很大的监督管理和行政处罚的权力，同时也明确了很严格的法律责任，充分体现了有权必须负责、权责一致和权责必究的原则，对各级安全生产监督管理部门提出了依法监管、依法处罚的要求。要完成繁重而庄严的安全生产监督执法工作，各级安全生产监督管理部门的负责人和监督检查人员必须牢固树立法制观念，以对人民群众高度负责的精神，忠于职守，依法行政。

（3）生产经营单位必须把安全生产工作摆在首位。生产经营单位是安全生产的主体，安全生产是否有位置、有机构、有投入、有措施、有成效，生产经营单位的主要负责人是关键。《安全生产法》关于生产经营单位安全生产保障的规定，都要依靠厂长经理逐项组织落实。因此，生产经营单位必须坚持"安全第一、预防为主、综合治理"的方针，警钟长鸣，常抓不懈。在任何时候、任何场所，都不能忘记安全生产，不能有丝毫的含糊动摇，不能有丝毫的麻痹松懈，不能有丝毫的侥幸敷衍，不能有丝毫的厌战情绪。生产经营单位应当依照《安全生产法》的有关规定，切实保证安全投入的有效实施，不断更新、改造和维护安全技术装备，不断改善安全生产的"硬件"。同时应当加强各项安全生产规章制度、岗位安全责任、作业现场安全管理、从业人员安全素质等安全生产的"软件"建设。只有这样，才能使生产经营单位具备法定的安全生产条件，防止和减少事故特别是重大、特大事故，实现安全生产，提高企业的经济效益。

（4）从业人员必须提高自身安全素质及教育培训，防止和减少生产安全事故。大量的从业人员既是生产经营活动的主要承担者，又是生产安全事故的受害者或者责任者。要保障他们的人身安全，必须尽快提高他们的安全素质和安全生产技能。针对从业人员安全素质较低的现状，《安全生产法》对从业人员的安全生产权利和义务作出了规定，目的在于增强他们的安全意识和自我保护意识，提高他们的安全生产技能，促使他们尽职尽责地进行生产经营作业，预防事故，及时发现、处理事故隐患和不安全因素，最大限度地降低事故发生率，确保安全生产。只有重视、促进从业人员安全素质的提高，才能从根本上提高生产经营单位的安全水平。

（5）安全生产监督管理部门必须加大监督执法力度，依法制裁安全生产违法犯罪分子。法律的基本功能是制裁违法犯罪分子，维护社会的正常秩序。当前安全生产状况不好的重要原因之一是安全生产行政执法力度不够，许多安全生产违法行为未能及时受到惩治。《安全生产法》关于安全生产违法行为的界定及其法律责任追究的规定是非常严厉的。各级安全生产监督管理部门是安全生产监督管理的主体，应当坚持有法必依，执法必严，违法必究，对安全生产违法行为和犯罪分子，坚决绳之以法，促进安全生产稳定好转。

二、安全生产法的适用范围

《安全生产法》是对所有生产经营单位的安全生产普遍适用的基本法律。

（一）空间的适用

《安全生产法》第二条规定："在中华人民共和国领域内从事生产经营活动的单位（以下统称生产经营单位）的安全生产，适用本法……"。按照《安全生产法》的规定，自 2002 年 11 月 1 日起，所有在中华人民共和国陆地、海域和领空的范围内从事生产经营活动的生产经营单位，必须依照《安全生产法》的规定进行生产经营活动，违法者必将受到法律制裁。

（二）主体和行为的适用

法律所谓的"生产经营单位"，是指所有从事生产经营活动的基本生产经营单元，具体包括各种所有制和组织形式的公司、企业、社会组织和个体工商户，以及从事生产经营活动的公民个人。《安全生产法》之所以称为我国安全生产的基本法律，不是指国家法律体系和法学对宪法、基本法律、法律进行分类的概念，而是就其在各个有关安全生产的法律、法规中的主导地位和作用而言的，是指它在安全生产领域内具有适用范围的广泛性、法律制度的基本性、法律规范的概括性，主要解决安全生产领域中普遍存在的基本法律问题。换言之，《安全生产法》的基本法律制度和新的法律规范是其他有关法律、法规所没有而且也不可能有的"通用件"。除了消防安全和道路交通安全、铁路交通安全、水上交通安全、民用航空安全适用有关法律、行政法规原有特殊规定以外的所有生产经营单位的安全生产，都要适用《安全生产法》。排除适用的上述有关法律、行政法规，今后也要依照《安全生产法》的基本法律规范，制定新法或者修订旧法时，不应与《安全生产法》确立的基本方针、基本原则和基本法律制度相悖。

第二节 安全生产法的基本规定

一、安全生产管理的方针

《安全生产法》第三条规定："安全生产工作应当以人为本，坚持安全发展，坚持安全第一、预防为主、综合治理的方针"。"安全第一、预防为主、综合治理"是安全生产基本方针，是《安全生产法》的灵魂。《安全生产法》的基本法律制度和法律规范始终突出了"安全第一、预防为主、综合治理"的方针。安全生产，重在预防。学习宣传贯彻《安全生产法》，要求各级人民政府及其安全生产监督管理部门、有关部门和生产经营单位在任何时候都必须把预防事故作为安全生产工作的着眼点和落脚点，进行主动的、超前的管理。《安全生产法》关于预防为主的规定，主要体现为"六先"。

（一）安全意识在先

由于各种原因，我国公民的安全意识相对淡薄。随着经济发展和社会进步，安全生产已不再是生产经营单位发生事故造成人员伤亡的个别问题，而是事关人民群众生命和财产安全，事关国民经济发展和社会稳定大局的社会问题和政治问题。关爱生命、关注安全是全社会政治、经济和文化生活的主题之一。重视和实现安全生产，必须有强烈的安全意识。只有从讲政治的高度认识安全生产的重要性，有高度的安全意识，才能真正做好安全工作，实现安全生产。《安全生产法》把宣传、普及安全意识作为各级人民政府及其有关部门和生产经营单位的重要任务，《安全生产法》第十一条规定"各级人民政府及其有关部门应当采取多种形式，加强对有关安全生产的法律、法规和安全生产知识的宣传，增强全社会的安全生产意识"，《安全生产法》第二十五条要求"生产经营单位应当对从业人员进行安全生产教育和培训，保证从业人员具备必要的安全生产知识，熟悉有关的安全生产规章制度和安全操作规程，掌握本岗位的安全操作技能，了解事故应急处理措施，知悉自身在安全生产方面的权利和义务。"，第五十五条要求"从业人员应当接受安全生产教育和培训，掌握本职工作所需的安全生产知识，提高安全生产技能，增强事故预防和应急处理能力"。只有增强全体公民特别是从业人员的安全意识，才能使安全生产得到普遍的和高度的重视，极大地提高全民的安全素质，使安全生产变为每个公民的自觉行动，从而为实现安全生产的根本好转奠定深厚的思想基础和群众基础。

（二）安全投入在先

生产经营单位要具备法定的安全生产条件，必须有相应的资金保障，安全投入是生产经营单位的"救命钱"。一些生产经营单位特别是非国有生产经营单位重效益轻投入，其安全投入较少或者严重欠账，因而导致安全技术装备陈旧落后，不能及时地得到更新、维护，这就必然使许多不安全因素和事故隐患不能及时发现和消除，抗灾能力下降，引发事故。要预防事故，必须有足够的、有效的安全投入。《安全生产法》第二十条把安全投入作为必备的安全保障条件之一，要求"生产经营单位应当具备的安全生产条件所必需的资金投入，由生产经营单位的决策机构、主要负责人或者个人经营的投资人予以保证，并对由于安全生产所必需的资金投入不足导致的后果承担责任。""有关生产经营单位应当按照规定提取和使用安全生产费用，专门用于改善安全生产条件。安全生产费用在成本中据实列支。安全生产费用提取、使用和监督管理的具体办法由国务院财政部门会同国务院安全生产监督管理部门征求国务院有关部门意见后制定。"不依法保障安全投入的，将承担相应的法律责任。

（三）安全责任在先

实现安全生产，必须建立健全各级人民政府及其有关部门和生产经营单位的安全生产责任制，各负其责，齐抓共管。针对当前存在的安全责任不明确、权责分离的问题，《安全生产法》在明确赋予政府、有关部门、生产经营单位及其从业人员各自的职权、权利的同时设定其安全责任，是实现预防为主的必要措施。《安全生产法》突出了安全生产监督管理部门和有关部门主要负责人和监督执法人员的安全责任，突出了生产经营单位主要负责人的安全责任，目的在于通过明确安全责任来促使他们重视安全生产工作，加强领导。《安全生产法》第八条规定：

"国务院和县级以上地方各级人民政府应当根据国民经济和社会发展规划制定安全生产规划，并组织实施。安全生产规划应当与城乡规划相衔接。

国务院和县级以上地方各级人民政府应当加强对安全生产工作的领导，支持、督促各有关部门依法履行安全生产监督管理职责，建立健全安全生产工作协调机制，及时协调、解决安全生产监督管理中存在的重大问题。

乡、镇人民政府以及街道办事处、开发区管理机构等地方人民政府的派出机关应当按照职责，加强对本行政区域内生产经营单位安全生产状况的监督检查，协助上级人民政府有关部门依法履行安全生产监督管理职责。"

第九条对各级人民政府安全生产监督管理部门和有关部门的监督管理职权作出规定，并对其工作人员违法行政设定了相应的法律责任。《安全生产法》第五条规定："生产经营单位的主要负责人对本单位的安全生产工作全面负责"，第十八条明确了其应当履行的 7 项职责。第六章针对负有安全生产监督管理职责的部门的工作人员和生产经营单位的主要负责人的违法行为，规定了严厉的法律责任。法律的上述规定就是为了增强各有关部门及其工作人员和生产经营单位主要负责人的责任感，切实履行自己的法定职责。

（四）建章立制在先

预防为主需要通过生产经营单位制定并落实各种安全措施和规章制度来实现。"没有规矩，不成方圆"，生产经营活动涉及安全的工种、工艺、设施设备、材料和环节错综复杂，必须制定相应的安全规章制度、操作规程，并采取严格的管理措施，才能保证安全。安全规章制度不健全或者废弛，安全管理措施不落实，势必埋下不安全因素和事故隐患，最终导致事故。因此，建章立制是实现预防为主的前提条件。《安全生产法》对生产经营单位建立健全和组织实施安全生产规章制度和安全措施等问题作出的具体规定，是生产经营单位必须遵守的行为规范。

（五）隐患预防在先

预防为主，主要是为了防止和减少生产安全事故。无数案例证明，绝大多数生产安全事故是人为原因造成的，属于责任事故。在一般情况下，大部分事故发生前都有不安全隐患，如果事故防范措施周密，从业人员尽职尽责，管理到位，都能够使隐患得到及时消除，可以避免或者减少事故。即使发生事故，也能够减轻人员伤害和经济损失。所以，消除事故隐患，预防事故发生是生产经营单位安全工作的重中之重。《安全生产法》从生产经营的各个主要方面，对事故预防的制度、措施和管理都作出了明确规定。只要认真贯彻实施，就能够把重大、特大事故大幅度地降下来。

（六）监督执法在先

各级人民政府及其安全生产监督管理部门和有关部门强化安全生产监督管理，加大行政执法力度，是预防事故，保证安全的重要条件。安全生产监督管理工作的重点、关口必须前移，放在事前、事中监管上。要通过事前、事中监管，依照法定的安全生产条件，把住安全准入"门槛"，坚决把那些不符合安全生产条件或者不安全因素多、事故隐患严重的生产经营单位排除在"安全准入"门槛"之外。要加大日常监督检查和重大危险源监控的力度，重点查处在生产经营过程中发生的且未导致事故的安全生产违法行为，发现事故隐患应当依法采取监管措施或者处罚措施，并且严格追究有关人员的安全责任。

二、生产经营单位安全生产责任制度

《安全生产法》第四条规定："生产经营单位必须遵守本法和其他有关安全生产的法律、法规，加强安全生产管理，建立、健全安全生产责任制和安全生产规章制度，改善安全生产条件，推进安全生产标准化建设，提高安全生产水平，确保安全生产。"该条规定主要是依法确定了以生产经营单位作为主体、以依法生产经营为规范、以安全生产责任制为核心的安全生产管理制度。该项制度包含 4 方面内容：

（1）确定了生产经营单位在安全生产中的主体地位。生产经营单位是生产经营活动的直接承担者，也是引发生产安全事故的载体。能否确保安全生产，第一位的、决定的因素是生产经营单位的安全生产条件和安全管理状况。只有生产经营单位实现"人、机、环"三要素的统一，才能从根本上避免、预防和消除生产安全事故。

（2）规定了依法进行安全生产管理是生产经营单位的行为准则。现行安全生产法律、法规从各个方面制定了保障安全生产的法律规范。依法从事生产经营是法律为生产经营单位设定的义务，必须坚决履行。凡是发生生产安全事故的，通常都是违反了有关法律规定而导致的，要承担相应的法律责任。

（3）强调了加强管理、建章立制、改善条件，是生产经营单位实现确保安全生产的必要措施。

（4）明确了确保安全生产是建立、健全安全生产责任制的根本目的。

三、生产经营单位主要负责人的安全责任

生产经营单位主要负责人是生产经营活动和安全生产工作的决策者和指挥者，对于落实安全生产责任制，加强安全管理，确保安全生产至关重要。只有明确生产经营单位主要负责人的安全生产中的地位和责任，才能真正促使生产经营单位重视并抓好安全生产工作，防止和减少生产安全事故的发生。

（一）生产经营单位主要负责人

谁是生产经营单位安全生产工作的第一责任者，这是《安全生产法》立法过程中讨论较多也是必须明确的问题。《安全生产法》使用了"生产经营单位主要负责人"的用语，这是在各种情况下都能适用的高度概括性的表述。

（1）生产经营单位主要负责人必须是生产经营单位生产经营活动的主要决策人。主要负责人必须享有本单位生产经营活动包括安全生产事项的最终决定权，全面领导生产经营活动，如厂长、经理等。不能独立行使决策权的，不是主要负责人。譬如，生产经营单位的重大生产经营事项应由董事会决策的，那么董事长就是主要负责人。

（2）生产经营单位主要负责人必须是实际领导、指挥生产经营单位日常生产经营活动的决策人。在一般情况下，生产经营单位主要负责人是其法定代表人。但是某些公司制企业特别是国内外一些特大集团公司的法定代表人，往往与其子公司的法定代表人（董事长）同为一人，他们不负责日常的生产经营活动和安全生产工作，通常是在异地或者国外。在这种情况下，那些真正全面组织、领导生产经营活动和安全生产工作的决策人就不一定是董事长，而是总经理（厂长）或者其他人。还有一些不具备企业法人资格的生产经营单位不需要并且也不设法定代表人，这些单位的主要负责人就是其资产所有人或者生产经营负责人。

（3）生产经营单位主要负责人必须是能够承担生产经营单位安全生产工作全面领导责任的决策人。当董事长或者总经理长期缺位（因生病、学习等情况不能主持全面领导工作）时，将由其授权或者委托的副职或者其他人主持生产经营单位的全面工作。如果在这种情况下发生安全生产违法行为或者生产安全事故需要追究责任时，将长期缺位的董事长或者总经理作为责任人既不合情理又难以执行，只能追究其授权或者委托主持全面工作的实际负责人的法律责任。

综上所述，法律所称的生产经营单位主要负责人应当是直接领导、指挥生产经营单位日常生产经营活动、能够承担生产经营单位安全生产工作主要领导责任的决策人。

（二）生产经营单位主要负责人的地位和职责

（1）生产经营单位主要负责人是本单位安全生产工作的第一责任者。生产经营单位的安全生产工作能否做好，关键在于主要负责人。因此，《安全生产法》第五条规定："生产经营单位的主要负责人对本单位的安全生产工作全面负责。"这就把主要负责人置于安全生产工作的中心地位上，负有第一位的、主要的安全生产领导责任。法律规定的目的是要落实和加重主要负责人的安全生产责任，促使他们加强领导，加强安全，保障安全。

（2）生产单位主要负责人的安全生产基本职责。《安全生产法》针对生产经营单位主要负责人的安全责任不明确的问题，规定了生产经营单位主要负责人依法应当负有的建立、健全本单位安全生产责任制，组织制定本单位安全生产规章制度和操作规程，保证本单位安全生产投入的有效实施，督促、检查本单位的安全生产工作，及时消除生产安全事故隐患、组织制定并实施本单位的生产安全事故应急预案和及时、如实报告生产安全事故等7项基本职责。这样规定有3个好处，一是主要负责人有权有责，权责一致；二是安全生产责任明确具体，具有可操作性；三是实施责任追究时有充分的依据。

（三）生产经营单位主要负责人的法律责任

《安全生产法》对生产经营单位主要负责人违法行为的法律责任作出了明确的规定。如果生产经营单位主要负责人不履行法定义务，构成安全生产违法行为或者发生生产安全事故的，根据有责必究、有罪必罚的原则，将依照下列法律规定追究责任：

（1）生产经营单位的决策机构、主要负责人或者个人经营的投资人不依照本法规定保证安全生产所必需的资金投入，致使生产经营单位不具备安全生产条件的，责令限期改正，提供必需的资金；逾期未改正的，责令生产经营单位停产停业整顿。有前款违法行为，导致发生生产安全事故，对生产经营单位的主要负责人给予撤职处分，对个人经营的投资人处二万元以上二十万元以下的罚款；构成犯罪的，依照刑法有关规定追究刑事责任。（第九十条）

（2）生产经营单位的主要负责人未履行本法规定的安全生产管理职责的，责令限期改正；逾期未改正的，处二万元以上五万元以下的罚款，责令生产经营单位停产停业整顿。生产经营单位的主要负责人有前款违法行为，导致发生生产安全事故，给予撤职处分；构成犯罪的，依照刑法有关规定追究刑事责任。生产经营单位的主要负责人依照前款规定受刑事处罚或者撤职处分的，自刑罚执行完毕或者受处分之日起，五年内不得担任任何生产经营单位的主要负责人；对重大、特别重大生产安全事故负有责任的，终身不得担任本行业生产经营单位的主要负责人。（第九十一条）

（3）生产经营单位与从业人员订立协议，免除或者减轻其对从业人员因生产安全事故伤亡依法应承担的责任的，该协议无效；对生产经营单位的主要负责人、个人经营的投资人处二万元以上十万元以下的罚款。（第一百零三条）

（4）生产经营单位的主要负责人在本单位发生生产安全事故时，不立即组织抢救或者在事故调查处理期间擅离职守或者逃匿的，给予降职、撤职的处分，并由安全生产监督管理部门处上一年年收入百分之六十至百分之一百的罚款；对逃匿的处十五日以下的拘留；构成犯罪的，依照刑法有关规定追究刑事责任。生产经营单位的主要负责人对生产安全事故隐瞒不报、谎报或者迟报的，依照前款规定处罚。（第一百零六条）

四、工会在安全生产工作中的地位和权利

工会是安全生产工作中代表从业人员对生产经营单位的安全生产进行监督、维护从业人员合法权益的群众性组织，是协助生产经营单位加强安全管理的助手，是政府监督管理的重要补充。党和国家历来重视工会在安全生产工作中的作用，在

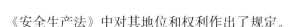

《安全生产法》中对其地位和权利作出了规定。

（一）工会在安全生产工作中的地位

《安全生产法》第七条规定："工会依法对安全生产工作进行监督。生产经营单位的工会依法组织职工参加本单位安全生产工作的民主管理和民主监督，维护职工在安全生产方面的合法权益。生产经营单位制定或者修改有关安全生产的规章制度，应当听取工会的意见。"法律对工会在安全生产工作中的基本定位，就是依法组织职工参加管理和监督，履行维权职责。生产经营单位必须重视工会的地位和作用，吸收工会参与管理，自觉接受工会的监督，切实保护从业人员的合法权益。

（二）工会对"三同时"的监督

生产经营单位新建、改建或扩建的工程项目中的安全设施是否符合要求，是确保安全生产和从业人员人身安全和健康的重要条件。许多生产安全事故都是由于建设项目的安全设施的设计、施工和投产使用存在着重大事故隐患，导致生产安全事故和人员伤亡。为了发挥工会在"三同时"中的作用，《安全生产法》第五十七条规定："工会有权对建设项目的安全设施与主体工程同时设计、同时施工、同时投入生产和使用进行监督，提出意见。"

（三）工会参加安全管理和监督的权利

为了真正发挥工会的作用，《安全生产法》赋予工会在参加安全管理和监督时享有多项权利：一是工会对生产经营单位违反安全生产法律、法规，侵犯从业人员合法权益的行为，有权要求纠正。二是发现生产经营单位违章指挥、强令冒险作业或者发现事故隐患时，有权提出解决的建议，生产经营单位应当及时研究答复。三是发现危及从业人员生命安全的情况时，有权向生产经营单位建议组织从业人员撤离危险场所，生产经营单位必须立即作出处理。四是工会有权依法参加事故调查，向有关部门提出处理意见，并要求追究有关人员的责任。

五、各级人民政府的安全生产职责

各级人民政府及其各有关部门是实施安全生产监督管理的主体，在安全生产工作中举足轻重。要明确各级人民政府的领导地位和各有关部门的监督管理职能，发挥其监督管理主体的作用，必须将各级人民政府在安全生产中的地位和基本职责法律化。为此，《安全生产法》第八条规定："国务院和县级以上地方各级人民政府应当根据国民经济和社会发展规划制定安全生产规划，并组织实施。安全生产规划应当与城乡规划相衔接。

国务院和县级以上地方各级人民政府应当加强对安全生产工作的领导，支持、督促各有关部门依法履行安全生产监督管理职责，建立健全安全生产工作协调机制，及时协调、解决安全生产监督管理中存在的重大问题。

乡、镇人民政府以及街道办事处、开发区管理机构等地方人民政府的派出机关应当按照职责，加强对本行政区域内生产经营单位安全生产状况的监督检查，协助上级人民政府有关部门依法履行安全生产监督管理职责。"

这里明确了三个问题。一是确定了各级人民政府在安全生产工作中的领导地位。从外部条件看，各级人民政府在安全生产工作中居于中心的地位，担负着确保一方平安的重要领导职责。人民政府必须立党为公、执政为民，坚持以人为本，高度重视安全生产工作，对人民群众的生命和财产高度负责。二是要求各级人民政府必须重视安全生产工作，加强领导。能否把安全生产摆到应有的位置和高度，主要是看各级人民政府是否真正重视安全生产工作。法律把加强对安全生产工作的领导作为一项法定义务加以规定，这就要求各级人民政府切实负起责任，加强领导，真抓实干，把生产安全事故降下来，避免和减少人员伤亡和财产损失。三是规定了各级人民政府的安全生产职责：其一，各级人民政府应当支持、督促各有关部门依法履行监督管理职责。政府除了组织贯彻实施党和国家有关安全生产的方针政策和法律、法规，部署、检查安全生产工作之外，主要依靠和督促其职能部门依法履行各自的监督管理职责。其二，各级人民政府对安全生产中存在的重大问题应当及时予以协调、解决。由于负有安全生产监督管理职责的部门较多，不可避免地存在着一些有关部门职责交叉或者难以解决的问题。这时处于居中地位的政府，必须及时协调、解决。如果政府领导人对安全生产中存在的重大问题麻木不仁、当断不断、久拖不决，由此引发生产安全事故，要承担失职、渎职的责任。

六、安全生产综合监管部门与专项监管部门的职责分工

建立适应我国国情的安全生产监督管理体制，明确各级人民政府负有安全生产监督管理职责的部门的职责分工，对于加强安全生产监督管理极为必要。《安全生产法》第九条规定："国务院安全生产监督管理部门依照本法，对全国安全生产工作实施综合监督管理；县级以上地方各级人民政府安全生产监督管理部门依照本法，对本行政区域内安全生产工作实施综合监督管理。

国务院有关部门依照本法和其他有关法律、行政法规的规定，在各自的职责范围内对有关行业、领域的安全生产工作实施监督管理；县级以上地方各级人民政府有关部门依照本法和其他有关法律、法规的规定，在各自的职责范围内对有关行业、领域的安全生产工作实施监督管理。

安全生产监督管理部门和对有关行业、领域的安全生产工作实施监督管理的部

门，统称负有安全生产监督管理职责的部门。"

（一）负责安全生产监督管理的部门及其职责

《安全生产法》第九条第一款所称的安全生产监督管理部门包括国务院和县级以上地方人民政府安全生产监督管理部门。国务院安全生产监督管理部门是国家安全生产监督管理总局。国家安全生产监督管理总局是国务院的正部级直属机构，依照法律和国务院批准的"三定"方案确定的职责，对全国安全生产工作实施综合监督管理。县级以上地方人民政府安全生产监督管理部门是这些地方人民政府设立或者授权负责本行政区域内安全生产综合监督管理的部门，其中绝大多数为安全生产监督管理局。

依照《安全生产法》的规定，国务院安全生产监督管理部门和县级以上地方人民政府安全生产监督管理部门的主要职责包括：依法对有关安全生产的事项进行审批、验收；依法对生产经营单位执行有关安全生产的法律、法规和国家标准或者行业标准的情况进行监督检查；依照国务院和地方人民政府规定的权限组织生产安全事故的调查处理；对违反安全生产法律、法规的行为依法实施行政处罚；指导、协调和监督本级人民政府有关部门负责的安全生产监督管理工作。

（二）有关部门及其职责

《安全生产法》第九条第二款所称的有关部门是县级以上各级人民政府安全生产综合监督管理部门以外的负责专项安全生产监督管理的部门，包括国务院负责专项安全生产监督管理的部门和县级以上地方人民政府负责专项安全生产监督管理的部门。国务院有关部门是指公安部、交通部、铁道部、建设部、国防科工委、民用航空总局和国家质检总局等国务院的部、委和其他有关机构。国务院有关部门依照法律、行政法规和国务院批准的"三定"方案的规定，负责有关行业、领域的专项安全生产监督管理工作。如公安部负责消防安全、道路交通安全的监督管理工作；交通部负责道路建设和运输企业安全、水上交通安全的监督管理工作；铁道部负责铁路运输安全的监督管理工作；建设部负责建筑施工安全的监督管理工作；国防科工委负责民用爆破器材安全的监督管理工作；民用航空总局负责民用航空安全的监督管理工作；国家质检总局负责特种设备安全的监督管理工作等。县级以上地方人民政府有关部门是指本级人民政府负责消防、道路交通、水上交通、建设、质检等专项安全生产监督管理工作的部门。地方人民政府有关部门依照法律、法规和本级人民政府的授权，负责本行政区域内的专项安全生产监督管理工作，并接受同级人民政府安全生产综合监督管理部门的指导和监督。

《安全生产法》的上述规定，实现了安全生产综合监督管理与专项监督管理相结合的监督管理体制的法律化、制度化。政府监督管理是指各级人民政府及其安全生产综合监督管理部门和对有关行业、领域的安全生产工作实施监督管理的部门依照法定的职权和程序，对安全生产法律关系主体的生产经营行为实施监督检查、对安全生产违法行为实施行政处罚的行政管理活动。综合监督管理负责解决各行各业安全生产工作中存在的普遍性、共性的问题，对有关行业、领域的安全生产工作实施监督管理的部门负责解决某一方面或者行业安全生产工作中的特殊性、个性的问题。安全生产综合监督管理部门对有关行业、领域的安全生产工作实施监督管理的部门的工作进行指导、协调和监督，不取代对有关行业、领域的安全生产工作实施监督管理的部门实施安全生产监督管理的具体工作。安全生产监督管理部门与对有关行业、领域的安全生产工作实施监督管理的部门的职责互不交叉、互不替代，应当各司其职，齐抓共管。

七、安全生产中介机构的规定

《安全生产法》第十三条规定："依法设立的为安全生产提供技术、管理服务的机构，依照法律、行政法规和执业准则，接受生产经营单位的委托为其安全生产工作提供技术、管理服务。"新版《安全生产法》删去原来"中介机构"中的"中介"二字，主要是因为，目前实践中已经设立的专业服务机构以及部分科研单位等，这些机构性质不属于中介机构。社会主义市场经济体制下，安全生产是一个社会问题。如何引入社会中介服务机制，确立安全生产中介服务机构在安全生产工作中的法律地位，使其服务职能社会化、市场化和法律化，充分发挥中介服务在安全生产工作中的桥梁和纽带作用，这是《安全生产法》确立的安全生产中介服务制度所要解决的问题。

（一）安全生产中介服务的性质及特征

安全生产中介服务属于第三产业中的服务业。它产生于市场经济体制下，是指由依法设立的中介组织受生产经营单位或者政府部门的委托，依法有偿从事安全生产评价、认证、检测、检验和咨询服务等专门业务的技术服务活动。安全生产中介服务具有下列特征：

1. 独立性

安全生产中介服务机构必须是依法设立的具有独立法人资格的社会组织。它具有法定的资质，以自己的名义从事有关中介服务活动，享有权利、履行义务、承担责任。

2. 服务性

安全生产中介服务是一种服务性工作，它是受生产经营单位或者政府部门的委托、聘请承担某一项或者多项技术服务业务。安全生产中介机构不具有行政管理职责，只在委托或者聘请的业务范围内开展工作，并对其服务的数量、质量和成果负责。

3. 客观性

从事安全生产中介服务工作的基本原则是尊重科学，实事求是，客观公正地完成服务工作。安全生产中介机构必须对其承担业务的真实性、客观性、科学性和准确性负责，不带有任何私利和偏见，不得提供违反客观规律、事实和法律的服务。

4. 有偿性

从事有关安全生产的评价、认证、检测、检验和咨询服务要付出一定的成本，安全生产中介服务机构必然要收取合理的报酬和费用。有偿服务是社会主义市场经济的重要特征之一，安全生产中介机构有权与委托人协商并收费。但是中介服务收费的项目、金额和支付方式必须符合法律规定，不得非法收费和谋取不正当的利益。

5. 专业性

安全生产涉及许多非常复杂的科学技术和专门业务领域，只能由具有相应资质、熟悉专业的中介机构及其专业人员提供专门的技术服务。从这个意义上说，安全生产中介服务主要是为生产经营单位或者政府部门提供专业性、技术性的服务。

（二）安全中介服务机构的法律地位和业务范围

最早建立健全安全生产中介服务制度的是西方一些资本主义国家。这种制度是与市场经济体制对社会分工逐步专业化的要求相适应的。中介服务作为第三产业中新兴的具有广阔发展空间的服务业，在企业与政府之间架起了一条畅通的桥梁。美国、德国、日本等国家建立了分工细致、组织健全、机制灵活、服务全面的安全生产中介服务组织，通过大批具有专业资格的安全专门人才从事中介服务。这些中介组织和专业人员成为完善安全技术装备、改进安全管理、提高安全水平不可缺少的重要力量，向社会提供完善、高效的安全生产技术服务。

近年来，我国从事安全生产中介服务的中介组织和专业人员也有一定规模的发展。广东、深圳、福建等省市先后成立了一批中介服务机构，实行安全主任等安全专业人员资格认证制度，取得了较好的效果。全国其他地方也有一批安全生产中介服务机构。这些安全生产中介机构多数是从原来隶属于某些政府部门分离出来或者实行企业化管理的事业单位，他们已经或者正在脱离具有行政管理职能的旧体制，逐步向完全的市场化、专业化方向转变。从总体上看，目前我国的安全生产中介服务业还处于初级阶段，多数安全生产中介服务机构仍然程度不同地负有一定的行政职能或者带有行政色彩，并没有完全实现真正意义上的安全生产中介服务。但是他们毕竟已经走向社会并将逐步社会化、市场化。这个方向是不可逆转的，安全生产中介服务的发展前景和空间是非常远大的。

全国人大常委会在审议和制定《安全生产法》的过程中，对建立、发展和完善有中国特色的安全生产中介服务制度给予了高度的重视和肯定，并且作出了相应的法律规定。《安全生产法》以法律形式第一次明确了安全生产中介服务机构和安全中介服务人员的法律地位、权利义务和责任，这就为在社会主义市场经济体制下发展安全生产中介服务业提供了有效的法律依据和保障，为促进生产经营单位的安全管理和强化政府的监督管理提供了新的机制和途径。

1. 安全生产中介机构和专业技术人员的法律地位

《安全生产法》第十三条规定："依法设立的为安全生产提供技术、管理服务的机构，依照法律、行政法规和执业准则，接受生产经营单位的委托为其安全生产提供技术、管理服务。"法律的上述规定，第一次确立了安全生产中介服务机构和安全专业技术人员的法律地位，即他们可以合法地从事有关安全生产中介服务业务。只要符合法定条件、依法从事相关业务活动的，受法律保护。

2. 安全生产中介服务的范围和主要业务

安全生产中介服务的业务范围比较广泛，涵盖了生产经营单位的开办、建设、生产、经营和政府监管的全过程。

一个生产经营单位从其开办到进行生产经营的许多环节，都涉及有关的中介服务业务，需要委托中介机构和专业技术人员提供技术服务。依照《安全生产法》的规定，生产经营活动中的安全生产中介服务的范围和主要业务包括：矿山和用于生产、储存危险物品的建设项目，应当按照国家有关规定进行安全条件论证、安全评价、设计审查和竣工验收；安全设施必须与主体工程"三同时"；安全设备、特种设备、劳动防护用品、安全工艺、危险物品、重大危险源和作业现场安全管理等。

（三）安全生产中介服务机构和安全专业人员的权利、义务和责任

《安全生产法》中明确了从事安全生产中介服务的机构和人员的权利、义务和责任，使其权利和义务对等、义务和责任一致。

1. 安全生产中介服务机构和安全专业人员的权利

（1）依法从事的安全生产中介服务工作受法律保护，具有不受侵犯的权利。任何单位和个人均无权干预、剥夺、阻碍其合法活动的权利。

（2）有权依照法律、法规和规章、标准的规定，从事授权范围内的有关安全生产业务。

（3）接受政府、部门的委托或生产经营单位的聘请，按照委托和约定的有关事项从事安全生产中介服务。

（4）有权拒绝从事非法或者服务范围以外的安全生产中介服务。

（5）有依法收取中介服务报酬和费用的权利。

2. 安全生产中介服务机构和安全专业人员的义务

（1）具备法定条件，依法取得安全生产中介服务资质。

（2）在法律、行政法规规定的行业、领域和业务范围内，按照执业准则，从事合法的、真实的中介服务，不得从事欺诈和虚假的服务。

（3）严格按照政府、部门和生产经营单位的委托或者约定，完成所承担的安全生产中介服务事项。

（4）接受政府有关主管部门对其进行的检查监督。

（5）合理地确定服务报酬和收费标准，不得非法牟利。

3. 安全生产中介服务机构和安全专业人员的责任

（1）对其承担的服务工作的合法性、真实性负责。

（2）对其违法犯罪行为承担相应的法律责任。

八、生产安全事故责任追究

《安全生产法》第十四条规定："国家实行生产安全事故责任追究制度，依照本法和有关法律、法规的规定，追究生产安全事故责任人员的法律责任。"

（一）生产安全事故的分类

按照引发事故的直接原因进行分类，生产安全事故分为自然灾害事故和人为责任事故两大类。自然灾害事故是由于人类在生产经营过程中对自然灾害不能预见、不能抗御和不能克服而发生的事故。人为责任事故是由于生产经营单位或者从业人员在生产经营过程中违反法律、法规、国家标准或者行业标准和规章制度、操作规程所出现的失误和疏忽而导致的事故。现有的生产安全事故中的绝大多数是人为责任事故，常与安全生产责任制和规章制度不健全、从业人员违章操作、管理人员违章指挥、技术装备陈旧落后、安全管理混乱、事故隐患不能及时消除有关。《安全生产法》规定要实行责任追究的，是指人为责任事故。因此，必须依法实行安全生产事故责任追究制度。这项制度包括安全生产责任制的建立、安全生产责任的落实和违法责任的追究3项内容。

（二）事故责任主体

事故责任主体是指对发生生产安全事故负有责任的单位或者人员。按照安全生产的生产主体和监管主体划分，事故责任主体包括发生生产安全事故的生产经营单位的责任人员和对发生生产安全事故负有监管职责的有关人民政府及其有关部门的责任人员。发生生产安全事故的生产经营单位的责任人员包括应负法律责任的生产经营单位主要负责人、主管人员、管理人员和从业人员。负有监管职责的有关人民政府及其有关部门的责任人员包括对生产安全事故负有失职、渎职和应负领导责任的各级人民政府领导人，负有安全生产监督管理职责的部门的负责人、安全生产监督管理和行政执法人员等。

（三）法律责任追究

依照《安全生产法》和有关法律、行政法规的规定，对生产安全事故的责任者，要由法定的国家机关追究其法律责任。生产安全事故责任者所承担的法律责任的主要形式包括行政责任和刑事责任。

1. 行政责任

行政责任是指违反有关行政管理的法律、法规的规定，但尚未构成犯罪的违法行为所应承担的法律责任。追究行政责任通常以行政处分和行政处罚两种方式来实施。行政处分是对国家工作人员及由国家机关派到企业事业单位任职的人员的违法行为给予的一种制裁性处理。行政处分包括警告、记过、降级、降职、撤职、开除等。行政处罚主要是对国家机关和国家工作人员以外的生产经营单位及其有关人员的安全生产违法行为给予的行政制裁。

2. 刑事责任

刑事责任是指责任主体实施刑事法律禁止的行为所应承担的法律后果。刑事责任与行政责任的区别，一是责任内容不同，负刑事责任的行为比负行政责任的行为的社会危害性更大；二是行为人是否承担刑事责任，只能由司法机关依照刑事诉讼程序决定；三是负刑事责任的责任主体常被处以刑罚。追究刑事责任的必须是违反安全生产法律、行政法规的规定，应当给予刑事处罚的严重安全生产违法行为。

《安全生产法》规定应当追究刑事责任的责任主体包括县级以上人民政府负有安全生产监督管理职责的部门的工作人员、生产经营单位的主要负责人、从业人员和提供技术、管理服务机构的有关人员。

九、安全生产标准

安全生产是"人、机、环"三者的有机结合和统一。安全标准是一种安全技术规范，依其内容的不同可以分为产品标准、方法标准和管理标准。确保安全生产，不仅需要加强管理，而且需要制定大批安全标准，以提高安全生产的科技含量和管理水平。安全标准是法律规范的重要补充。

《安全生产法》第十条规定："国务院有关部门应当按照保障安全生产的要求，依法及时制定有关的国家标准或者行业标准，并根据科技进步和经济发展适时修订。生产经营单位必须执行依法制定的保障安全生产的国家标准或者行业标准。"依照

《安全生产法》和《标准化法》的规定，涉及安全生产方面的标准主要有国家标准和行业标准，其中多数是强制性标准。依照法律规定，国家标准由国务院标准化行政主管部门制定。按照现行国务院机构设置和职能，国务院标准化行政主管部门是国家质检总局，具体管理机构是国家质检总局管理的国家标准化委员会。行业标准由国务院有关部门制定，行业标准制定后报国家标准化委员会备案。目前有权制定安全行业标准的国务院有关部门和机构主要有国家安全生产监督管理总局和其他有关部、委、总局等。国家标准和行业标准的制定部门应当及时制定和修订有关安全生产的标准，尤其要抓紧制定和修订有关安全生产的基础性、通用性的安全标准，保持安全标准的先进性、科学性和实用性，切实提高安全生产管理水平。现已制定的保障安全生产的国家标准和行业标准，涵盖了生产作业场所、生产作业、施工工艺方法、安全设施设备、器材产品、安全防护用品和安全技术管理等方面的安全要求和技术规范。《标准化法》规定，我国的标准分为必须执行的强制性标准和可以自愿采用的推荐性标准。有关保障人身健康和人身、财产安全的标准，是必须执行的强制性标准。依照法律的规定，执行法定的保障安全生产的国家标准和行业标准，是生产经营单位的法定义务。生产经营单位必须执行安全生产方面的国家标准或者行业标准，特别是强制性国家标准和强制性行业标准。有国家标准的，必须执行国家标准；没有国家标准但有行业标准的，必须执行行业标准；既有国家标准又有行业标准的，既要执行国家标准又要执行行业标准。

十、安全生产宣传教育

《安全生产法》第十一条规定："各级人民政府及其有关部门应当采取多种形式，加强对有关安全生产的法律、法规和安全生产知识的宣传，增强全社会的安全生产意识。"安全生产事关人民群众生命和财产安全。要实现《安全生产法》保护人民群众生命和财产安全的立法宗旨，做好安全生产工作，必须依靠和发动广大职工群众乃至全民积极主动、自觉自愿地参与，从而提升全民的安全意识，弘扬安全文化，树立以人为本的理念。依照法律规定，各级人民政府及其有关部门负有进行安全生产宣传教育的职责，要采用多种形式，充分利用各种传播媒体，广泛深入、坚持不懈地开展对安全生产法律、法规的宣传，使其为广大职工群众所掌握，将其变为广大职工群众的自觉行动。要使人民群众从人权和法制的高度，认识安全生产与国计民生的密切关系，营造人人关注安全、关爱生命的社会氛围，从根本上提升全民的安全生产意识。

十一、安全生产科技进步

《安全生产法》第十五条规定："国家鼓励和支持安全生产科学技术研究和安全

生产先进技术的推广应用，提高安全生产水平。"实现安全生产，必须依靠科技进步，先进的安全生产科学技术对提高安全生产水平具有不可替代的重要作用。随着社会经济的发展，各种生产经营活动的安全生产，离不开先进的科学技术的保证。只有重视和鼓励安全生产科学技术的研究，推广先进的安全生产技术，才能不断改善安全生产条件，不断装备先进可靠的安全设施和设备，加强预防生产安全事故和消除事故隐患的手段和能力，实现科技兴安、科技保安。因此，法律明确规定鼓励和支持安全生产科学技术研究和安全生产先进技术的推广应用，是为了加强政策措施的导向，从根本上改变当前安全生产科学技术落后的状况。

十二、安全生产奖励

要保障安全生产，需要无数为安全生产无私奉献、努力工作的单位和个人。在安全生产方面作出显著成绩的单位和个人，为保证确保安全，预防和减少生产安全事故，保护国家财产和人民群众的生命财产安全作出了显著的贡献。国家应当给予他们奖励，表彰他们的事迹，在全社会树立保障安全光荣、保障安全有功、保障安全受奖的风范和榜样，最大限度地调动各方面的积极性，共同抓好安全生产。

《安全生产法》第十六条规定："国家对在改善安全生产条件、防止生产安全事故、参加抢险救护等方面取得显著成绩的单位和个人，给予奖励。"该条规定明确了国家重点奖励的行为。

（一）在改善安全生产条件方面作出显著成绩

安全生产条件是否完善、安全、可靠，直接关系到生产安全事故的预防和减少。如通过技术革新、发明创造，改进安全设施、设备、工艺、技术，攻克安全管理难关，提高了安全技术装备的安全性能，减少了作业场所的危险性，加强了事故隐患和重大危险源的监控。

（二）在防止生产安全事故方面作出显著成绩

生产安全事故多发，造成了生命和财产的巨大损失。预防事故特别是防止发生重大、特大生产安全事故，是保障安全的重点。在这方面，提出或者建立严密科学的先进管理方法、措施和规章制度，加强事故隐患的监测、预警、排查、控制和消除，有效地预防生产安全事故的，要给予奖励。

（三）在抢险救护方面作出显著成绩

当事故发生时，需要及时有效地实施事故现场的控制，对受到伤害的人员进行抢救。在这方面尽职尽责、见义勇为、不怕牺牲、不畏艰险，为抢险救灾、抢救人员，避免和减少国家财产和人民群众生命财产损失的有功人员，应当褒奖。

（四）受奖主体和奖励形式

国家对在改善安全生产条件、防止生产安全事故、参加抢险救护等方面取得显著成绩的单位和个人均予以奖励。

奖励的形式主要包括 3 种：一是给予荣誉奖励，授予荣誉称号；二是物质奖励，颁发奖金或者奖给实物；三是晋升职务。可以单独采用或者同时采用。

第三节　生产经营单位的安全生产保障

各类生产经营单位是生产经营活动的主体和安全生产工作的重点。能否实现安全生产，关键是生产经营单位能否具备法定的安全生产条件，保障生产经营活动的安全。为了保证生产经营单位依法从事生产经营活动，防止和减少生产安全事故，《安全生产法》确立了生产经营单位安全保障制度，对生产经营活动安全实施全面的法律调整。

一、从事生产经营活动应当具备的安全生产条件

（一）生产经营单位是生产经营活动的基本单元

《安全生产法》作为我国安全生产的基本法律，其法律关系主体是相当广泛的。其中第二条规定："在中华人民共和国领域内从事生产经营活动的单位（以下统称生产经营单位）的安全生产，适用本法……"。这里所称的生产经营单位是指从事各类生产经营活动的基本单元，具体包括：

1. 各类生产经营企业

具有独立的企业法人资格的、从事生产经营活动的生产经营企业主要有两种，即依照企业法注册登记或者经批准成立的企业和依照公司法设立的公司。

（1）依法设立的生产经营企业。譬如，依照《全民所有制工业企业法》《乡镇企业法》《铁路法》《公路法》《煤炭法》《电力法》等法律、法规设立的工厂、铁路、公路、煤矿、电厂等企业，均受《安全生产法》调整。依照《中外合资经营企业法》《中外合作经营企业法》《外资企业法》在我国境内设立的生产经营企业，其生产经营活动的安全生产必须符合《安全生产法》的规定，如果违法同样要追究法律责任。

（2）从事生产经营活动的公司。依照《公司法》设立的各种生产经营性公司包括国有企业改制设立以及公司制企业，同样要遵守《安全生产法》。

2. 个体工商户

按照国家有关法规、规章的规定，雇工 6 人以下的为个体工商户。个体工商户虽然不是企业法人，但从事生产经营活动的，其安全生产也必须适用《安全生产法》。

3. 公民

公民一人或者数人从事小规模生产经营活动的，以及依法从事生产经营活动的有关人员，是最小的生产经营单元，也要遵守《安全生产法》。譬如，从事安全生产中介服务业务的人员（注册安全工程师等）从事有关活动，也要适用《安全生产法》。

4. 其他生产经营单位

其他生产经营单位主要有两种：

（1）从事生产经营活动的单位，适用《安全生产法》。

（2）安全生产中介服务机构。依照《安全生产法》及有关法规、规章的规定，从事安全生产中介服务的各类中介机构，也属于该法调整。

（二）法定安全生产基本条件

各类生产经营单位必须具备法定的安全生产条件，这是实现安全生产的基本条件。《安全生产法》第十七条规定："生产经营单位应当具备本法和有关法律、行政法规和国家标准或者行业标准规定的安全生产条件；不具备安全生产条件的，不得从事生产经营活动。"对法定安全生产基本条件的界定，应当把握下列 3 点：

（1）各类生产经营单位的安全条件千差万别，法律不宜也难以作出统一的规定。受行业、管理方式、规模和地区差别等因素的影响，不同生产经营单位的安全生产条件差异很大，各有自身的特殊性。如果法律不加区别地规定统一的安全生产条件，将会挂一漏万，并且也难以操作。法律只能实事求是地作出灵活的和可操作的规定，将各类生产经营单位的安全生产条件分解到相关的安全生产立法中去。

（2）相关安全生产立法中有关安全生产条件的规定，是生产经营单位必须遵循的行为规范。广义的安全生产立法是指调整生产经营单位安全生产活动的法律规范的总和，具体包括有关安全生产的法律、法规和标准等规范性文件。依照《安全生产法》第十七条的规定，凡是上述有关安全生产立法中明确规定了某个生产经营单位的安全生产条件，该生产经营单位必须具备。目前国家有关安全生产立法对绝大多数生产经营单位的安全生产条件已有规定，不论是有关法律、行政法规还是标准，只要其中规定了相应的安全生产条件的，有关生产经营单位都要具备。没有规定的，将在今后的立法中明确。

（3）安全生产条件是生产经营活动中始终都要具备，并需不断补充完善的。《安全生产法》和其他有关法律、法规和标准规定的安全生产条件是相对固定的，并且要求贯穿于生产经营活动的全过程。但随着安全生产新问题、新情况的不断产生，还需要通过相关立法规定一些新的安全生产条件。因此，生产经营单位不仅要具备法定安全生产条件才能开办，而且在其整个生产经营活动中始终都要具备安全生产条件。

二、生产经营单位主要负责人的安全生产职责

生产经营单位主要负责人在安全生产工作中居于全面领导和决策的地位。要建立健全安全生产责任制度，首先要明确生产经营单位主要负责人的安全生产职责。《安全生产法》第十八条第一次以法律形式确定了生产经营单位主要负责人对本单位安全生产负有的7项职责。

（一）建立、健全本单位安全生产责任制

安全生产责任制是生产经营单位保障安全生产的最基本、最重要的管理制度。只有明确安全生产责任，分清责任，各尽其责，才能形成严密科学的安全生产责任体系。所谓安全生产责任制是指建立和实施生产经营单位的全员、全过程、全方位的安全生产责任制度，即要明确生产经营单位负责人、管理人员、从业人员的安全岗位责任制，将安全生产责任层层分解落实到生产经营的各个场所、各个环节、各有关人员。

（1）生产经营单位主要负责人的安全生产责任。生产经营单位主要负责人对本单位的安全生产全面负责，负责安全生产重大事项的决策并组织实施。

（2）生产经营单位有关负责人的安全生产责任。生产经营单位副职负责人或者技术负责人按照分工，协助主要负责人对安全生产专职负责。

（3）生产经营单位安全管理机构负责人及其安全管理人员。生产经营单位专设或者指定的负责安全管理的机构的负责人、安全管理人员，应当按照分工，负责日常安全管理工作。

（4）班组长的安全生产责任。班组长是生产经营作业的直接执行者，负责一线安全生产管理，责任重大。班组长应当检查、督促从业人员遵守安全生产规章制度和操作规程，遵守劳动纪律，不违章指挥、不强令工人冒险作业，对本班组的安全生产负责。

（5）岗位职工的安全生产责任。从事生产经营作业的职工应当遵守安全生产规章制度和操作规程，服从管理，坚守岗位，不违章作业，对本岗位的安全生产负责。

（二）组织制定本单位安全生产规章制度和操作规程

建章立制是生产经营单位搞好安全生产，实现科学管理的重要手段。生产经营单位从事生产经营的各个工种、工序、工艺和环节之间相互关联，需要制定一整套

严密、协调的行为规范和管理制度，需要遵循一定的程序加以衔接。只有建立健全安全生产规章制度和操作规程，才能保证生产经营作业的有序进行，才能堵塞安全管理漏洞，才能有效监控重大危险源，整改事故隐患，保证生产经营作业正常、安全地运行。在这方面，生产经营单位主要负责人负有组织和决策的职责。

（三）保证本单位安全生产投入的有效实施

生产经营活动是一个连续、反复的过程，需要不断地改善与之相适应的安全生产条件，不断地维护、淘汰、更新安全设施、设备，使之处于良好的、安全的状态。要做到这一点，需要不断地投入必要的资金。除须由决策机构集体决定安全生产投入的之外，生产经营单位主要负责人拥有本单位安全生产投入的决策权。法律规定生产经营单位主要负责人保证安全生产投入的有效实施：一是要求生产经营单位主要负责人必须支持必要的安全生产投入，不得拒绝投入或者减少投入；二是要求生产经营单位主要负责人对已经投入的安全资金必须管好用好，不得不用、少用或者挪用；三是要求生产经营单位主要负责人必须检查、监督安全生产投入的使用情况和使用效果，达到保障安全生产的预期效果。

（四）督促、检查本单位的安全生产工作，及时消除生产安全事故隐患

作为生产经营活动的组织指挥者，生产经营单位主要负责人对本单位安全生产工作负有领导责任，必须对日常生产经营活动的安全生产工作进行检查、督促，及时消除生产安全事故隐患。一是要对本单位安全生产工作进行全面安排部署，督促安全管理机构和有关部门具体落实，加强对安全生产工作的领导；二是根据需要，组织对本单位安全生产情况进行检查，对检查中发现的问题或者生产安全事故隐患，应当及时组织整改和处理，防止事故的发生；三是支持安全管理机构或者有关部门的安全生产管理工作，在人员、经费、装备等方面予以保证。

（五）组织制定并实施本单位的生产安全事故应急救援预案

生产安全事故具有偶然性和突发性，往往造成巨大的人员伤害和财产损失，后果严重。建立应急救援机制，建立应急救援组织，做好救援物资准备，制定实施现场救援的预案，对可能发生的生产安全事故实施应急救援，是及时应对事故和减少人员财产损失的重要措施。依照法律的规定，生产经营单位必须事先制定并落实生产安全事故应急救援预案，而其组织制定并组织实施的职责应由生产经营单位主要负责人履行。要履行这项职责，生产经营单位主要负责人必须组织有关人员或者专家，制定内容翔实、周密科学的事故应急预案，并组织演练。一旦发生生产安全事故，生产经营单位主要负责人要按照预案启动事故应急救援工作。

（六）及时、如实报告生产安全事故

生产安全事故难以避免，但是能否及时、真实地报告情况，及时采取措施实施救援，关系到生产安全事故能否得到有效控制和处理，能否避免或者减少人员伤亡和财产损失。隐瞒不报、谎报和迟报生产安全事故的，势必延误救援时机，扩大人员伤亡和财产损失。这是一种严重违法的行为。为了保证生产安全事故报告的及时准确，减少人员伤亡和财产损失，《安全生产法》将事故发生时依照法律、法规和国家有关规定报告事故情况，纳入生产经营单位主要负责人的重要职责之中。所谓"及时"，是指发生生产安全事故后，生产经营单位主要负责人必须按照有关规定，以最快捷的速度、最短的时间向当地人民政府有关部门报告，不得故意拖延或者迟报。因故意拖延或者迟报而耽误生产安全事故救援和调查处理的，要承担相应的法律责任。所谓"如实"，是指发生生产安全事故后，事故报告的内容和情况必须真实、准确；暂时难以准确确定事故情况的，应尽快核实后补报或者续报。如果故意不报告或者隐瞒事故的人员伤亡和财产损失，或者报告虚假情况的，要追究发生事故的生产经营单位主要负责人的法律责任。

（七）组织制定并实施本单位安全生产教育和培训计划

本单位安全生产教育和培训是生产经营单位保证安全生产的必要手段。只有让安全管理人员和从业员工通过安全生产教育和培训提高安全意识，掌握安全技术，能够遵守安全生产规章制度和操作规程，能够发现安全隐患，才能保证安全生产。生产经营单位主要负责人应当组织制定并实施本单位安全生产教育和培训计划并监督执行，才能使本单位安全生产教育和培训落到实处。

三、安全生产资金投入的规定

当前安全生产存在的主要问题之一，就是生产经营单位的安全投入普遍不足，"安全欠账"严重，尤以非公有制生产经营单位为甚。一些生产经营单位不能正确处理效益与投入的关系，有的要钱不要命，不惜以最低的投入甚至牺牲从业人员生命为代价，追求高额利润，其结果是安全技术装备陈旧落后，不能及时予以维护、更新，安全生产的"硬件"疲软，从而导致大量事故发生。为了从根本上解决安全投入无保障的问题，《安全生产法》将安全投入列为保障安全生产的必要条件之一，从3个方面作出严格的规定。

（一）生产经营单位安全投入的标准

由于各行各业生产经营单位的安全生产条件千差万别，其安全投入标准也不尽相同。为了使安全投入的标准更符合实际，更具有操作性，《安全生产法》第二十条关于"生产经营单位应当具备的安全生产条件所必需的资金投入"的规定，明确了生产经营单位必须进行安全投入以及安全投入的标准。具备法定安全生产条件所必需的资金投入标准，应以安全生产法律、行政法规和国家标准或者行业标准规定生产经营单位应当具备的安全生产条件为基础进行计算。具备法定安全生产条件所需要的安全资金数额，就是生产经营单位应当投入的资金标准。如果投入的资金不能保障生产经营单位符合法定安全生产条件，就是资金投入不足并对其后果承担责任。

（二）安全投入的决策和保障

有了符合安全生产条件所需资金投入的标准，还要通过决策予以保障。为了解决谁投入的问题，《安全生产法》第二十条根据不同生产经营单位安全投入的决策主体的不同，分别规定：

（1）按照公司法成立的公司制生产经营单位，由其决策机构董事会决定安全投入的资金；

（2）非公司制生产经营单位，由其主要负责人决定安全投入的资金；

（3）个人投资并由他人管理的生产经营单位，由其投资人即股东决定安全投入的资金。

《安全生产法》第二十条规定："有关生产经营单位应当按照规定提取和使用安全生产费用，专门用于改善安全生产条件。安全生产费用在成本中据实列支。安全生产费用提取、使用和监督管理的具体办法由国务院财政部门会同国务院安全生产监督管理部门征求国务院有关部门意见后制定。"

（三）安全投入不足的法律责任

进行必要的安全生产资金投入，是生产经营单位的法定义务。由于安全生产所需资金不足导致的后果，即有安全生产违法行为或者发生生产安全事故的，安全投入的决策主体将要承担相应的法律责任。《安全生产法》第九十条规定："生产经营单位的决策机构、主要负责人或者个人经营的投资人不依照本法规定保证安全生产所必需的资金投入，致使生产经营单位不具备安全生产条件的，责令限期改正，提供必需的资金；逾期未改正的，责令生产经营单位停产停业整顿。

有前款违法行为，导致发生生产安全事故的，对生产经营单位的主要负责人给予撤职处分，对个人经营的投资人处二万元以上二十万元以下的罚款；构成犯罪的，依照刑法有关规定追究刑事责任。"

四、安全生产管理机构和安全生产管理人员的配置

生产经营单位加强安全生产管理，应有必要的安全生产管理机构和人员。《安全

生产法》第二十一条对生产经营单位安全生产管理的机构和人员保障问题，从两方面作出了规定。

（一）高危行业的生产经营单位必须配置安全生产管理机构或者专职管理人员

目前发生重大、特大事故最多、危害最大的是从事矿山开采、建筑施工和危险物品生产、经营、储存的生产经营单位，其中许多生产经营单位没有配置专门的安全生产管理机构或者专职安全管理人员，管理混乱。为从组织上确保这些生产经营单位内部的安全管理工作，《安全生产法》第二十一条第一款规定："矿山、金属冶炼、建筑施工、道路运输单位和危险物品的生产、经营、储存单位，应当设置安全生产管理机构或者配备专职安全生产管理人员。"关于配备专职安全管理人员的规定，是针对那些生产经营规模小、无法设置专门安全管理机构的生产经营单位而言的。

（二）按照从业人员的数量，配置安全生产管理机构或者安全生产管理人员

《安全生产法》对此又分两种情况分别作出规定，一是强制性规定必须配置机构或者专门人员的，即除矿山、建筑施工和危险物品生产、经营、储存单位以外的其他生产经营单位，其从业人员超过100人以上的，应当设置安全生产管理机构或者配备专职安全管理人员。二是选择性规定，即从业人员在100人以下的，可以不设专门机构，但应当配备专职或者兼职的安全生产管理人员。

五、生产经营单位主要负责人、安全生产管理人员安全资格的规定

生产经营单位有关人员必须具备法定的安全资质条件。《安全生产法》从3个方面对此作出了规定：一是生产经营单位的主要负责人和安全生产管理人员必须具备与本单位所从事的生产经营活动相应的安全生产知识和管理能力；二是危险物品的生产、经营、储存单位以及矿山、建筑施工单位的主要负责人和安全生产管理人员，应当由有关主管部门对其安全生产知识和管理能力考核合格后方可任职；三是生产经营单位的特种作业人员必须按照国家有关规定经专门的安全作业培训，取得特种作业操作资格证书，方可上岗作业。

六、从业人员安全生产培训的规定

从业人员的安全素质如何，直接关系到生产经营单位的安全生产水平状况。从大量事故教训看，许多生产安全事故都是由于从业人员没有经过严格的安全生产教育和培训，缺乏安全生产意识，缺乏安全操作技能，因而导致生产安全事故的发生。

因此，提高从业人员安全素质的重要措施之一，就是加强并强制进行全员安全教育和培训。《安全生产法》第二十一条从3个方面对此作出了规定。

（一）生产经营单位应当对从业人员进行安全教育和培训

从人的因素看，从业人员的安全素质是保障安全生产的关键。一些生产经营单位不重视安全教育和培训，从业人员未经安全教育和培训就上岗作业。有的虽然经过教育和培训，也是走"过场"，教育和培训的内容、时间、效果不符合要求。忽视安全教育和培训的直接恶果，就是大批安全素质差的从业人员上岗作业，违章操作，不服从管理，以至发生事故。因此，法律将对从业人员进行全员安全教育和培训，设定为生产经营单位的一项重要义务，必须按照有关规定对新招收录用、重新上岗、转岗的从业人员进行安全教育和培训，并要求考试合格，保证从业人员的安全专业知识和安全技能与其从事的作业要求相适应。生产经营单位要制定安全教育和培训计划，采取多种形式，有计划、分期分批地开展教育和培训，保证培训时间、培训内容、培训质量。

（二）安全培训的要求

生产经营单位进行安全教育和培训，必须符合法律的要求。《安全生产法》第二十五条规定："生产经营单位应当对从业人员进行安全生产教育和培训，保证从业人员具备必要的安全生产知识，熟悉有关的安全生产规章制度和安全操作规程，掌握本岗位的安全操作技能，了解事故应急处理措施，知悉自身在安全生产方面的权利和义务。

未经安全生产教育和培训合格的从业人员，不得上岗作业。

生产经营单位使用被派遣劳动者的，应当将被派遣劳动者纳入本单位从业人员统一管理，对被派遣劳动者进行岗位安全操作规程和安全操作技能的教育和培训。

劳务派遣单位应当对被派遣劳动者进行必要的安全生产教育和培训。

生产经营单位接收中等职业学校、高等学校学生实习的，应当对实习学生进行相应的安全生产教育和培训，提供必要的劳动防护用品。

学校应当协助生产经营单位对实习学生进行安全生产教育和培训。

生产经营单位应当建立安全生产教育和培训档案，如实记录安全生产教育和培训的时间、内容、参加人员以及考核结果等情况。"

关于安全教育和培训的要求包括3个方面：

1. 学习必要的安全生产知识

一是学习有关安全生产法律、法规，了解和掌握有关法律规定，依法从事生产经营作业。二是学习有关生产经营作业过程中的安全知识。生产经营是非常复杂的系统工程，涉及诸多环节，其中任何一个环节出现问题，都可能发生生产安全事故。三是学习有关事故应急救援和撤离的知识。在从业人员的生命受到威胁的紧急情况下，必须具备有关紧急处置知识和自救知识，以便停止作业，紧急撤离到安全地点，防止人身伤害。

2. 熟悉有关安全生产规章制度和安全操作规程

有关安全生产规章制度和安全操作规程是规范从业人员生产经营作业的守则，是进行安全管理的依据，具有很强的操作性。要通过教育和培训，使从业人员熟悉这些规章制度和操作规程，养成遵守规章制度、按照规程操作的习惯，并能够自觉执行。

3. 掌握本岗位安全操作技能

经过教育和培训，要达到从业人员掌握本岗位安全操作技能的目的。这也是检验和考核生产经营单位安全教育和培训质量和效果的主要标准。从业人员对本岗位安全操作的技术和能力，必须符合安全生产的要求，做到"应知""应会"。如果敷衍了事，虽经教育和培训但不掌握本岗位安全操作技能的，要追究生产经营单位的法律责任。

（三）从业人员须经培训合格方可上岗作业

有的生产经营单位虽对从业人员进行了教育和培训，但是培训质量不高，未经考试合格的从业人员上岗作业，从而导致生产安全事故的发生。为了保证安全教育和培训的质量，《安全生产法》要求从业人员不但要进行安全教育和培训，而且还要经过考试合格才能确认其具备上岗作业的资格。从业人员只有经过考试合格的，才能上岗作业。

七、特种作业人员的范围和资格

特种作业人员是指从事特殊作业的从业人员。特种作业人员的范围较广，国务院有关主管部门曾经制定国家标准，对主要的特种作业人员的范围作过规定，包括瓦斯检查工、起重机械工、压力容器操作工、爆破工、通风工、信号工、拥罐工、电工、金属焊接（切割）工、矿井泵工、瓦斯抽放工、主扇风机操作工、主提升机操作工、绞车操作工、输送机操作工、尾矿工、安全检查工和矿内机动车司机等从业人员。但是随着生产经营活动的范围的不断扩大，作业工种和技术要求不断变化，原定的特种作业人员的范围已经不适应，需要重新界定和调整。所以，《安全生产法》第二十七条第二款规定："特种作业人员的范围由国务院负责安全生产监督管理的部门会同国务院有关部门确定。"

鉴于特种作业人员所从事的岗位比较特殊，不同于一般的作业人员，并且存在较大的危险性，许多生产安全事故都是由于特种作业人员违章操作而发生的。特种作业人员的安全素质的好坏，直接关系到生产经营单位的安全生产。对特种作业人员的培训内容、培训时间和安全素质应有更高、更严格的要求，必须对他们进行专门安全培训并且取得相应资格，不能等同于一般的从业人员。所以，《安全生产法》第二十七条第一款规定："生产经营单位的特种作业人员必须按照国家有关规定经专门的安全作业培训，取得相应资格，方可上岗作业。"

八、安全警示标志的规定

生产经营作业中需有一定的场所、设施和设备，往往存在一些危险因素，容易被人忽视。为了加强作业现场的安全管理，有必要制作和设置以图形、符号、文字和色彩表示的安全警示标志，以提醒、阻止某些不安全的行为，避免发生生产安全事故。当然，并非所有的生产经营场所和设施、设备上都需要设置安全警示标志。需要设置安全警示标志的必须规范统一，应当符合国家标准或者行业标准的规定。为此，《安全生产法》第三十二条规定："生产经营单位应当在有较大危险因素的生产经营场所和有关设施、设备上，设置明显的安全警示标志。"

九、安全设备达标和管理的规定

生产经营单位安全生产管理中普遍存在的一个突出问题，是其安全设备的设计、制造、安装、使用、检测、维修、改造和报废，不符合国家标准或者行业标准。许多安全设备处于不安全状态，埋下了很多事故隐患。因此，对安全设备的管理必须严格依照国家标准或者行业标准，从设计、制造、安装、使用到检测、维修、改造和报废等各个环节，都要"达标"。为了保证安全设备"达标"和严格管理，《安全生产法》第三十三条规定："安全设备的设计、制造、安装、使用、检测、维修、改造和报废，应当符合国家标准或者行业标准。

生产经营单位必须对安全设备进行经常性维护、保养，并定期检测，保证正常运转。

维护、保养、检测应当作好记录，并由有关人员签字。"

十、特种设备检测、检验的规定

特种设备是各种设备中技术性最为复杂和用途最为特殊的，需要较高的安全性能和操作技术。经常或者定期对特种设备进行检测，检验是保证特种设备性能良好、运行正常的重要措施。依据《中华人民共和国特种设备安全法》执行。

十一、生产安全工艺、设备管理的规定

实现安全生产科技进步是提升安全生产科技含量，保障安全生产的重要条件。

一些生产经营单位为了降低成本和减少投入，使用陈旧、落后的生产工艺和设备，危及人身安全，极易发生生产安全事故。为了加强生产安全工艺、设备管理，加快技术更新和改造，《安全生产法》第三十五条明确规定："国家对严重危及生产安全的工艺、设备实行淘汰制度。""生产经营单位不得使用应当淘汰的危及生产安全的工艺、设备。"

十二、危险物品管理的规定

各种危险物品是引发重大、特大生产安全事故的重要因素。加强危险物品的日常安全管理和重点监控，是落实预防为主的重要措施。

法律规定生产经营单位生产、经营、运输、储存、使用危险物品或者处置废弃危险物品的，必须执行有关法律、法规和国家标准或者行业标准，建立专门的安全管理制度，采取可靠的安全措施，接受有关主管部门依法实施的监督管理。

十三、生产设施、场所安全距离和紧急疏散的规定

为保证生产设施、作业场所与周边建筑物、设施保持安全合理的空间，确保紧急疏散人员时畅通无阻，《安全生产法》第三十九条规定："生产、经营、储存、使用危险物品的车间、商店、仓库不得与员工宿舍在同一座建筑物内，并应当与员工宿舍保持安全距离。

生产经营场所和员工宿舍应当设有符合紧急疏散要求、标志明显、保持畅通的出口。

禁止封闭、堵塞生产经营场所或者员工宿舍的出口。"

十四、爆破、吊装等作业现场安全管理的规定

爆破、吊装作业属于危险作业，对其作业现场必须进行严格的安全管理。《安全生产法》第四十条对此提出两方面要求，一是生产经营单位进行爆破、吊装等危险作业，应当安排专门人员进行现场安全管理。二是确保操作规程的遵守和安全措施的落实。要制定严格的操作规程和周密的保安措施，禁止违反规程操作和无关人员擅入现场。现场人员要明确各自的分工和安全责任，各司其职，密切协同，保证万无一失。

十五、劳动防护用品的规定

劳动防护用品是具有免受或者减轻生产安全事故对从业人员作业的人身伤害的特殊用品。是否配备劳动防护用品，是否配备符合标准的劳动防护用品，是否保证从业人员能够正确地佩戴和使用劳动防护用品，直接关系到从业人员的安危。国家

历来重视劳动防护用品的使用,《安全生产法》第四十二条明确要求,一是生产经营单位必须为从业人员提供符合国家标准或者行业标准的劳动防护用品,不符合标准的,不准提供。二是生产经营单位应当监督、教育从业人员按照使用规则佩戴、使用劳动防护用品。

十六、交叉作业的安全管理

在一些规模较大的生产经营场所,常有两个以上不同的生产经营单位在同一作业区域内进行生产经营活动。若各方的安全生产管理职责不明确,就会出现混杂作业、职责不清、制度不严、管理混乱的问题,将会导致重大、特大生产安全事故的发生,因此,有必要加强交叉作业的安全管理。

针对一些不同单位、不同工种的人员在同一作业区域内交叉作业,彼此之间的安全责任不明,安全管理脱节的问题,《安全生产法》第四十五条规定:"两个以上生产经营单位在同一作业区域内进行生产经营活动,可能危及对方生产安全的,应当签订安全生产管理协议,明确各自的安全生产管理职责和应当采取的安全措施,并指定专职安全生产管理人员进行安全检查与协调。"

十七、生产经营项目、场所、设备发包或者出租的安全管理

有的生产经营单位将其项目、场所、设备发包或者出租给不具备安全生产条件或者相应资质的单位或者个人后,不进行安全生产管理和协调,由此引发事故发生后无人负责的现象,以致责任不明或者推卸责任。为依法规范承包、租赁各方的安全管理,《安全生产法》第四十六条规定:"生产经营单位不得将生产经营项目、场所、设备发包或者出租给不具备安全生产条件或者相应资质的单位或者个人。

生产经营项目、场所发包或者出租给其他单位的,生产经营单位应当与承包单位、承租单位签订专门的安全生产管理协议,或者在承包合同、租赁合同中约定各自的安全生产管理职责;生产经营单位对承包单位、承租单位的安全生产工作统一协调、管理,定期进行安全检查,发现安全问题的,应当及时督促整改。"

十八、发生重大生产安全事故时生产经营单位主要负责人的职责

《安全生产法》除了将"及时、如实报告生产安全事故"列为生产经营单位主要负责人的职责外,《安全生产法》第四十七条对发生重大生产安全事故时生产经营单位主要负责人应有的职责单独作出了规定,一是生产经营单位的主要负责人应当立即组织抢救,尽量减少人员伤亡和财产损失,防止事故扩大。二是必须坚守岗位,积极配合事故调查,不得在事故调查处理期间擅离职守。

十九、工伤保险的规定

从业人员人身安全保障是指从业人员的工伤社会保险补偿和人身伤亡赔偿的法律保障。由于无法可依，相当一部分从业人员特别是非国有制生产经营单位的从业人员没有办理工伤社会保险，一旦发生事故得不到应有的经济补偿和民事赔偿，造成了一系列社会问题，直接影响了生产安全和社会稳定。根据人身安全第一的原则，《安全生产法》第四十八条明确规定生产经营单位必须依法参加工伤社会保险，为从业人员缴纳保险费。

（一）保障从业人员的人身安全，是生产经营单位义不容辞的责任

法律赋予从业人员享有获得工伤社会保险和伤亡赔偿的权利。这同时也是生产经营单位的义务。生产经营单位应当依法为从业人员办理工伤社会保险并缴纳保险费，不得以非法手段侵犯从业人员的该项权利。《安全生产法》第四十九条规定，生产经营单位与从业人员订立的劳动合同，应当载明有关从业人员劳动安全、防止职业危害的事项，以及为从业人员办理工伤社会保险的事项。生产经营单位不得以任何形式与从业人员订立协议，免除或者减轻其对从业人员因生产安全事故伤亡依法应承担的责任。

（二）工伤社会保险是人身保障的经济基础

工伤社会保险是社会保障制度的重要组成部分，它的保险费率和相应的赔付保险金都比较低，只能维持最基本的生活需要。因此，凡是有关法律、法规规定必须办理工伤社会保险的生产经营单位，都要为其从业人员缴纳保险费。这既可以使他们得到经济补偿，又可以减轻生产经营单位的经济负担。

（三）民事赔偿是工伤社会保险的必要补充

由于经济发展水平和人民生活水平的不断提高，人的社会地位和生命价值也越来越高。发生生产安全事故造成从业人员人身伤亡后，仅仅依靠工伤社会保险补偿往往难以抵偿人身损害的经济损失，在经济发达地区尤其如此。依照《中华人民共和国民法通则》的原则规定，除从业人员恶意或者故意造成人身损害者外，生产经营单位发生生产安全事故造成人身伤亡，即构成了对其从业人员的人身损害，由此应当承担相应的民事赔偿责任。至于民事赔偿的具体标准，应当根据当地人均生活水平加以确定，当事人不能任意提出赔偿数额。

（四）工伤社会保险与民事赔偿相互补充，不可替代

工伤社会保险与民事赔偿的性质不同。前者是以抚恤、安置和补偿受害者为目

的的补偿性措施；后者是以民事损害为前提，以追究生产经营单位民事责任为目的，对受害者给予经济赔偿的惩罚性措施。也就是说，生产安全事故的受害者或其亲属，既有依法享有获得工伤社会保险补偿的权利，又有获得民事赔偿的权利。但是否应当获得民事赔偿，则应以生产经营单位的过错为前提，即生产安全事故的发生原因必须是生产经营单位有安全生产违法行为或者造成生产安全事故。

第四节　从业人员的权利和义务

生产经营单位的从业人员是各项生产经营活动最直接的劳动者，是各项法定安全生产的权利和义务的承担者，从业人员能否安全、熟练地操作各种生产经营工具或者作业，能否得到人身安全和健康的切实保障，能否严格遵守安全规程和安全生产规章制度，往往决定了一个生产经营单位的安全水平。

随着社会化大生产的不断发展，劳动者在生产经营活动中的地位不断提高，人的生命价值也越来越受到党和国家的重视。关心和维护从业人员的人身安全权利，是实现安全生产的重要条件。就从业人员在安全生产中的地位和作用而言，保障从业人员的安全生产权利是安全生产立法的重要内容。重视和保护从业人员的生命权，是贯穿《安全生产法》的主线。只有高度重视和充分发挥从业人员在生产经营活动中的主观能动性，最大限度地提高从业人员的安全素质，才能把不安全因素和事故隐患降到最低限度，预防事故，减少人身伤亡。这是社会进步与法制进步的客观要求。这就要求各级政府领导人和各类生产经营单位负责人，必须以对人民群众高度负责的精神和强烈的政治责任感，尊重和保障从业人员在安全生产方面依法享有的权利。要真正保障从业人员的安全生产权利，必须通过相应立法加以确认。《安全生产法》第六条规定："生产经营单位的从业人员有依法获得安全生产保障的权利，并应当依法履行安全生产方面的义务。"《安全生产法》第三章对从业人员的安全生产权利义务做了全面、明确的规定，并且设定了严格的法律责任，为保障从业人员的合法权益提供了法律依据。《安全生产法》以其安全生产基本法律的地位，将从业人员的安全生产权利义务上升为一项基本法律制度，这对强化从业人员的权利意识和自我保护意识、提高从业人员的安全素质、改善生产经营条件、促使生产经营单位加强管理和追究侵犯从业人员安全生产权利行为的法律责任，都具有重要意义。

一、从业人员的人身保障权利

各类生产经营单位的所有制形式、规模、行业、作业条件和管理方式多种多样。《安全生产法》规定了各类从业人员必须享有的、有关安全生产和人身安全的最重要、最基本的权利。这些基本安全生产权利，可以概括为 5 项。

（一）获得安全保障、工伤保险和民事赔偿的权利

《安全生产法》明确赋予了从业人员享有工伤保险和获得伤亡赔偿的权利，同时规定了生产经营单位的相关义务。《安全生产法》第四十九条规定："生产经营单位与从业人员订立的劳动合同，应当载明有关保障从业人员劳动安全、防止职业危害的事项，以及依法为从业人员办理工伤保险的事项。生产经营单位不得以任何形式与从业人员订立协议，免除或者减轻其对从业人员因生产安全事故伤亡依法应承担的责任。"第五十三条规定："因生产安全事故受到损害的从业人员，除依法享有工伤保险外，依照有关民事法律尚有获得赔偿的权利的，有权向本单位提出赔偿要求。"第四十八条规定："生产经营单位必须依法参加工伤保险，为从业人员缴纳保险费。"此外，《安全生产法》第一百零三条规定："生产经营单位与从业人员订立协议，免除或者减轻其对从业人员因生产安全事故伤亡依法应承担的责任的，该协议无效；对生产经营单位的主要负责人、个人经营的投资人处二万元以上十万元以下的罚款。"《安全生产法》的有关规定，明确了下列 4 个问题：

（1）从业人员依法享有工伤保险和伤亡求偿的权利。法律规定这项权利必须以劳动合同必要条款的书面形式加以确认。没有依法载明或者免除或者减轻生产经营单位对从业人员因生产安全事故伤亡依法应承担的责任的，是一种非法行为，应当承担相应的法律责任。

（2）依法为从业人员缴纳工伤社会保险费和给予民事赔偿，是生产经营单位的法律义务。生产经营单位不得以任何形式免除该项义务，不得变相以抵押金、担保金等名义强制从业人员缴纳工伤社会保险费。

（3）发生生产安全事故后，从业人员首先依照劳动合同和工伤社会保险合同的约定，享有相应的补偿金。如果工伤保险补偿金不足以补偿受害者的人身损害及经济损失的，依照有关民事法律应当给予赔偿的，从业人员或其亲属有要求生产经营单位给予赔偿的权利，生产经营单位必须履行相应的赔偿义务。否则，受害者或其亲属有向人民法院起诉和申请强制执行的权利。

（4）从业人员获得工伤社会保险补偿和民事赔偿的金额标准、领取和支付程序，必须符合法律、法规和国家的有关规定。《安全生产法》的上述规定主要是针对大量存在的"生死合同"，赋予了从业人员必要的法定权利，具有操作性和不可侵犯性。所谓的"生死合同"，实际就是私营企业老板利用法律不够健全和从业人员的无知和无奈，逃避因事故造成的从业人员伤亡的经济赔偿责任。这是侵犯从业人员人身权利的严重违法行为，必须依法规范。《安全生产法》从法律上确定了"生死合同"的非法性，并规定了相应的法律责任，这就为从业人员的合法权利提供了法律保障，

为监督管理和行政执法提供了明确的法律依据。

（二）得知危险因素、防范措施和事故应急措施的权利

生产经营单位特别是从事矿山、建筑、危险物品的生产经营单位，往往存在着一些对从业人员生命和健康有危险、危害的因素，直接接触这些危险因素的从业人员往往是生产安全事故的直接受害者。许多生产安全事故从业人员伤亡严重的教训之一，就是法律没有赋予从业人员获知危险因素以及发生事故时应当采取的应急措施的权利。所以，《安全生产法》第五十条规定："生产经营单位的从业人员有权了解其作业场所和工作岗位存在的危险因素、防范措施及事故应急措施，有权对本单位的安全生产工作提出建议。"要保证从业人员这项权利的行使，生产经营单位就有义务事前告知有关危险因素和事故应急措施。否则，生产经营单位就侵犯了从业人员的权利，并对由此产生的后果承担相应的法律责任。

（三）对本单位安全生产的批评、检举和控告的权利

从业人员是生产经营单位的主人，他们对安全生产情况尤其是安全管理中的问题和事故隐患最了解、最熟悉，具有他人不能替代的作用。只有依靠他们并且赋予必要的安全生产监督权和自我保护权，才能做到预防为主，防患于未然，才能保障他们的人身安全和健康。关注安全，就是关爱生命，关心企业。一些生产经营单位的主要负责人不重视安全生产，对安全问题熟视无睹，不听取从业人员的正确意见和建议，使本来可以发现、及时处理的事故隐患不断扩大，导致事故和人员伤亡；有的竟然对批评、检举、控告生产经营单位安全生产问题的从业人员进行打击报复。为此《安全生产法》第五十一条规定从业人员有权对本单位的安全生产工作提出建议；有权对本单位安全生产工作中存在的问题提出批评、检举、控告。

（四）拒绝违章指挥和强令冒险作业的权利

在生产经营活动中经常出现企业负责人或者管理人员违章指挥和强令从业人员冒险作业的现象，由此导致事故，造成大量人员伤亡。因此，法律赋予从业人员拒绝违章指挥和强令冒险作业的权利，不仅是为了保护从业人员的人身安全，也是为了警示生产经营单位负责人和管理人员必须照章指挥，保证安全，并不得因从业人员拒绝违章指挥和强令冒险作业而对其进行打击报复。《安全生产法》第五十一条第二款规定："生产经营单位不得因从业人员对本单位安全生产工作提出批评、检举、控告或者拒绝违章指挥、强令冒险作业而降低其工资、福利等待遇或者解除与其订立的劳动合同。"

（五）紧急情况下的停止作业和紧急撤离的权利

由于生产经营场所存在不可避免的自然和人为的危险因素，这些因素将会或者可能会对从业人员造成人身伤害。比如从事矿山、建筑、危险物品生产作业的从业人员，一旦发现将要发生透水、瓦斯爆炸、煤与瓦斯突出、冒顶片帮、坠落、倒塌、危险物品泄漏、燃烧、爆炸等紧急情况并且无法避免时，法律赋予他们享有停止作业和紧急撤离的权利。

《安全生产法》第五十二条规定："从业人员发现直接危及人身安全的紧急情况时，有权停止作业或者在采取可能的应急措施后撤离作业场所。

生产经营单位不得因从业人员在前款紧急情况下停止作业或者采取紧急撤离措施而降低其工资、福利等待遇或者解除与其订立的劳动合同。"

从业人员在行使这项权利的时候，必须明确4点：一是危及从业人员人身安全的紧急情况必须有确实可靠的直接根据，凭借个人猜测或者误判而实际并不属于危及人身安全的紧急情况除外，该项权利不能被滥用。二是紧急情况必须直接危及人身安全，间接危及人身安全的情况不应撤离，而应采取有效的处理措施。三是出现危及人身安全的紧急情况时，首先是停止作业，然后要采取可能的应急措施；采取应急措施无效时，再撤离作业场所。四是该项权利不适用于某些从事特殊职业的从业人员，比如飞行人员、船舶驾驶人员、车辆驾驶人员等，根据有关法律、国际公约和职业惯例，在发生危及人身安全的紧急情况下，他们不能或者不能先行撤离从业场所或者岗位。

二、从业人员的安全生产义务

《安全生产法》不但赋予了从业人员安全生产权利，也设定了相应的法定义务。作为法律关系内容的权利与义务是对等的。没有无权利的义务，也没有无义务的权利。从业人员依法享有权利，同时必须承担相应的法律义务。

（一）遵章守规、服从管理的义务

《安全生产法》第五十四条规定："从业人员在作业过程中，应当严格遵守本单位的安全生产规章制度和操作规程，服从管理……"根据《安全生产法》和其他有关法律、法规和规章的规定，生产经营单位必须制定本单位安全生产的规章制度和操作规程。从业人员必须严格依照这些规章制度和操作规程进行生产经营作业。安全生产规章制度和操作规程是从业人员从事生产经营，确保安全的具体规范和依据。从这个意义上说，遵守规章制度和操作规程，实际上就是依法进行安全生产。事实表明，从业人员违反规章制度和操作规程，是导致生产安全事故的主要原因。生产经营单位的负责人和管理人员有权依照规章制度和操作规程进行安全管理，监督检查从业人员遵章守规的情况。对这些安全生产管理措施，从业人员必须接受并服从管理。依照法律规定，生产经营单位的从业人员不服从管理，违反安全生产规章制度和操作规程的，由生产经营单位给予批评教育，依照有关规章制度给予处分；造成重大事故，构成犯罪的，依照刑法有关规定追究刑事责任。

（二）正确佩戴和使用劳动防护用品的义务

按照法律、法规的规定，为保障人身安全，生产经营单位必须为从业人员提供必要的、安全的劳动防护用品，以避免或者减轻作业和事故中的人身伤害。但实践中由于一些从业人员缺乏安全知识，认为佩戴和使用劳动防护用品没有必要，往往不按规定佩戴或者不能正确佩戴和使用劳动防护用品，由此引发人身伤害时有发生，造成不必要的伤亡。比如煤矿矿工下井作业时必须佩戴矿灯用于照明，从事高空作业的工人必须佩戴安全带以防坠落等。另外，有的从业人员虽然佩戴和使用劳动防护用品，但由于不会或者没有正确使用而发生人身伤害的案例也很多。因此，正确佩戴和使用劳动防护用品是从业人员必须履行的法定义务，这是保障从业人员人身安全和生产经营单位安全生产的需要。

（三）接受安全培训，掌握安全生产技能的义务

不同行业、不同生产经营单位、不同工作岗位和不同的生产经营设施、设备具有不同的安全技术特性和要求。随着生产经营领域的不断扩大和高新安全技术装备的大量使用，生产经营单位对从业人员的安全素质要求越来越高。从业人员的安全生产意识和安全技能的高低，直接关系到生产经营活动的安全可靠性。特别是从事矿山、建筑、危险物品生产作业和使用高科技安全技术装备的从业人员，更需要具有系统的安全知识，熟练的安全生产技能，以及对不安全因素和事故隐患、突发事故的预防、处理能力和经验。要适应生产经营活动对安全生产技术知识和能力的需要，必须对新招聘、转岗的从业人员进行专门的安全生产教育和业务培训。许多国有和大型企业一般比较重视安全培训工作，从业人员的安全素质比较高。但是有些非国有和中小企业不重视、不搞安全培训，企业的从业人员没有经过专门的安全生产培训，其中部分从业人员不具备应有的安全素质，因此违章违规操作，酿成事故的事例比比皆是。为了明确从业人员接受培训、提高安全素质的法定义务，《安全生产法》第五十五条规定："从业人员应当接受安全生产教育和培训，掌握本职工作所需的安全生产知识，提高安全生产技能，增强事故预防和应急处理能力。"这对提高生产经营单位从业人员的安全意识、安全技能，预防、减少事故和人员伤亡，具有积极意义。

（四）发现事故隐患或者其他不安全因素及时报告的义务

从业人员直接进行生产经营作业，他们是事故隐患和不安全因素的第一当事人。许多生产安全事故是由于从业人员在作业现场发现事故隐患和不安全因素后没有及时报告，以至延误了采取措施进行紧急处理的时机而导致。如果从业人员尽职尽责，及时发现并报告事故隐患和不安全因素，并及时有效地处理，完全可以避免事故的发生和降低事故的损失。发现事故隐患并及时报告是贯彻预防为主的方针，加强事前防范的重要措施。为此，《安全生产法》第五十二条规定："从业人员发现直接危及人身安全的紧急情况时，有权停止作业或者在采取可能的应急措施后撤离作业场所。

生产经营单位不得因从业人员在前款紧急情况下停止作业或者采取紧急撤离措施而降低其工资、福利等待遇或者解除与其订立的劳动合同。"

这就要求从业人员必须具有高度的责任心，防微杜渐，防患于未然，及时发现直接危及人身安全的紧急情况，预防事故发生。

《安全生产法》第一次明确规定了从业人员安全生产的法定义务和责任，具有重要的意义：第一，安全生产是从业人员最基本的义务和不容推卸的责任，从业人员必须具有高度的法律意识。第二，安全生产是从业人员的天职。安全生产义务是所有从业人员进行生产经营活动必须遵守的行为规范。从业人员必须尽职尽责，严格照章办事，不得违章违规。第三，从业人员如不履行法定义务，必须承担相应的法律责任。第四，安全生产义务的设定，可为事故处理及其从业人员责任追究提供明确的法律依据。

第五节　安全生产的监督管理

一、安全生产中介机构的监督管理

《安全生产法》关于安全生产中介机构的监督管理的规定主要包括资质认可和责任追究两个方面。

（一）安全生产中介机构资质的认可

依照《安全生产法》第六十九条的规定，"承担安全评价、认证、检测、检验的机构应当具备国家规定的资质条件。"这是确定其合法性的基本条件。目前有一些从事安全生产中介服务的机构，不具备法定条件而从事非法服务，比较混乱。非法中介服务机构不具备合法资格，其所从事的一切业务均为非法，出具的所有评价、认证、检测、检验报告、证书和检测、检验结果均无法律效力。只有符合国家规定或者国家授权部门规定的资质条件，按照法定程序申请登记并获得批准的，方可从事安全生产中介服务活动。安全生产中介服务业务很多，其中最重要、问题最多的，是由政府有关部门或者生产经营单位委托的安全评价、安全认证以及安全设备、设施、器材、用品的检测、检验等。法律突出重点，规定对从事安全评价、认证、检测、检验的中介机构资质实行认可。随着安全科学技术的发展，安全中介服务将更多地进入安全技术装备的科研、开发、设计、实验、使用推广和安全人员教育培训及生产经营单位安全管理等众多领域。

（二）安全生产中介服务的责任

依法取得资质的安全生产中介机构从事服务活动，必须遵守有关法律、法规和职业准则，独立享有权利，履行义务，承担责任。按照权责利一致的原则，取得合法资质的有关中介机构的责任必须明确。《安全生产法》第六十九条规定，承担安全评价、认证、检测、检验的机构"对其作出的安全评价、认证、检测、检验的结果负责。"

所谓"负责"，一是指中介机构必须对自己所从事的中介服务的结果，独立对其服务结果的合法性、真实性负责。二是指中介机构对其违法从事安全评价、认证、检测、检验业务所造成的后果，应当承担相应的法律责任。三是要依法追究安全中介机构及其有关人员的违法行为的法律责任。

二、安全生产违法行为举报的规定

安全生产违法行为具有隐秘性、广泛性，仅仅依靠各级人民政府负责安全生产监督管理的部门是不能全部发现和查处的，必须依靠全社会的监督举报才能及时发现和查处。对安全生产违法行为的监督和查处的主要途径之一，就是建立举报制度，调动广大人民群众的积极性，协助政府查处。《安全生产法》关于安全生产违法行为举报的规定包括社会举报和举报受理两个方面。

（一）社会举报

《安全生产法》第七十一条规定："任何单位或者个人对事故隐患或者安全生产违法行为，均有权向负有安全生产监督管理职责的部门报告或者举报。"这里明确了3个问题，一是法律授予所有单位和公民都有举报的权利，任何单位和个人不得阻止、剥夺这种举报权利。二是举报的内容为生产安全事故隐患和安全生产违法行为，举报的情况应当力求及时、准确。三是要向法定的政府部门举报。

（二）举报受理

事故隐患和安全生产违法行为是国家明令整改和禁止的，对人民群众的生命和财产安全危害极大，必须及时查处。县级以上负有安全生产监督管理职责的部门负责监督管理和行政执法，是法定的举报受理机关。为了强化执法力度，《安全生产法》第七十条规定："负有安全生产监督管理职责的部门应当建立举报制度，公开举报电话、信箱或者电子邮件地址，受理有关安全生产的举报；受理的举报事项经调查核实后，应当形成书面材料；需要落实整改措施的，报经有关负责人签字并督促落实。"

三、安全生产社会监督、舆论监督的规定

（一）社会监督

作为政府监督管理的补充，发挥城乡社区基层组织在安全生产监督方面的作用十分重要。遍及城市、乡村的居民委员会、村民委员会是安全生产监督的社会力量。依靠和发挥社区基层组织，及时发现和查处事故隐患和安全生产违法行为，必将对强化监督管理和行政执法起到推动作用。所以法律规定，居民委员会、村民委员会发现其所在区域内的生产经营单位存在事故隐患和安全生产违法行为时，应当向当地人民政府或者有关部门报告。

（二）舆论监督

当今安全生产工作得到全社会的高度重视，舆论监督发挥了极大的作用。各种大众传媒在安全生产工作占有重要的舆论宣传和导向的地位。安全文化、安全理念、安全信息的传播，离不开正面舆论的宣传引导。党和国家非常重视舆论监督对安全生产的推动作用，具体体现在有关法律之中。《安全生产法》第七十六条明确规定："新闻、出版、广播、电影、电视等单位有进行安全生产公益宣传教育的义务，有对违反安全生产法律、法规的行为进行舆论监督的权利。"

1. 安全生产宣传教育的义务

及时准确、正确地进行安全生产宣传教育，是各种媒体义不容辞的法定义务。提升全民安全生产意识的重要举措之一，就是调动、利用传媒广泛深入、持久不懈地宣传国家有关安全生产的方针政策、法律、法规和重大举措，教育公民关注安全，使自身安全、他人安全和公众安全成为全社会的安全文化理念和公民的自觉行动。媒体必须履行这项义务，把安全生产宣传教育摆在重要位置，为安全生产营造舆论氛围。

2. 安全生产舆论监督的权利

报道、揭露和抨击安全生产违法行为，对于危害社会的重大生产安全事故和违法行为具有震慑作用，对于协助各级人民政府及其负有安全生产监督管理职责的部门加大监管执法的力度，惩治违法犯罪分子，具有宣传作用。但也确有一些地方的人民政府和有关部门以及违法者，慑于舆论监督的威力，害怕、反对舆论监督，千方百计地阻止、打击或者贿赂媒体，掩盖事故真相和安全生产违法行为，阻止媒体对安全生产违法行为进行监督。国家肯定了媒体进行舆论监督的正面的、积极的作用，法律规定舆论监督是媒体的法定权利，任何单位和个人均不得剥夺这项权利。

四、对举报安全生产违法行为有功人员的奖励

举报是一种有利于社会公共利益的义举。发动人民群众和社会力量对安全生产违法行为进行举报，可以避免或者减少重大生产安全事故，可以使安全生产违法行为得到查处。对进行举报的有功人员给予奖励，可以弘扬正气。为了使举报制度能够切实建立，鼓励人民群众揭发安全生产违法行为的积极性，《安全生产法》第七十三条规定："县级以上各级人民政府及其有关部门对报告重大事故隐患或者举报安全生产违法行为的有功人员，给予奖励。具体奖励办法由国务院安全生产监督管理部门会同国务院财政部门制定。"

第六节 生产安全事故的应急救援与调查处理

受生产力发展水平的制约，我国在短时期内还难以完全杜绝生产安全事故。安全生产工作的近期目标是，遏制重大、特大事故，预防和减少一般事故。因此，做好事故应急救援和调查处理工作必不可少并且非常重要，这是各级人民政府及其负有安全生产监督管理职责的部门和生产经营单位义不容辞的法定职责。《安全生产法》确立的事故应急救援和调查处理制度，对事故发生前应急救援的准备和事故发生后调查处理的组织分别进行了规范，体现了重在预防的指导思想。事故应急和处理制度主要包括事故应急预案的制定和事故应急体系的建立、高危生产经营单位的应急救援、事故报告、重大事故的应急抢救、调查处理的原则、事故责任的追究、事故统计和公布等内容。

生产安全事故具有突发性和破坏性。许多事故案例证明，大部分事故发生前都存在着事故隐患，显露出一定的征兆和苗头。凡事预则立，不预则废。对事故救援必须改变没有应急救援预案和组织保证的被动局面，应当采取积极主动的措施以应急需。根据已经发生的重大、特大事故的经验教训，针对本地区和本单位可能发生

的重大、特大事故制定相应的应急救援预案，建立健全严密、高效的救援组织体系，对于发生重大事故，尤其是那些危害性大、破坏严重的特大事故时的现场救援和人员抢救，具有未雨绸缪的作用，可以减少事故带来的人员伤害和财产损失。近几年来，由于对可能发生的重大、特大事故没有任何预见和应急预案、救援体系，一些地方和生产经营单位发生重大、特大事故时，政府和有关部门指挥混乱，各部门配合不力，因而不能及时、有效地维持事故现场秩序、防止事故扩大、抢救和医治受伤人员，结果延误了救援时机，扩大了人员伤亡和财产损失，代价惨重。这些血的教训，我们应当汲取。正是基于这样的思路，《安全生产法》突破了重视事后调查处理忽视事前应急准备的旧模式，将应急救援纳入事故调查处理制度之中，这对保护人民群众生命和财产安全具有重要意义。

一、生产经营单位生产安全事故的应急救援

（一）高危生产经营单位的事故应急救援

在工、矿、商、贸生产经营单位中，重大、特大事故发生最多、危险性最大、损失最严重的通常是那些从事危险物品生产、经营、储存和矿山开采、建筑施工的生产经营单位，即所谓的"高危生产经营单位"。

法律将事故应急救援的重点放在高危生产经营单位，作出了强制性的规定。《安全生产法》第七十八条规定："危险物品的生产、经营、储存单位以及矿山、金属冶炼、城市轨道交通运营、建筑施工单位应当建立应急救援组织；生产经营规模较小的，可以不建立应急救援组织，但应当指定兼职的应急救援人员。危险物品的生产、经营、储存、运输单位以及矿山、金属冶炼、城市轨道交通运营、建筑施工单位应当配备必要的应急救援器材、设备和物资，并进行经常性维护、保养，保证正常运转。"对于这些生产经营单位来说，原则上都要设立应急救援组织，配备应急救援器材、设备，保证其经常处于完好状态。一些小规模并且不适宜建立应急救援组织的小型生产经营单位，如小加油站、化工用品零售商店等，也必须由专人负责应急救援工作并配备相应的应急救援器材和设备。

法律虽然没有对高危生产经营单位以外的其他生产经营单位的应急救援工作作出强制性规定，但也应根据本单位实际情况，建立专门的应急救援机构或者指定专人负责此项工作，防患于未然。

（二）重大事故的应急抢救

《安全生产法》第八十三条规定："负有安全生产监督管理职责的部门接到事故报告后，应当立即按照国家有关规定上报事故情况。负有安全生产监督管理职责的

部门和有关地方人民政府对事故情况不得隐瞒不报、谎报或者迟报。"

第八十一条规定:"有关地方人民政府和负有安全生产监督管理职责的部门的负责人接到生产安全事故报告后,应当按照生产安全事故应急救援预案的要求立即赶到事故现场,组织事故抢救。

参与事故抢救的部门和单位应当服从统一指挥,加强协同联动,采取有效的应急救援措施,并根据事故救援的需要采取警戒、疏散等措施,防止事故扩大和次生灾害的发生,减少人员伤亡和财产损失。

事故抢救过程中应当采取必要措施,避免或者减少对环境造成的危害。"

二、生产安全事故报告和处置的规定

迅速、及时、准确地报告发生生产安全事故是生产经营单位和各级地方人民政府及其负有安全生产监督管理职责的部门的法定义务和责任。只有这样,才能尽快组织救援,防止扩大事故,挽回或者减少人员和财产损失。《安全生产法》第八十条和第八十一条对此作出了明确的法律规定。

(一) 现场有关人员应当立即报告本单位负责人

生产经营单位发生生产安全事故后,在事发现场的从业人员、管理人员和其他人员有义务采用任何方式以最快的速度立即报告,既可以逐级报告,也可以越级报告,不得耽误。

(二) 生产经营单位应当组织抢救并报告事故

生产经营单位负责人接到事故报告后,应当迅速采取有效措施组织抢救,防止事故扩大,减少人员伤亡和财产损失,并按照国家有关规定立即如实报告当地负有安全生产监督管理职责的部门,不得隐瞒不报、谎报或者拖延不报,不得故意破坏事故现场、毁灭有关证据。生产经营单位主要负责人在事故报告和抢救中负有主要领导责任,必须履行及时(1h内)、如实报告生产安全事故的法定义务。

三、生产安全事故调查处理的规定

(一) 事故调查处理的原则

鉴于法律授权国务院制定专门的事故调查处理行政法规,所以,《安全生产法》没有对事故报告和调查处理作出详细的规定。但是法律确定了事故调查处理的原则,即应当按照实事求是、尊重科学的原则,及时、准确地查清事故原因,查明事故性质和责任,总结事故教训,提出整改措施,并对事故责任者提出处理意见。针对事故调查处理工作存在的地方保护、避重就轻、逃脱责任等突出问题，《安全生产法》第八十五条同时规定："任何单位和个人不得阻挠和干涉对事故的依法调查处理。"

（二）事故责任的追究

正确地确定事故有关人员的责任并依法追究，是总结事故教训和惩治有关责任人的重要措施。《安全生产法》第八十四条规定："生产经营单位发生生产安全事故，经调查确定为责任事故的，除了应当查明事故单位的责任并依法予以追究外，还应当查明对安全生产的有关事项负有审查批准和监督职责的行政部门的责任，对有失职、渎职行为的，依照本法第八十八条的规定追究法律责任。"本条规定的责任主体包括生产经营单位的主要负责人、个人经营的投资人和负有安全生产监督管理职责的部门的工作人员。如果违反法律规定应予追究责任的，将要受到法律的制裁。

（三）事故统计和公布

加强对事故的统计分析和事故发生及其调查处理情况的公布，是强化社会监督，总结事故教训，改进安全生产工作的重要手段。为此，《安全生产法》第八十六条规定："县级以上地方各级人民政府安全生产监督管理部门应当定期统计分析本行政区域内发生生产安全事故的情况，并定期向社会公布。"按照这条规定，凡是发生生产安全事故的单位及各有关部门，都应当依照有关事故报告、统计分析的规定，及时、准确地向当地安全生产监管部门报告，由县级以上地方人民政府安全生产监管部门逐级进行汇总、统计和分析，定期通过公共传媒予以公布。

第七节　安全生产法律责任

法律责任是国家管理社会事务所采用的强制当事人依法办事的法律措施。依照《安全生产法》的规定，各类安全生产法律关系的主体必须履行各自的安全生产法律义务，保障安全生产。《安全生产法》的执法机关将依照有关法律规定，追究安全生产违法犯罪分子的法律责任，对有关生产经营单位给予法律制裁。

一、安全生产法律责任的形式

追究安全生产违法行为法律责任的形式有 3 种，即行政责任、民事责任和刑事责任。在现行有关安全生产的法律、行政法规中，《安全生产法》采用的法律责任形式最全，设定的处罚种类最多，实施处罚的力度（罚款幅度除外）最大。

（一）行政责任

它是指责任主体违反安全生产法律规定，由有关人民政府和安全生产监督管理部门、公安机关依法对其实施行政处罚的一种法律责任。《安全生产法》第一百一十条规定："本法规定的行政处罚，由安全生产监督管理部门和其他负有安全生产监督管理职责的部门按照职责分工决定。予以关闭的行政处罚由负有安全生产监督管理职责的部门报请县级以上人民政府按照国务院规定的权限决定；给予拘留的行政处罚由公安机关依照治安管理处罚法的规定决定。"

行政责任在追究安全生产违法行为的法律责任方式中运用最多。《安全生产法》针对安全生产违法行为设定的行政处罚，共有责令改正、责令限期改正、责令停产停业整顿、责令停止建设、停止使用、责令停止违法行为、罚款、没收违法所得、吊销证照、行政拘留、关闭等 11 种，这在我国有关安全生产的法律、行政法规设定行政处罚的种类中是最多的。

（二）民事责任

它是指责任主体违反安全生产法律规定造成民事损害，由人民法院依照民事法律强制其进行民事赔偿的一种法律责任。民事责任的追究是为了最大限度地维护当事人受到民事损害时享有获得民事赔偿的权利。《安全生产法》是我国众多的安全生产法律、行政法规中首先设定民事责任的法律。《安全生产法》第一百条规定："生产经营单位将生产经营项目、场所、设备发包或者出租给不具备安全生产条件或者相应资质的单位或者个人的……导致发生生产安全事故给他人造成损害的，与承包方、承租方承担连带赔偿责任。"第一百一十一条中规定："生产经营单位发生生产安全事故造成人员伤亡、他人财产损失的，应当依法承担赔偿责任"。

（三）刑事责任

刑事责任是指责任主体违反安全生产法律规定构成犯罪，由司法机关依照刑事法律给予刑罚的一种法律责任。依法处以剥夺犯罪分子人身自由的刑罚，是 3 种法律责任中最严厉的。为了制裁那些严重的安全生产违法犯罪分子，《安全生产法》设定了刑事责任。《刑法》有关安全生产违法行为的罪名，主要是重大责任事故罪、重大劳动安全事故罪、危险物品肇事罪和提供虚假证明文件罪以及国家工作人员职务犯罪等。

二、安全生产违法行为的责任主体

安全生产违法行为的责任主体是指依照《安全生产法》的规定享有安全生产权

利、负有安全生产义务和承担法律责任的社会组织和公民。责任主体主要包括 4 种。

（一）有关人民政府和负有安全生产监督管理职责的部门及其领导人、负责人

《安全生产法》明确规定了各级地方人民政府和负有安全生产监督管理职责的部门对其管辖行政区域和职权范围内的安全生产工作进行监督管理。监督管理既是法定职权又是法定职责。如果由于有关地方人民政府和负有安全生产监督管理职责的部门的领导人和负责人违反法律规定而导致重大、特大事故，执法机关将依法追究因其失职、渎职和负有领导责任的行为所应承担的法律责任。

（二）生产经营单位及其负责人、有关主管人员

《安全生产法》对生产经营单位的安全生产行为作出了规定，生产经营单位必须依法从事生产经营活动，否则将负法律责任。《安全生产法》第十八条规定了生产经营单位主要负责人应负的 7 项安全生产职责。第二十一条规定："矿山、金属冶炼、建筑施工、道路运输单位和危险物品的生产、经营、储存单位，应当设置安全生产管理机构或者配备专职安全生产管理人员。前款规定以外的其他生产经营单位，从业人员超过一百人的，应当设置安全生产管理机构或者配备专职安全生产管理人员；从业人员在一百人以下的，应当配备专职或者兼职的安全生产管理人员。"

第二十四条还对生产经营单位的主要负责人和安全生产管理人员的安全资质作出了规定："生产经营单位的主要负责人和安全生产管理人员必须具备与本单位所从事的生产经营活动相应的安全生产知识和管理能力。

危险物品的生产、经营、储存单位以及矿山、金属冶炼、建筑施工、道路运输单位的主要负责人和安全生产管理人员，应当由主管的负有安全生产监督管理职责的部门对其安全生产知识和管理能力考核合格。考核不得收费。

危险物品的生产、储存单位以及矿山、金属冶炼单位应当有注册安全工程师从事安全生产管理工作。

鼓励其他生产经营单位聘用注册安全工程师从事安全生产管理工作。

注册安全工程师按专业分类管理，具体办法由国务院人力资源和社会保障部门、国务院安全生产监督管理部门会同国务院有关部门制定。"

生产经营单位的主要负责人、分管安全生产的其他负责人和安全生产管理人员是安全生产工作的直接管理者，保障安全生产是他们义不容辞的责任。

（三）生产经营单位的从业人员

从业人员直接从事生产经营活动，他们往往是各种事故隐患和不安全因素的第

一知情者和直接受害者。从业人员的安全素质高低，对安全生产至关重要。所以，《安全生产法》在赋予他们必要的安全生产权利的同时，设定了他们必须履行的安全生产义务。如果因从业人员违反安全生产义务而致重大、特大事故，那么必须承担相应的法律责任。

（四）安全生产中介服务机构和安全生产中介服务人员

《安全生产法》第十三条规定："依法设立的为安全生产提供技术、管理服务的机构，依照法律、行政法规和执业准则，接受生产经营单位的委托为其安全生产工作提供技术、管理服务。生产经营单位委托前款规定的机构提供安全生产技术、管理服务的，保证安全生产的责任仍由本单位负责。"

从事安全生产评价认证、检测检验、咨询服务等工作机构及其安全生产的专业工程技术人员，必须具有执业资质才能依法为生产经营单位提供服务。如果中介机构及其工作人员对其承担的安全评价、认证、检测、检验事项出具虚假证明，视其情节轻重，将追究其行政责任、民事责任和刑事责任。

三、安全生产违法行为行政处罚的决定机关

安全生产违法行为行政处罚的决定机关亦称行政执法主体，是指法律、法规授权履行，法律实施职权和负责追究有关法律责任的国家行政机关。鉴于《安全生产法》是安全生产领域的基本法律，它的实施涉及多个行政机关。因此在目前的安全生产监督管理体制下，它的执法主体不是一个而是多个。依法实施行政处罚是有关行政机关的法定职权。行政责任是采用最多的法律责任形式，它是国家机关依法行政的主要手段。具体地说，《安全生产法》规定的行政执法主体有4种。

（一）县级以上人民政府负责安全生产监督管理职责的部门

《安全生产法》第九条和第一百一十条规定的"安全生产监督管理部门"，专指县级以上人民政府设置的安全生产监督管理部门。依照《安全生产法》第一百一十条"本法规定的行政处罚，由安全生产监督管理部门……决定"的规定，县级以上人民政府安全生产监督管理部门就是本法主要的行政执法主体。除了法律特别规定之外的行政处罚，安全生产监督管理部门均有权决定。这是强化安全生产综合监管部门的法律地位和执法手段的需要。

（二）县级以上人民政府

《安全生产法》针对不具备本法和其他法律、行政法规和国家标准或行业标准规定的安全生产条件，经停产整顿仍不达标的生产经营单位，规定由安全生产监督管

理部门报请县级以上人民政府按照国务院规定的权限决定予以关闭。这就是说，关闭的行政处罚的执法主体只能是县级以上人民政府，其他部门无权决定此项行政处罚。这是考虑到关闭一个生产经营单位会牵涉到一些有关部门的参加或配合，由政府作出关闭决定并且组织实施将比有关部门执法的力度更大。

（三）公安机关

《安全生产法》第一百零六条规定："生产经营单位的主要负责人在本单位发生生产安全事故时，不立即组织抢救或者在事故调查处理期间擅离职守或者逃匿的，给予降职、撤职的处分，并由安全生产监督管理部门处上一年年收入百分之六十至百分之一百的罚款；对逃匿的处十五日以下拘留；构成犯罪的，依照刑法有关规定追究刑事责任。生产经营单位的主要负责人对生产安全事故隐瞒不报、谎报或者迟报的，依照前款规定处罚。"拘留是限制人身自由的行政处罚，由公安机关实施。为了保证对限制人身自由行政处罚执法主体的一致性，《安全生产法》第一百一十条规定："给予拘留的行政处罚由公安机关依照治安管理处罚法的规定决定。"对违反《安全生产法》有关规定需要予以拘留的，除公安机关以外的其他部门、单位和公民，都无权擅自实施。

（四）法定的其他行政机关

鉴于历史的原因，在《安全生产法》公布实施之前，国家已经制定了一些有关安全生产的其他法律、行政法规，其中对有关行政处罚的机关已经明确。为了保持法律执法主体的连续性，界定安全生产综合监管部门与安全生产专项监管部门的行政执法权力，依照有关安全生产法律、行政法规履行某些行政处罚权力的，主要有公安、工商、铁道、交通、民航、建筑、质检和煤矿安全监察等专项安全生产监管部门和机构，他们在有关法律、行政法规授权的范围内，有权决定相应的行政处罚。《安全生产法》是在总结和完善原有相关立法的基础上新制定的安全生产基本法律，如果其他有关法律、行政法规对同一安全生产违法行为已经明确其执法主体的，那么仍由其实施行政处罚。但是，对于《安全生产法》明确规定而其他有关法律、行政法规没有规定的安全生产违法行为，应由负责安全生产监督管理的部门作为行政执法主体，依照《安全生产法》实施行政处罚。

四、生产经营单位的安全生产违法行为

安全生产违法行为是指安全生产法律关系主体违反安全生产法律规定所从事的非法生产经营活动。安全生产违法行为是危害社会和公民人身安全的行为，是导致生产事故多发和人员伤亡的直接原因。安全生产违法行为，分为作为和不作为。作

为是指责任主体实施了法律禁止的行为而触犯法律，不作为是指责任主体不履行法定义务而触犯法律。《安全生产法》关于安全生产法律关系主体的违法行为的界定，对于规范政府部门依法行政和生产经营单位依法生产经营，追究违法者的法律责任，具有重要意义。

《安全生产法》规定追究法律责任的生产经营单位的安全生产违法行为，有以下27种：

（1）生产经营单位的决策机构、主要负责人、个人经营的投资人不依照本法规定保证安全生产所必需的资金投入，致使生产经营单位不具备安全生产条件的；

（2）生产经营单位的主要负责人未履行本法规定的安全生产管理职责的；

（3）生产经营单位未按照规定设立安全生产管理机构或者配备安全生产管理人员的；

（4）危险物品的生产、经营、储存单位以及矿山、建筑施工单位的主要负责人和安全生产管理人员未按照规定经考核合格的；

（5）生产经营单位未按照规定对从业人员进行安全生产教育培训，或者未按照规定如实告知从业人员有关的安全生产事项的；

（6）特种作业人员未按照规定经专门的安全作业培训并取得特种作业操作资格证书，上岗作业的；

（7）生产经营单位的矿山建设项目或者用于生产、储存危险物品的建设项目没有安全设施设计或者安全设施设计未按照规定报经有关部门审查同意的；

（8）矿山建设项目或者用于生产、储存危险物品的建设项目的施工单位未按照批准的安全设施设计施工的；

（9）矿山建设项目或者用于生产、储存危险物品的建设项目竣工投入生产或者使用前，安全设施未经验收合格的；

（10）生产经营单位未在有较大危险因素的生产经营场所和有关设施、设备上设置明显的安全警示标志的；

（11）安全设备的安装、使用、检测、改造和报废不符合国家标准或者行业标准的；

（12）未对安全设备进行经常性维护、保养和定期检测的；

（13）未为从业人员提供符合国家标准或者行业标准的劳动防护用品的；

（14）特种设备以及危险物品的容器、运输工具未经取得专业资质的机构检测、检验合格，取得安全使用证或者安全标志，投入使用的；

（15）使用国家明令淘汰、禁止使用的危及生产安全的工艺、设备的；

（16）未经依法批准，擅自生产、经营、储存危险物品的；

（17）生产经营单位生产、经营、储存、使用危险物品，未建立专门安全管理制度、未采取可靠的安全措施或者不接受有关主管部门依法实施的监督管理的；

（18）对重大危险源未登记建档，或者未进行评估、监控，或者未制定应急预案的；

（19）进行爆破、吊装等危险作业，未安排专门管理人员进行现场安全管理的；

（20）生产经营单位将生产经营项目、场所、设备发包或者出租给不具备安全生产条件或者相应资质的单位或者个人的；

（21）生产经营单位未与承包单位、承租单位签订专门的安全生产管理协议或者未在承包合同、租赁合同中明确各自的安全生产管理职责，或者未对承包单位、承租单位的安全生产统一协调、管理的；

（22）两个以上生产经营单位在同一作业区域内进行可能危及对方安全生产的生产经营活动，未签订安全生产管理协议或者指定专职安全生产管理人员进行安全检查与协调的；

（23）生产经营单位生产、经营、储存、使用危险物品的车间、商店、仓库与员工宿舍在同一座建筑内，或者与员工宿舍的距离不符合安全要求的；

（24）生产经营场所和员工宿舍未设有符合紧急疏散需要、标志明显、保持畅通的出口，或者封闭、堵塞生产经营场所或者员工宿舍出口的；

（25）生产经营单位与从业人员订立协议，免除或者减轻其对从业人员因生产安全事故伤亡依法应承担的责任的；

（26）生产经营单位不具备本法和其他有关法律、行政法规和国家标准或者行业标准规定的安全生产条件，经停产停业整顿仍不具备安全生产条件的；

（27）生产经营单位发生生产安全事故造成人员伤亡、他人财产损失的。

《安全生产法》对上述安全生产违法行为设定的法律责任分别是：处以罚款、没收违法所得、责令限期改正、停产停业整顿、责令停止建设、责令停止违法行为、吊销证照、关闭的行政处罚；导致发生生产安全事故给他人造成损害或者其他违法行为造成他人损害的，承担赔偿责任或者连带赔偿责任；构成犯罪的，依法追究刑事责任。

五、从业人员的安全生产违法行为

《安全生产法》规定追究法律责任的生产经营单位有关人员的安全生产违法行为，有以下 7 种：

（1）生产经营单位的决策机构、主要负责人、个人经营的投资人不依照本法规定保证安全生产所必需的资金投入，致使生产经营单位不具备安全生产条件的；

（2）生产经营单位的主要负责人未履行本法规定的安全生产管理职责的；

（3）生产经营单位与从业人员订立协议，免除或者减轻其对从业人员因生产安全事故伤亡依法应承担责任的；

（4）生产经营单位主要负责人在本单位发生重大生产安全事故时，不立即组织抢救或者在事故调查处理期间擅离职守或者逃匿的；

（5）生产经营单位主要负责人对生产安全事故隐瞒不报、谎报或者迟报的；

（6）生产经营单位的从业人员不服从管理，违反安全生产规章制度或者操作规程的；

（7）生产安全事故的责任人未依法承担赔偿责任，经人民法院依法采取执行措施后，仍不能对受害人给予足额赔偿的。

《安全生产法》对上述安全生产违法行为设定的法律责任分别是：处以降职、撤职、罚款、拘留的行政处罚；构成犯罪的，依法追究刑事责任。

六、安全生产中介机构的违法行为

《安全生产法》规定追究法律责任的安全生产中介服务违法行为，主要是承担安全评价、认证、检测、检验工作的机构，提供虚假证明的。

《安全生产法》对该种安全生产违法行为设定的法律责任是处以罚款、没收违法所得、撤销执业资格的行政处罚；给他人造成损害的，与生产经营单位承担连带赔偿责任；构成犯罪的，依法追究刑事责任。

七、负有安全生产监督管理职责的部门工作人员的违法行为

《安全生产法》规定追究法律责任的负有安全生产监督管理职责的部门工作人员的违法行为，有以下3种：

（1）失职、渎职的违法行为

①对不符合法定安全生产条件的涉及安全生产的事项予以批准或者验收通过的；

②发现未依法取得批准、验收的单位擅自从事有关活动或者接到举报后不予取缔或者不依法予以处理的；

③对已经依法取得批准的单位不履行监督管理职责，发现其不再具备安全生产条件而不撤销原批准或者发现安全生产违法行为不予查处的。

（2）负有安全生产监督管理职责的部门，要求被审查、验收的单位购买其指定的安全设备、器材或者其他产品的，在对安全生产事项的审查、验收中收取费用的。

（3）有关地方人民政府、负有安全生产监督管理职责的部门，对生产安全事故隐瞒不报、谎报或者拖延不报的。

《安全生产法》对上述安全生产违法行为设定的法律责任是给予行政降级、撤职等行政处分；构成犯罪的，依照刑法有关规定追究刑事责任。

八、民事赔偿的强制执行

民事责任的执法主体是各级人民法院。按照我国民事诉讼法的规定，只有人民法院是受理民事赔偿案件、确定民事责任、裁判追究民事赔偿责任的唯一的法律审判机关。如果当事人各方不能就民事赔偿和连带赔偿的问题协商一致，即可通过民事诉讼主张权利、获得赔偿。只有这时，人民法院才可能成为民事责任的执法主体。如果当事各方就民事赔偿问题已经协商一致，就不存在通过诉讼方式主张权利的必要。

（一）民事责任的含义

民事责任是指当事人对其违反民事法律的行为依法应当承担的法律责任。追究民事责任的前提条件是民事关系主体一方（生产经营单位或者安全生产中介机构）侵犯了另一方的民事权利，造成其人身伤害或者财产损失，造成民事损害的一方必须承担相应的民事赔偿责任。近年来，由于一些生产经营单位，特别是私营业主，违法从事生产经营活动或者发生生产安全事故，给从业人员或者其他人员、其他单位造成了人身伤亡或者经济损失。过去的有关安全生产法律、法规只设定了行政责任和刑事责任，没有关于民事责任的明确规定。因法律没有明确设定对民事侵权行为追究损害赔偿责任，违法者不承担民事责任，使受害者的财产权利没有得到应有的保护。为使受害方运用法律武器维护自身的合法权益，使那些逃避民事赔偿责任的违法者受到法律制裁，有必要设定民事赔偿责任来保护受害者，惩罚违法者，赔偿受害者的经济损失。《安全生产法》第一次在安全生产立法中设定了民事赔偿责任，依法调整当事人之间在安全生产方面的人身关系和财产关系，重视对财产权利的保护，这是一大特色和创新。《安全生产法》根据民事违法行为的主体、内容的不同，将民事赔偿具体分为连带赔偿和事故损害赔偿并分别作出了规定。

（二）连带赔偿

连带赔偿指两个以上生产经营单位或者社会组织对他们的共同民事违法行为所应承担的共同赔偿责任。连带赔偿责任的特点是有两个以上民事主体从事了一个或者多个民事违法行为给受害方造成了民事损害即人身伤害、财产损失或经济损失，责任双方均有对受害方进行民事赔偿的义务和责任。受害方可以向其中一方或者各方追索民事赔偿。连带赔偿的主体是两个以上，共同实施了一个或者多个民事违法行为，其损害后果可能是导致生产安全事故，也可能是其他后果。

《安全生产法》第一百条规定："生产经营单位将生产经营项目、场所、设备发包或者出租给不具备安全生产条件或者相应资质的单位或者个人的，责令限期改正，没收违法所得；违法所得十万元以上的，并处违法所得二倍以上五倍以下的罚款；没有违法所得或者违法所得不足十万元的，单处或者并处十万元以上二十万元以下的罚款；对其直接负责的主管人员和其他直接责任人员处一万元以上二万元以下的罚款；导致发生生产安全事故给他人造成损害的，与承包方、承租方承担连带赔偿责任。"有些生产经营单位为了牟利，擅自将其生产经营项目、场所、设备发包或者出租给不具备法定安全生产条件或者相应资质的单位或者个人，发包方或者出租方只收取承包金或者租金，对承包方或者承租方的安全生产不闻不问，出了事故则一走了之，推卸责任，最终使受害者的权益受到损害。作为利益共同体，发包方与承包方、出租方与承租方同时都负有安全生产、保护当事人人身和财产安全的法定义务。如因他们不履行法定义务发生生产安全事故造成他人损害的，双方理所当然地要承担民事赔偿责任。《安全生产法》第一百条的上述规定，从立法上解决了承包、租赁生产经营项目、场所、设备中发包与承包、出租与承租各方的民事责任问题，也为保护当事人的民事权利提供了法律依据。

（三）事故损害赔偿

事故损害赔偿专指因生产经营单位的过错，即安全生产违法行为而导致生产安全事故，造成人员伤亡、他人财产损失所应承担的赔偿责任。事故损害赔偿与连带赔偿的区别在于，事故损害赔偿只有一个主体，单独实施了一个或者多个民事违法行为，其损害后果只能是一个，即导致生产安全事故。

这里应当注意两点：一是过错方必须是生产经营单位，即生产经营单位有安全生产违法行为而引发事故；二是事故造成了本单位从业人员的伤亡或者不特定的其他人的财产损失。比如某化工厂因年久失修造成了压力容器的爆炸，在现场作业的工人死伤均有，同时导致厂外民房被震塌，也造成了人员死伤和财产损失。依照《安全生产法》第一百一十一条的规定，受伤的从业人员或死亡人员的亲属就可以依法对该化工厂索赔。如果该化工厂拒赔或者对赔偿金额协商不一致，那么受害者或其亲属就有权向人民法院起诉，请求依法判决该化工厂予以民事赔偿，人民法院依法判决应予赔偿后，该化工厂则必须履行赔偿责任。有一点应当指出，虽然《安全生产法》设定了民事责任，但是民事责任的确定以及民事赔偿的具体标准必须依照民事法律的有关规定，不能任意提高或者降低民事赔偿标准。

（四）民事赔偿的强制执行

《安全生产法》为了保护公民、法人或其他组织的合法民事权益，专门对有关民事赔偿问题规定了强制执行措施。一是确定生产经营单位发生生产安全事故造成人员伤亡、他人财产损失的，应当依法承担赔偿责任。二是规定了强制执行措施。生产经营单位发生生产安全事故造成人员伤亡、他人财产损失，拒不承担赔偿责任或者其负责人逃匿的，由人民法院依法强制执行。三是规定了继续或者随时履行赔偿责任。生产安全事故的责任人未依法承担赔偿责任，经人民法院依法采取执行措施后，仍不能对受害人给予足额赔偿的，应当继续履行赔偿义务；受害人发现责任人有其他财产的，可以随时请求人民法院执行。

第三章 刑法及相关法律法规

第一节 刑法及其解读

一、刑法涉及安全生产方面的条款

中华人民共和国刑法

（1979 年 7 月 1 日第五届全国人民代表大会第二次会议通过，1997 年 3 月 14 日第八届全国人民代表大会第五次会议修订）

［本刑法内容已经根据 1999 年 12 月 25 日中华人民共和国刑法修正案，2001 年 8 月 31 日中华人民共和国刑法修正案（二），2001 年 12 月 29 日中华人民共和国刑法修正案（三），2002 年 12 月 28 日中华人民共和国刑法修正案（四），2005 年 2 月 28 日中华人民共和国刑法修正案（五），2006 年 6 月 29 日中华人民共和国刑法修正案（六），2009 年 2 月 28 日中华人民共和国刑法修正案（七），2011 年 2 月 25 日中华人民共和国刑法修正案（八），2015 年 8 月 29 日中华人民共和国刑法修正案（九）修正］

第一编 总 则

第二编 分 则

第二章 危害公共安全罪

第一百三十四条 在生产、作业中违反有关安全管理的规定，因而发生重大伤亡事故或者造成其他严重后果的，处三年以下有期徒刑或者拘役；情节特别恶劣的，处三年以上七年以下有期徒刑。

强令他人违章冒险作业，因而发生重大伤亡事故或者造成其他严重后果的，处五年以下有期徒刑或者拘役；情节特别恶劣的，处五年以上有期徒刑。

第一百三十五条 安全生产设施或者安全生产条件不符合国家规定，因而发生重大伤亡事故或者造成其他严重后果的，对直接负责的主管人员和其他直接责任人员，处三年以下有期徒刑或者拘役；情节特别恶劣的，处三年以上七年以下有期徒刑。

举办大型群众性活动违反安全管理规定，因而发生重大伤亡事故或者造成其他严重后果的，对直接负责的主管人员和其他直接责任人员，处三年以下有期徒刑或者拘役；情节特别恶劣的，处三年以上七年以下有期徒刑。

第一百三十六条　违反爆炸性、易燃性、放射性、毒害性、腐蚀性物品的管理规定，在生产、储存、运输、使用中发生重大事故，造成严重后果的，处三年以下有期徒刑或者拘役；后果特别严重的，处三年以上七年以下有期徒刑。

第一百三十七条　建设单位、设计单位、施工单位、工程监理单位违反国家规定，降低工程质量标准，造成重大安全事故的，对直接责任人员，处五年以下有期徒刑或者拘役，并处罚金；后果特别严重的，处五年以上十年以下有期徒刑，并处罚金。

第一百三十九条　违反消防管理法规，经消防监督机构通知采取改正措施而拒绝执行，造成严重后果的，对直接责任人员，处三年以下有期徒刑或者拘役；后果特别严重的，处三年以上七年以下有期徒刑。

在安全事故发生后，负有报告职责的人员不报或者谎报事故情况，贻误事故抢救，情节严重的，处三年以下有期徒刑或者拘役；情节特别严重的，处三年以上七年以下有期徒刑。

二、条款解读

> **第一百三十四条**　在生产、作业中违反有关安全管理的规定，因而发生重大伤亡事故或者造成其他严重后果的，处三年以下有期徒刑或者拘役；情节特别恶劣的，处三年以上七年以下有期徒刑。
>
> 强令他人违章冒险作业，因而发生重大伤亡事故或者造成其他严重后果的，处五年以下有期徒刑或者拘役；情节特别恶劣的，处五年以上有期徒刑。

【原条款】**第一百三十四条**　工厂、矿山、林场、建筑企业或者其他企业、事业单位的职工，由于不服管理、违反规章制度，或者强令工人违章冒险作业，因而发生重大伤亡事故或者造成其他严重后果的，处三年以下有期徒刑或者拘役；情节特别恶劣的，处三年以上七年以下有期徒刑。

【新旧条款比较】将刑法第一百三十四条修改为："在生产、作业中违反有关安全管理的规定，因而发生重大伤亡事故或者造成其他严重后果的，处三年以下有期徒刑或者拘役；情节特别恶劣的，处三年以上七年以下有期徒刑。

"强令他人违章冒险作业，恶劣的，处五年以上有期徒刑。"

【修正案解读】本条修正案实际上是对刑法一百三十四条（重大责任事故罪）作出了三处修正：

（1）对重大责任事故罪成立的罪状作出更准确和本质的描述。修正案将原条文中犯罪的主体、成立的场所泛化。原条文界定的犯罪场所主要是工矿企业，主体是该单位的职工；而修正案则没有对场所进行限定，对于犯罪主体也没有进行具体的描述；但是，修正案突出了"违反有关安全管理的规定"这一重大责任事故罪的本质特征，取代了以前"不服管理、违反规章制度"这种模糊的说法，使得我们对重大责任事故罪的把握变得更为明确。

（2）将"强令他人违章冒险作业"这一特殊的责任事故行为独立出来。修正案单独列出一款，规定了如何对"强令工人违章作业造成严重后果"的行为进行定罪量刑。其实从立法技术的层面上来讲，这一款的规定，已经使"强令工人违章作业"成为一个独立的罪名。

（3）法定刑的提高。这一变化主要还是针对"强令工人违章作业造成严重后果"而言的，将以前"三年以下""三年以上七年以下"两档刑期提升为"五年以下"和"五年以上有期徒刑"。

> **第一百三十五条** 安全生产设施或者安全生产条件不符合国家规定，因而发生重大伤亡事故或者造成其他严重后果的，对直接负责的主管人员和其他直接责任人员，处三年以下有期徒刑或者拘役；情节特别恶劣的，处三年以上七年以下有期徒刑。

【原条款】第一百三十五条 工厂、矿山、林场、建筑企业或者其他企业、事业单位的劳动安全设施不符合国家规定，经有关部门或者单位职工提出后，对事故隐患仍不采取措施，因而发生重大伤亡事故或者造成其他严重后果的，对直接责任人员，处三年以下有期徒刑或者拘役；情节特别恶劣的，处三年以上七年以下有期徒刑。

【新旧条款比较】将刑法第一百三十五条修改为："安全生产设施或者安全生产条件不符合国家规定，因而发生重大伤亡事故或者造成其他严重后果的，对直接负责的主管人员和其他直接责任人员，处三年以下有期徒刑或者拘役；情节特别恶劣的，处三年以上七年以下有期徒刑。"

【修正案解读】本条修正案主要是对重大劳动安全事故罪的一些构成要件作出了修正，主要有三处修改：

（1）场所的扩大。原法条所界定的犯罪场所主要是工矿企业，而修正案则没有对场所进行限制。

（2）取消了"经有关部门或者单位职工提出后，对事故隐患仍不采取措施"这一客观要件。原法条的这一规定，过于呆板，当没有人提出安全隐患的存在，但是行为人明知劳动安全设施不符合国家规定而不采取措施，最后导致事故出现的，这种情况就很难定罪量刑了。修正案取消了"经有关部门或者单位职工提出"这一要件，强调只要因安全生产设施不符合规定而导致事故出现，就可以定本罪了。

（3）主体的扩大。原条文本罪的主体只局限在直接责任人员范围内，而修正案则强调主体包括直接负责的主管人员和其他直接责任人员。

> **第一百三十九条之一** 安全事故发生后，负有报告职责的人员不报或者谎报事故情况，贻误事故抢救，情节严重的，处三年以下有期徒刑或者拘役；情节特别严重的，处三年以上七年以下有期徒刑。

【新旧条款比较】在刑法第一百三十九条后增加一条，作为第一百三十九条之一："在安全事故发生后，负有报告职责的人员不报或者谎报事故情况，贻误事故抢救，情节严重的，处三年以下有期徒刑或者拘役；情节特别严重的，处三年以上七年以下有期徒刑。"

【修正案解读】本条修正案旨在追究安全事故发生后不履行报告义务的责任人的刑事责任。可以说，尽管本条修正案只是增加了某一条文的款文，但实际上这条修正案实际也确立了一个新的罪名。

本修正案是补充在刑法第一百三十九条之后，但第一百三十九条实际上只是一条关于消防责任事故罪的规定，而本修正案所针对的是所有的安全责任事故，而不局限于消防责任事故；因此第一百三十九条第一款和第二款之间实际上是没有什么逻辑联系的。

第二节 最高人民检察院、公安部关于公安机关管辖的刑事案件立案追诉标准的规定（一）（公通字〔2008〕36号）

一、刑事案件立案追诉标准

刑事案件立案追诉标准是指公安机关、人民检察院发现犯罪事实或者犯罪嫌疑人，或者公安机关、人民检察院、人民法院对于报案、控告、举报和自首的材料，以及自诉人起诉的材料，按照各自的管辖范围进行审查后，决定是否作为刑事案件进行侦查起诉或者审判所依赖的标准。

二、有关安全生产方面条款

第八条 ［重大责任事故案（刑法第一百三十四条第一款）］在生产、作业中违反有关安全管理的规定，涉嫌下列情形之一的，应予立案追诉：

（一）造成死亡一人以上，或者重伤三人以上；

（二）造成直接经济损失五十万元以上的；

（三）发生矿山生产安全事故，造成直接经济损失一百万元以上的；

（四）其他造成严重后果的情形。

第九条　［强令违章冒险作业案（刑法第一百三十四条第二款）］强令他人违章冒险作业，涉嫌下列情形之一的，应予立案追诉：

（一）造成死亡一人以上，或者重伤三人以上；

（二）造成直接经济损失五十万元以上的；

（三）发生矿山生产安全事故，造成直接经济损失一百万元以上的；

（四）其他造成严重后果的情形。

第十条　［重大劳动安全事故案（刑法第一百三十五条）］安全生产设施或者安全生产条件不符合国家规定，涉嫌下列情形之一的，应予立案追诉：

（一）造成死亡一人以上，或者重伤三人以上；

（二）造成直接经济损失五十万元以上的；

（三）发生矿山生产安全事故，造成直接经济损失一百万元以上的；

（四）其他造成严重后果的情形。

第十二条　［危险物品肇事案（刑法第一百三十六条）］违反爆炸性、易燃性、放射性、毒害性、腐蚀性物品的管理规定，在生产、储存、运输、使用中发生重大事故，涉嫌下列情形之一的，应予立案追诉：

（一）造成死亡一人以上，或者重伤三人以上；

（二）造成直接经济损失五十万元以上的；

（三）其他造成严重后果的情形。

第十三条　［工程重大安全事故案（刑法第一百三十七条）］建设单位、设计单位、施工单位、工程监理单位违反国家规定，降低工程质量标准，涉嫌下列情形之一的，应予立案追诉：

（一）造成死亡一人以上，或者重伤三人以上；

（二）造成直接经济损失五十万元以上的；

（三）其他造成严重后果的情形。

第十五条　［消防责任事故案（刑法第一百三十九条）］违反消防管理法规，经消防监督机构通知采取改正措施而拒绝执行，涉嫌下列情形之一的，应予立案追诉：

（一）造成死亡一人以上，或者重伤三人以上；

（二）造成直接经济损失五十万元以上的；

（三）造成森林火灾，过火有林地面积二公顷以上，或者过火疏林地、灌木林地、未成林地、苗圃地面积四公顷以上的；

（四）其他造成严重后果的情形。

第三节　最高人民法院、最高人民检察院关于办理危害生产安全刑事案件适用法律若干问题的解释

一、两高发布司法解释规范办理危害生产安全刑事案件

该《解释》共17条，针对此类案件起诉、审判过程中存在的突出问题，作出了有针对性的规定。

第一，《解释》明确了重大责任事故罪、强令违章冒险作业罪、重大劳动安全事故罪和不报、谎报安全事故罪的主体范围——负有组织、指挥或者管理职权的实际控制人、投资人，或者对安全生产设施、安全生产条件不符合国家规定负有直接责任的实际控制人、投资人，可以认定为相关犯罪的犯罪主体。这主要是针对实践中某些国家工作人员或者具有特定职务身份的公司、企业管理人员，规避法律充当"隐名持股人"的情况。

第二，《解释》明确了入罪门槛。原则上死亡一人、重伤三人，或者造成直接经济损失一百万元作为入罪标准。

第三，《解释》明确了强令违章冒险作业罪的适用条件。《刑法修正案（六）》增设了强令违章冒险作业罪，法定最高刑为有期徒刑十五年，是危害生产安全犯罪中的重罪，但实践中适用率偏低，主要问题在于对"强令"一词理解不当，将某些强令违章冒险作业行为错误认定为普通责任事故犯罪，导致处刑过低，不利于严惩犯罪。《解释》明确，明知存在事故隐患、继续作业存在危险，仍然违反有关安全管理的规定，利用组织、指挥、管理职权强制他人违章作业，或者采取威逼、胁迫、恐吓等手段强制他人违章作业，或者故意掩盖事故隐患组织他人违章作业的，均应认定为"强令他人违章冒险作业"。

第四，《解释》明确，故意阻挠开展事故抢救、遗弃事故受害人等行为，以故意杀人罪或者故意伤害罪定罪处罚。实践中，某些黑煤窑、矿山业主在安全事故发生后，为掩盖事故事实、逃避法律追究，不仅不组织抢救和向相关部门报告，反而故意隐匿、遗弃事故受伤人员，甚至作出堵塞出事矿井、掩盖事故真相的恶劣行为，导致被困人员和被隐匿、遗弃人员死亡、重伤或者重度残疾，社会危害严重，影响十分恶劣。这种行为将受到严惩。

另外，司法解释还明确了从重处罚情形。其中包括：未依法取得安全许可证件或者安全许可证件过期、被暂扣、吊销、注销后从事生产经营活动的；关闭、破坏

必要的安全监控和报警设备的；已经发现事故隐患、经有关部门或者个人提出后，仍不采取措施的；一年内曾因危害生产安全违法犯罪活动受过行政处罚或者刑事处罚的；采取弄虚作假、行贿等手段，故意逃避、阻挠负有安全监督管理职责的部门实施监督检查的；安全事故发生后转移财产意图逃避承担责任的。同时，为做到宽严相济，树立正确行为导向，《解释》同时规定，在安全事故发生后积极组织、参与事故抢救，或者积极配合调查、主动赔偿损失的，可以酌情从轻处罚。

就严惩相关贪污贿赂和渎职犯罪、以及禁止令和职业禁止措施的适用范围，《解释》也作了明确规定。

2015年8月12日发生的天津港瑞海公司危险化学品仓库爆炸事故造成大量人员伤亡、大批房屋损毁和巨额经济损失，社会影响十分恶劣。习近平总书记、李克强总理多次作出重要批示，强调发展不能以牺牲人的生命为代价。必须坚决遏制经济社会建设活动中生产安全事故易发、高发的态势。

近年来，安全生产监督管理部门加强监管执法，扎实推进重点行业领域安全专项整治工作，严格违法行为和事故责任追究。各级人民法院、人民检察院充分发挥审判、检察职能作用，严惩危害生产安全犯罪，一大批危害生产安全违法犯罪分子及相关贪污受贿、渎职违法犯罪分子受到了法律制裁。2012年至2014年，全国各级法院累计审结危害生产安全犯罪案件5707件，作出生效判决人数7599人。危害生产安全犯罪涉及行业领域广泛，行为方式复杂多样，所以两高在以往司法解释的基础上，出台了这部司法解释。

二、正文

《最高人民法院、最高人民检察院关于办理危害生产安全刑事案件适用法律若干问题的解释》已于2015年11月9日由最高人民法院审判委员会第1665次会议、2015年12月9日由最高人民检察院第十二届检察委员会第44次会议通过，现予公布，自2015年12月16日起施行。

最高人民法院　最高人民检察院

2015年12月14日

最高人民法院、最高人民检察院关于办理危害
生产安全刑事案件适用法律若干问题的解释
（法释〔2015〕22号）

为依法惩治危害生产安全犯罪，根据刑法有关规定，现就办理此类刑事案件适

用法律的若干问题解释如下：

第一条　刑法第一百三十四条第一款规定的犯罪主体，包括对生产、作业负有组织、指挥或者管理职责的负责人、管理人员、实际控制人、投资人等人员，以及直接从事生产、作业的人员。

第二条　刑法第一百三十四条第二款规定的犯罪主体，包括对生产、作业负有组织、指挥或者管理职责的负责人、管理人员、实际控制人、投资人等人员。

第三条　刑法第一百三十五条规定的"直接负责的主管人员和其他直接责任人员"，是指对安全生产设施或者安全生产条件不符合国家规定负有直接责任的生产经营单位负责人、管理人员、实际控制人、投资人，以及其他对安全生产设施或者安全生产条件负有管理、维护职责的人员。

第四条　刑法第一百三十九条之一规定的"负有报告职责的人员"，是指负有组织、指挥或者管理职责的负责人、管理人员、实际控制人、投资人，以及其他负有报告职责的人员。

第五条　明知存在事故隐患、继续作业存在危险，仍然违反有关安全管理的规定，实施下列行为之一的，应当认定为刑法第一百三十四条第二款规定的"强令他人违章冒险作业"：

（一）利用组织、指挥、管理职权，强制他人违章作业的；

（二）采取威逼、胁迫、恐吓等手段，强制他人违章作业的；

（三）故意掩盖事故隐患，组织他人违章作业的；

（四）其他强令他人违章作业的行为。

第六条　实施刑法第一百三十二条、第一百三十四条第一款、第一百三十五条、第一百三十五条之一、第一百三十六条、第一百三十九条规定的行为，因而发生安全事故，具有下列情形之一的，应当认定为"造成严重后果"或者"发生重大伤亡事故或者造成其他严重后果"，对相关责任人员，处三年以下有期徒刑或者拘役：

（一）造成死亡一人以上，或者重伤三人以上的；

（二）造成直接经济损失一百万元以上的；

（三）其他造成严重后果或者重大安全事故的情形。

实施刑法第一百三十四条第二款规定的行为，因而发生安全事故，具有本条第一款规定情形的，应当认定为"发生重大伤亡事故或者造成其他严重后果"，对相关责任人员，处五年以下有期徒刑或者拘役。

实施刑法第一百三十七条规定的行为，因而发生安全事故，具有本条第一款规定情形的，应当认定为"造成重大安全事故"，对直接责任人员，处五年以下有期徒刑或者拘役，并处罚金。

实施刑法第一百三十八条规定的行为，因而发生安全事故，具有本条第一款第一项规定情形的，应当认定为"发生重大伤亡事故"，对直接责任人员，处三年以下有期徒刑或者拘役。

第七条　实施刑法第一百三十二条、第一百三十四条第一款、第一百三十五条、第一百三十五条之一、第一百三十六条、第一百三十九条规定的行为，因而发生安全事故，具有下列情形之一的，对相关责任人员，处三年以上七年以下有期徒刑：

（一）造成死亡三人以上或者重伤十人以上，负事故主要责任的；

（二）造成直接经济损失五百万元以上，负事故主要责任的；

（三）其他造成特别严重后果、情节特别恶劣或者后果特别严重的情形。

实施刑法第一百三十四条第二款规定的行为，因而发生安全事故，具有本条第一款规定情形的，对相关责任人员，处五年以上有期徒刑。

实施刑法第一百三十七条规定的行为，因而发生安全事故，具有本条第一款规定情形的，对直接责任人员，处五年以上十年以下有期徒刑，并处罚金。

实施刑法第一百三十八条规定的行为，因而发生安全事故，具有下列情形之一的，对直接责任人员，处三年以上七年以下有期徒刑：

（一）造成死亡三人以上或者重伤十人以上，负事故主要责任的；

（二）具有本解释第六条第一款第一项规定情形，同时造成直接经济损失五百万元以上并负事故主要责任的，或者同时造成恶劣社会影响的。

第八条　在安全事故发生后，负有报告职责的人员不报或者谎报事故情况，贻误事故抢救，具有下列情形之一的，应当认定为刑法第一百三十九条之一规定的"情节严重"：

（一）导致事故后果扩大，增加死亡一人以上，或者增加重伤三人以上，或者增加直接经济损失一百万元以上的；

（二）实施下列行为之一，致使不能及时有效开展事故抢救的：

1. 决定不报、迟报、谎报事故情况或者指使、串通有关人员不报、迟报、谎报事故情况的；

2. 在事故抢救期间擅离职守或者逃匿的；

3. 伪造、破坏事故现场，或者转移、藏匿、毁灭遇难人员尸体，或者转移、藏匿受伤人员的；

4. 毁灭、伪造、隐匿与事故有关的图纸、记录、计算机数据等资料以及其他证据的；

（三）其他情节严重的情形。

具有下列情形之一的，应当认定为刑法第一百三十九条之一规定的"情节特别严重"：

（一）导致事故后果扩大，增加死亡三人以上，或者增加重伤十人以上，或者增加直接经济损失五百万元以上的；

（二）采用暴力、胁迫、命令等方式阻止他人报告事故情况，导致事故后果扩大的；

（三）其他情节特别严重的情形。

第九条　在安全事故发生后，与负有报告职责的人员串通，不报或者谎报事故情况，贻误事故抢救，情节严重的，依照刑法第一百三十九条之一的规定，以共犯论处。

第十条　在安全事故发生后，直接负责的主管人员和其他直接责任人员故意阻挠开展抢救，导致人员死亡或者重伤，或者为了逃避法律追究，对被害人进行隐藏、遗弃，致使被害人因无法得到救助而死亡或者重度残疾的，分别依照刑法第二百三十二条、第二百三十四条的规定，以故意杀人罪或者故意伤害罪定罪处罚。

第十一条　生产不符合保障人身、财产安全的国家标准、行业标准的安全设备，或者明知安全设备不符合保障人身、财产安全的国家标准、行业标准而进行销售，致使发生安全事故，造成严重后果的，依照刑法第一百四十六条的规定，以生产、销售不符合安全标准的产品罪定罪处罚。

第十二条　实施刑法第一百三十二条、第一百三十四条至第一百三十九条之一规定的犯罪行为，具有下列情形之一的，从重处罚：

（一）未依法取得安全许可证件或者安全许可证件过期、被暂扣、吊销、注销后从事生产经营活动的；

（二）关闭、破坏必要的安全监控和报警设备的；

（三）已经发现事故隐患，经有关部门或者个人提出后，仍不采取措施的；

（四）一年内曾因危害生产安全违法犯罪活动受过行政处罚或者刑事处罚的；

（五）采取弄虚作假、行贿等手段，故意逃避、阻挠负有安全监督管理职责的部门实施监督检查的；

（六）安全事故发生后转移财产意图逃避承担责任的；

（七）其他从重处罚的情形。

实施前款第五项规定的行为，同时构成刑法第三百八十九条规定的犯罪的，依照数罪并罚的规定处罚。

第十三条　实施刑法第一百三十二条、第一百三十四条至第一百三十九条之一规定的犯罪行为，在安全事故发生后积极组织、参与事故抢救，或者积极配合调查、主动赔偿损失的，可以酌情从轻处罚。

第十四条　国家工作人员违反规定投资入股生产经营，构成本解释规定的有关犯罪的，或者国家工作人员的贪污、受贿犯罪行为与安全事故发生存在关联性的，从重处罚；同时构成贪污、受贿犯罪和危害生产安全犯罪的，依照数罪并罚的规定处罚。

第十五条　国家机关工作人员在履行安全监督管理职责时滥用职权、玩忽职守、致使公共财产、国家和人民利益遭受重大损失的，或者徇私舞弊，对发现的刑事案件依法应当移交司法机关追究刑事责任而不移交，情节严重的，分别依照刑法第三百九十七条、第四百零二条的规定，以滥用职权罪、玩忽职守罪或者徇私舞弊不移交刑事案件罪定罪处罚。

公司、企业、事业单位的工作人员在依法或者受委托行使安全监督管理职责时滥用职权或者玩忽职守，构成犯罪的，应当依照《全国人民代表大会常务委员会关于〈中华人民共和国刑法〉第九章渎职罪主体适用问题的解释》的规定，适用渎职罪的规定追究刑事责任。

第十六条　对于实施危害生产安全犯罪适用缓刑的犯罪分子，可以根据犯罪情况，禁止其在缓刑考验期限内从事与安全生产相关联的特定活动；对于被判处刑罚的犯罪分子，可以根据犯罪情况和预防再犯罪的需要，禁止其自刑罚执行完毕之日或者假释之日起三年至五年内从事与安全生产相关的职业。

第十七条　本解释自 2015 年 12 月 16 日起施行。本解释施行后，《最高人民法院、最高人民检察院关于办理危害矿山生产安全刑事案件具体应用法律若干问题的解释》（法释〔2007〕5 号）同时废止。最高人民法院、最高人民检察院此前发布的司法解释和规范性文件与本解释不一致的，以本解释为准。

第四节　北京市生产安全事故报告和调查处理办法

第一章　总　则

第一条　为了规范本市生产安全事故的报告和调查处理，根据《中华人民共和国安全生产法》（以下简称《安全生产法》）和国务院《生产安全事故报告和调查处理条例》（以下简称《条例》），结合本市实际情况，制定本办法。

第二条　本市行政区域内生产经营单位在生产经营活动过程中，造成人员伤亡或者直接经济损失的生产安全事故以及事故发生后因抢险施救不当造成的生产安全事故（以下简称事故）的报告和调查处理适用本办法。有关法律、法规对事故报告和调查处理另有规定的，从其规定。

第三条　事故调查处理按照事故等级分级负责。

市和区（县）人民政府授权本级安全生产监督管理部门组织事故调查组进行调查；市和区（县）人民政府认为必要时，可以直接组织事故调查组进行调查。

第四条　参加事故调查处理的部门和单位应当派出人员参加事故调查处理，支持、配合事故调查组做好事故调查处理工作，并提供必要的工作条件。

第二章　事故报告

第五条　事故发生后，事故现场有关人员以及接到事故报告的单位负责人应当按照《条例》规定，向事故发生地区（县）安全生产监督管理部门和负有安全生产监督管理职责的有关部门报告。

第六条　区（县）安全生产监督管理部门和负有安全生产监督管理职责的有关部门接到事故报告后，应当在2小时内上报市安全生产监督管理部门和负有安全生产监督管理职责的有关部门。

市安全生产监督管理部门和负有安全生产监督管理职责的有关部门接到发生特别重大事故、重大事故的报告后，应当在2小时内上报至国务院安全生产监督管理部门和负有安全生产监督管理职责的有关部门。

安全生产监督管理部门和负有安全生产监督管理职责的有关部门上报事故情况，应当同时报告本级人民政府；必要时，可以越级上报。

第七条　事故发生后，事故发生单位应当立即启动事故应急预案，采取有效措施组织抢救，防止事故扩大或者引发次生事故，减少人员伤亡和财产损失；及时将受伤人员送往医疗机构救治，并先行垫付医疗费用。

第八条　有关单位和人员应当按照《条例》的规定保护事故现场以及相关证据，全力配合事故调查组的工作。清理事故现场，应当征得事故调查组的同意。

事故调查组应当及时完成事故现场勘查、取证工作。

第三章　事故调查

第九条　事故调查按照下列规定分级负责：

（一）特别重大事故按照《条例》的规定由市人民政府组织有关部门配合国务院事故调查组进行调查。

（二）重大事故、较大事故由市安全生产监督管理部门负责组织调查。

（三）一般事故中，直接经济损失100万元以上、造成人员死亡或者重伤的，由区（县）安全生产监督管理部门负责组织调查；直接经济损失100万元以下且未造成人员死亡或者重伤的，由事故发生单位或者其上级生产经营单位负责组织调查，其中，建设施工事故由建设工程总包单位或者其确定的单位组织调查。

区（县）安全生产监督管理部门认为必要时，经本级人民政府同意，可以直接组织调查由生产经营单位负责组织调查的一般事故。

本条所称的"以上"包括本数，所称的"以下"不包括本数。

第十条 根据事故的具体情况，事故调查组由有关人民政府、安全生产监督管理部门、负有安全生产监督管理职责的有关部门、人力资源和社会保障部门、监察机关、公安机关以及工会派人组成，并依法邀请人民检察院派人参加。

事故调查组组长由安全生产监督管理部门负责人担任；市和区（县）人民政府直接组织事故调查的，事故调查组组长由负责事故调查的人民政府指定。

第十一条 事故调查组履行下列职责：

（一）查明事故发生的经过、原因、人员伤亡情况及直接经济损失；

（二）认定事故的性质和事故责任；

（三）提出对事故直接责任单位、其他责任单位和责任人员的处理建议；

（四）总结事故教训，提出防范和整改措施；

（五）提交事故调查报告。

第十二条 事故调查组成员应当具有事故调查所需要的知识与专长，并与所调查的事故没有直接利害关系。调查组成员应当相对固定。

事故调查组成员应当依照所在部门和单位的职责，依法提供相关的政策和技术支持，提出对事故责任单位和责任人员的处理建议，完成事故调查组指派的工作。

第十三条 参加事故调查处理的部门和单位，应当保障其派出人员参加事故调查工作所需的交通工具、通信和技术设备等。

安全生产监督管理部门承担事故调查组的日常工作，并为事故调查组提供必要的工作条件。

第十四条 按照本办法第九条第（三）项规定由生产经营单位组织调查的事故，应当有本单位安全生产、人力资源、技术等有关部门以及工会参加，调查工作应当在《条例》规定的时限内完成。

第十五条 事故发生单位及相关单位应当在事故调查组规定时限内，提供下列材料：

（一）营业执照、行政许可及资质证明复印件；

（二）组织机构及相关人员职责证明；

（三）安全生产责任制度和相关管理制度；

（四）与事故相关的合同、伤亡人员身份证明及劳动关系证明；

（五）与事故相关的设备、工艺资料和安全操作规程；

（六）有关人员安全教育培训情况和特种作业人员资格证明；

（七）事故造成人员伤亡和直接经济损失等基本情况的说明；

（八）事故现场示意图；

（九）有关责任人员上一年年收入情况；

（十）与事故有关的其他材料。

前款第（一）项和第（九）项规定的材料内容，需要有关部门予以确认的，相关部门应当予以配合。

第十六条 事故调查中需要进行技术鉴定或者对直接经济损失进行评估的，事故调查组应当委托具有相应资质的单位进行技术鉴定或者评估。必要时，事故调查组可以直接组织专家进行技术鉴定或者评估。技术鉴定和评估所需时间不计入事故调查期限。

参与技术鉴定和直接经济损失评估的单位和人员，应当与事故没有直接利害关系。

第十七条 事故调查组按照《条例》的规定，向本级人民政府提交事故调查报告，报请批复。事故调查组成员对事故原因、责任认定、责任者处理建议等不能取得一致意见的，由事故调查组组长确定，并将不同意见的情况向本级人民政府作出说明。

第十八条 事故调查组成员在事故调查中应当客观公正、恪尽职守、遵守事故调查组的纪律。

事故调查组成员对外发布有关事故的信息，应当经事故调查组组长允许，由事故调查组组织发布。

第四章 事故处理

第十九条 有关机关应当认真落实人民政府的批复，依法追究相关责任单位和责任人员的法律责任；在事故处理工作完成之日起 10 个工作日内，将落实批复的情况通知组织事故调查处理的安全生产监督管理部门。

第二十条 事故发生单位和相关责任单位应当认真吸取事故教训，落实整改措施，严肃处理本单位负有事故责任的人员；在事故处理工作完成之日起 10 个工作日内，将落实人民政府批复的情况报告组织事故调查处理的安全生产监督管理部门。

第二十一条 由生产经营单位负责组织调查的直接经济损失在 10 万元（含本数）以上 100 万元以下且未造成人员死亡或者重伤的一般事故，应当在《条例》规定的时限内完成事故调查处理工作；并在事故处理工作完成之日起 10 个工作日内，将调查处理情况报告事故发生地安全生产监督管理部门。

第五章 法律责任

第二十二条 事故发生单位的有关责任人员对事故情况隐瞒不报、谎报、拖延不报和破坏事故现场，导致事故原因和责任无法查明的，认定为该单位的责任事故。

第二十三条 按照《条例》第三十八条规定处罚的，罚款数额应当符合《安全生产法》的规定。

第二十四条　生产经营单位未对直接经济损失 10 万元（含本数）以上 100 万元以下且未造成人员死亡或者重伤的一般事故进行调查处理的，由安全生产监督管理部门责令限期改正，并可处 1 万元以上 3 万元以下罚款。

第二十五条　事故发生单位和相关责任单位未按照本办法第二十条规定处理责任人员，落实整改措施的，由安全生产监督管理部门责令限期改正，逾期不改正的，处 1 万元以上 3 万元以下罚款；未在规定时限内将落实人民政府的批复情况报告安全生产监督管理部门的，由安全生产监督管理部门责令限期改正，逾期不改正的，处 5000 元罚款。

第二十六条　有关行政机关及其工作人员在事故调查处理工作中不履行法定职责，或者不落实人民政府批复的，由监察机关依法追究其行政责任。

第六章　附　则

第二十七条　生产经营单位在生产经营活动中发生的其他事故，市或者区（县）人民政府认为有必要的，按照本办法规定调查处理。

第二十八条　本办法自 2010 年 3 月 1 日起施行。

第五节　北京市高处悬吊作业安全生产规定
（京安监发〔2009〕53 号）

各区县安全生产监督管理局、市政管理委员会、质量技术监督局：

为有效控制和减少本市高处悬吊作业生产安全事故，北京市安全生产监督管理局、北京市市政市容管理委员会、北京市质量技术监督局联合制定了《北京市高处悬吊作业安全生产规定》，现印发给你们，请结合本辖区实际工作贯彻落实。

北京市安全生产监督管理局
北京市市政市容管理委员会
北京市质量技术监督局
二〇〇九年四月十日

第一章　总　则

第一条　为了加强本市高处悬吊作业安全生产工作，防止和减少高处坠落事故，保障人民群众生命和财产安全，根据《安全生产法》《北京市安全生产条例》等相关法律法规，结合本市实际情况，制定本规定。

第二条　本规定适用于本市行政区域内从事外墙清洗、广告设施维护、空调设备安装等高处悬吊作业的单位（以下简称生产经营单位）。

第三条　本规定所称的高处悬吊作业是指在基准面2米以上（含2米）通过悬吊设备或装置进行的作业。

第四条　生产经营单位的安全生产管理，坚持安全第一、预防为主、综合治理的方针。

第五条　与高处悬吊作业相关的生产经营单位应当遵守安全生产法律法规，保证安全生产条件，明确各自的安全生产管理职责，依法承担安全生产责任。

第二章　生产经营单位的安全生产责任

第六条　生产经营单位的主要负责人依法对本单位的安全生产工作全面负责。

第七条　生产经营单位应当具备有关法律、法规、规章和国家标准、行业标准、地方标准规定的安全生产条件。

第八条　生产经营单位应当依法设置安全生产管理机构，配备专职或者兼职安全生产管理人员。

第九条　从事高处悬吊作业的人员应当按照国家有关规定设定的特种作业类别，经专门的安全作业培训，取得相应的登高架设作业或者制冷作业的特种作业操作资格证书后，方可上岗作业。

第十条　生产经营单位应当依法对从业人员进行安全生产教育和培训，安全生产教育和培训不合格的人员不得上岗。

生产经营单位应当对教育培训工作情况进行记录，记录至少保存1年。

第十一条　生产经营单位应当为从业人员提供符合国家标准或行业标准的劳动防护用品，并督促从业人员按照有关规定使用。

第十二条　生产经营单位在租赁悬吊设备时，应当租赁具有产品合格证和使用说明书等相关资料的悬吊设备，并签订租赁合同，明确各自的安全生产管理职责。

第十三条　生产经营单位应当对本企业的悬吊作业设备和装置实施严格的管理，进行经常性的检查、维护和保养，并依法进行定期检测。

检测情况应当做好记录，记录至少保存2年。

第十四条　生产经营单位使用高处悬吊作业设备，必须了解、掌握其安全技术特性，采取有效的安全防护措施，并对作业人员进行专门的安全生产教育和培训。

第十五条　生产经营单位在承揽项目前，应当对项目情况进行考察。在确定承揽项目后，应研究制定书面施工方案，并作为施工档案材料保存。生产经营单位要对施工方案进行确认并签字，对施工方案的安全性负责。

第十六条　生产经营单位在施工前，应当将有关材料报发包人备案，备案材料包括：高处悬吊作业人员的特种作业资格证书复印件、施工方案等。

第十七条　生产经营单位在施工前，应当向施工作业班组、作业人员说明安全施工的技术要求，如实告知存在的危险因素、防范措施及事故应急救援措施，并由双方签字确认。

第十八条　生产经营单位在施工作业现场，应当配备安全检查人员，负责作业现场的安全检查和施工过程的安全监控。对检查或监控中发现的事故隐患和违章行为，应当立即处理和纠正，并及时向有关负责人报告。

检查及处理情况应当记录在案，记录至少保存1年。

第十九条　生产经营单位应当在其作业下方设置警戒线，在醒目处设置安全警示标志牌，并设专人看守，确保施工现场的安全。

第二十条　生产经营单位应当制定安全生产应急救援预案，预案应当明确应急救援组织、救援人员、救援程序、紧急处置措施等内容。

应急救援预案应当每半年至少演练1次，并做好记录，记录至少保存1年。

第二十一条　生产经营单位发生生产安全事故后，应当迅速启动应急救援预案，采取有效措施，组织抢救，防止事故扩大，并按照国家和本市有关规定报告当地安全生产监督管理等部门。

第三章　发包单位的安全生产责任

第二十二条　发包人在发包外墙清洗、广告设施维护工程或选用空调设备安装企业时，应当查看其安全生产制度文件及高处悬吊作业人员的特种作业证书，不得将工程项目发包给不具备安全生产条件的单位或个人。

第二十三条　发包人在发包项目时，应当与生产经营单位签订安全生产管理协议，协议包括以下内容：

（一）安全管理的职责分工；

（二）安全管理内容；

（三）应急救援的职责分工、程序以及各自的义务；

（四）其他需要明确的安全事项。

第二十四条　发包人发现生产经营单位存在问题或隐患时，应及时向当地安全生产监督管理部门报告。

第四章　监督管理

第二十五条　安全生产监督管理部门对生产经营单位安全生产工作实施综合监管，政府有关部门依照职责分工，对与高处悬吊作业相关的生产经营行为和设备设施进行监督管理。

第二十六条 建筑、装修装饰、电子、清洗、广告等相关行业协会应当协助政府有关部门，建立健全企业安全生产管理体系，指导生产经营单位制定并落实安全生产制度文件，提供相关服务。

第二十七条 政府有关部门应当依法对生产经营单位违反国家、地方和行业安全生产法律、法规和规章等行为进行行政处罚。

第二十八条 法律、行政法规对高处悬吊作业生产经营单位另有规定的，依照其规定。

第五章 附 则

第二十九条 本规范下列用语的含义：

（一）外墙清洗，指对建筑物或构筑物的外墙、内墙的清洁、维护、粉饰等。

（二）广告设施维护，指对灯箱、霓虹灯、路牌、电子显示屏（牌）等户外广告的清洁、保养、维护等。

（三）空调设备安装，指民用分体空调外挂设备的安装、拆除、维护等。

（四）外墙清洗、广告设施维护的发包人，指具有外墙清洗、广告设施维护工程发包主体资格和支付工程价款能力的产权人或物业服务企业。

空调设备安装的发包人，指具有空调设备安装发包主体资格和支付安装价款能力的空调销售单位。

（五）高处悬吊设备，指擦窗机、吊篮、单人吊具等。

第三十条 其他生产经营单位的高处作业按照相关法律法规规定，参照本规定执行。

第三十一条 本规定自 2009 年 5 月 1 日起施行。

第四章　安全生产常用标准规范

第一节　我国标准管理体系

　　根据《中华人民共和国标准化法》（简称《标准化法》）第六条规定，需要在全国范围内统一的技术要求，应制定国家标准，由国务院标准化行政主管部门制定。

　　对没有国家标准又需要在全国某一行业统一的技术要求，可以由各主管部、委制定行业标准，在国务院标准行政部门备案。当国家标准公布后，该行业标准即行废止。

　　对没有国家标准和行业标准又需要在各省范围统一的工业产品的安全卫生要求，可以由各省制定地方标准，在国务院标准行政部门备案。当国标或行标公布后，该地标即行废止。

　　国家鼓励企业制定严于国家标准或行业标准的企业标准，作为组织生产的依据。

　　《标准化法》第七条规定，国家标准、行业标准分为强制性标准和推荐性标准。保障人体健康，人身、财产安全的标准为强制性标准，其他标准为推荐性标准。

　　按照标准的适用范围，我国的标准分为国家标准、行业标准、地方标准和企业标准四个级别。

　　1. 国家标准

　　由国务院标准化行政主管部门国家质量技术监督总局与国家标准化管理委员会（属于国家质量技术监督检验检疫总局管理）指定（编制计划、组织起草、统一审批、编号、发布）。国家标准在全国范围内适用，其他各级别标准不得与国家标准相抵触。

　　2. 行业标准

　　由国务院有关行政主管部门制定。如化工行业标准（代号为HG）、石油化工行业标准（代号为SH）由国家石油和化学工业局制定，建材行业标准（代号为JC）由国家建筑材料工业局制定。行业标准在全国某个行业范围内适用。

　　3. 地方标准

　　地方标准是指在某个省、自治区、直辖市范围内需要统一的标准。《标准化法》规定："没有国家标准和行业标准而又需要在省、自治区、直辖市范围内统一的工业产品的安全卫生要求，可以制定地方标准。地方标准由省、自治区、直辖市标准化行政主管部门制定；并报国务院标准化行政主管部门和国务院有关行政部门备案。在公布国家标准或者行业标准之后，该项地方标准即行废止。"

地方标准编号由地方标准代号、标准顺序号和发布年号组成。根据《地方标准管理办法》的规定，地方标准代号由汉语拼音字母"DB"加上省、自治区、直辖市行政区划代码前两位数字再加斜线，组成地方标准代号。如DB××（行政区域代码）/××××（顺序号）—××××（年号）代表强制性标准，DB××（行政区域代码）/T ××××（顺序号）—××××（年号）代表推荐性标准。

4. 企业标准

没有国家标准、行业标准和地方标准的产品，企业应当制定相应的企业标准，企业标准应报当地政府标准化行政主管部门和有关行政主管部门备案。企业标准在该企业内部适用。

我国有很多国家标准，标准代号为GB或GB/T。其中常用涉及高空清洁的国家标准如GB 23525—2009《座板式单人吊具悬吊作业安全技术规范》、GB 3608—2008《高处作业分级》、GB 2811—2007《安全帽》、GB 6095—2009《安全带》、GB 19154—2003《擦窗机》、GB 19155—2003《高处作业吊篮》等。这些都是涉及人身安全的国家标准，全部是强制性标准。

由我国各主管部、委（局）批准发布，在该部门范围内统一使用的标准，称为行业标准（行业标准代号）。例如：机械（JB）、电子（SJ）、建筑（JGJ）、化工（HG）、冶金（YB）、轻工（QB）、纺织（FJ）、交通（JT）、石油（SY）、农业（NY）、林业（LY）、水利（SD）、商务（SB）等，都制定有本行业的行业标准。

安全生产行业标准由国家安全生产监督管理总局发布，标准代号为 AQ。如AQ/T 6110—2012《工业空气呼吸器安全使用维护管理规范》、AQ/T 9006—2010《企业安全生产标准化基本规范》、AQ/T 3029—2010《危险化学品生产单位主要负责人安全生产培训大纲及考核标准》、AQ/T 9007—2011《生产安全事故应急演练指南》等。

由各省市制定的是地方标准，标准代号为 DB。其中涉及高空清洁的地方标准如：上海市 DB31/ 95—1998《高处悬挂作业安全规程》、江苏省 DB32/ 521—2002《高处悬挂作业安全规程》、北京市 DB11/ 236—2004《建筑物外墙（幕）清洗作业座板式单人吊具安全技术规范》、北京市 DB11/T 1194—2015《高处悬吊作业企业安全生产管理规范》等。

第二节　常用安全管理标准

按照标准制定对象，通常将标准分为技术标准、管理标准和工作标准三大类。

其中，管理标准是指对标准化领域中需要协调统一的管理事项所制定的标准，其目的是为了提高安全生产监察或综合管理，常用的安全管理标准如下：

1. GB 2894—2008《安全标志及其使用导则》

本标准规定传递安全信息的标志及其设置、使用的原则，适用于公共场所、工业企业、建筑工地和其他有必要提醒人们注意安全的场所。

本标准共分范围、规范性引用文件、术语和定义、标志类型、颜色、安全标志牌的要求、标志牌的型号选用、标志牌的设置高度、安全标志牌的使用要求、检查与维修等十章。其中标志类型这章将安全标志分为禁止标志、警告标志、指令标志和提示标志四大类。

2. AQ/T 9006—2010《企业安全生产标准化基本规范》

本标准由国家安全生产监督管理总局提出，适用于工矿企业开展安全生产标准化工作以及对标准化工作的咨询、服务和评审；其他企业和生产经营单位可参照执行。有关行业制定安全生产标准化标准应满足本标准的要求；已经制定行业安全生产标准化标准的，优先适用行业安全生产标准化标准。

本标准共分范围、规范性引用文件、术语和定义、一般要求、核心要求等五章。在核心要求这一章，对企业安全生产工作的组织机构、安全投入、安全管理制度、人员教育培训、设备设施运行管理、作业安全管理、隐患排查和治理、重大危险源监控、职业健康、应急救援、事故的报告和调查处理、绩效评定和持续改进等方面的内容作了具体规定。

3. GB/T 13861—2009《生产过程危险和有害因素分类与代码》

本标准规定了生产过程中各种主要危险和有害因素的分类和代码，适用于各行业在规划、设计和组织生产时，对危险和有害因素的预测、预防，对伤亡事故原因的辨识和分析，也适用于职业安全卫生信息的处理与交换。

4. AQ/T 9007—2011《生产安全事故应急演练指南》

本标准规定了生产安全事故应急演练的目的、原则、类型、内容和综合应急演练的组织与实施，其他类型演练的组织与实施可参照进行。本标准适用于针对生产安全事故所开展的应急演练活动。

本标准共分范围、规范性引用文件、术语和定义、应急演练目的、应急演练原则、应急演练类型、应急演练内容、综合演练组织与实施、应急演练评估与总结、持续改进等十章。其中，应急演练内容包括预警与报告、指挥与协调、应急通讯、事故监测、警戒与管制、疏散与安置、医疗卫生、现场处置、社会沟通、后期处置和其他；综合演练组织与实施包括演练计划、演练准备、应急演练的实施。

第三节 常用安全技术标准

技术标准是指对标准化领域汇总需要协调统一的技术事项所制定的标准。技术标准的种类分为基础标准、产品标准、方法标准、安全卫生和环境保护标准四类。

基础标准是指在一定范围内作为其他标准的基础并具有广泛指导意义的标准。包括：标准化工作导则，如《标准编写规则 第 4 部分：试验方法标准》（GB/T 20001.4）；通用技术语言标准；量和单位标准；数值与数据标准，如《数值修约规则与极限数值的表示和判定》（GB/T 8170）等。

产品标准是指对产品结构、规格、质量和检验方法所做的技术规定。

方法标准是指以产品性能、质量方面的检测、试验方法为对象而制定的标准。其内容包括检测或试验的类别、检测规则、抽样、取样测定、操作、精度要求等方面的规定，还包括所用仪器、设备、检测和试验条件、方法、步骤、数据分析、结果计算、评定、合格标准、复验规则等。

安全、卫生与环境保护标准是以保护人和物的安全、保护人类的健康、保护环境为目的而制定的标准。这类标准一般都要强制贯彻执行。常用的安全技术标准如下：

1. GB 23525—2009《座板式单人吊具悬吊作业安全技术规范》

本标准规定了座板式单人吊具的设计原则、技术要求、测试方法、安全规程及悬吊作业安全管理等要求。本标准适用于使用座板式单人吊具对建筑物清洗、粉饰、养护悬吊作业，不适用与高处安装和吊运作业。

2. GB 50016—2014《建筑设计防火规范》

本标准经住房和城乡建设部批准发布，将于 2015 年 5 月 1 日起实施，是安全方法标准。

本标准总结火灾事故教训和防火灭火经验，开展火灾科学实验研究，借鉴发达国家消防规范的先进技术，广泛听取意见，从建筑材料、建筑结构、消防设施等多个方面提升了建筑的防火安全水平，是我国建筑防火设计基础规范。

本标准在以下几个方面取得重大突破：

（1）吸取火灾教训，填补了建筑保温系统防火技术要求的空白。

（2）突出以人为本，提高了公共建筑及住宅建筑人员安全疏散设计要求。

（3）强调自防自救，提高了高层、超高层建筑的消防安全设防标准。

（4）贴近消防实战，强化了建筑灭火救援设施的设置要求。

（5）适应社会发展，增加了各类新型建筑的防火设计要求。

（6）吸纳科研成果，提高了规范的科学性。

（7）优化规范体系，增强了规范的协调性。

第四节 劳动防护用品标准

劳动防护用品标准是安全生产标准的一种，根据《安全生产行业标准管理规定》（国家安全生产监督管理局第 14 号令），劳动防护用品和矿山安全仪器仪表的品种、规格、质量、等级及劳动防护用品的设计、生产、检验、包装、储存、运输、使用的安全要求应当制定相应的安全生产标准。常用的劳动防护用品标准如下：

1. GB 6095—2009《安全带》

本标准规定了安全带的分类和标记、技术要求、检验规则及标识，适用于高处作业、攀登及悬吊作业中使用的安全带，适用于体重及负重之和不大于 100kg 的使用者，不适用于体育运动、消防等用途的安全带。

本标准分为范围、规范性引用文件、术语和定义、安全带的分类和标记、技术要求、检验规则、标识等七章内容，其中安全带按作业类别分为围杆作业安全带、区域限制安全带、坠落悬挂安全带；安全带的标记由作业类别、产品性能两部分组成。

2. GB 2811—2007《安全帽》

本标准规定了职业用安全帽的技术要求、检验规则及其标识，适用于工作中通常使用的安全帽，附加的特殊技术性能仅适用相应的特殊场所。

本标准分为范围、规范性引用文件、术语和定义、技术要求、检验、标识等六章，其中安全帽的基本性能包括冲击吸收性能、耐穿刺性能、下颌带的强度；特殊性能包括防静电性能、电绝缘性能、侧向刚性、阻燃性能、耐低温性能。

第五节 安全生产相关地方标准

对没有国家标准和行业标准而又需要在省、自治区、直辖市范围内统一的下列技术要求，可以制定地方标准：

（1）工业产品的安全、卫生要求；

（2）药品、兽药、食品卫生、环境保护、节约能源、种子等法律、法规规定的要求；

（3）其他法律、法规规定的要求。

北京市制定的安全生产相关地方标准如下：

1. DB11/T 1194—2015《高处悬吊作业企业安全生产管理规范》

本条准规定了高处悬吊作业企业的一般要求和人员能力、设备与器材、作业安全的要求，适用于高处悬吊作业企业的安全生产。

2. DB11/ 852.1—2012《地下有限空间作业安全技术规范 第1部分：通则》

本标准规定了地下有限空间作业环境分级、基本要求、作业前准备和作业的安全要求，适用于电力、热力、燃气、给排水、环境卫生、通信、广播电视等设施涉及的地下有限空间常规作业及其管理，其他地下有限空间作业可参照本部分执行。

本标准分为范围、规范性引用文件、术语与定义、作业环境分级、基本要求、作业前准备、作业等七章，其中作业安全包括：

（1）作业负责人应确认作业环境、作业程序、安全防护设备、个体防护装备及应急救援设备符合要求后，方可安排作业者进入地下有限空间作业。

（2）作业者应遵守地下有限空间作业安全操作规程，正确使用安全防护设备与个体防护装备，并与监护者进行有效的信息沟通。

（3）进入3级环境中作业，应对作业面气体浓度进行实时监测。

（4）进入2级环境中作业，作业者应携带便携式气体检测报警设备连续监测作业面气体浓度。同时，监护者应对地下有限空间内气体进行连续监测。

（5）据初始检测结果判定为3级环境的，作业过程中应至少保持自然通风。

（6）降低为2级或3级环境，以及始终维持为2级环境的，作业过程中应使用机械通风设备持续通风。

（7）作业期间发生下列情况之一时，作业者应立即撤离地下有限空间：

①作业者出现身体不适；

②安全防护设备或个体防护装备失效；

③气体检测报警仪报警；

④监护者或作业负责人下达撤离命令。

第七节 高空作业相关标准

常用的高空作业相关标准如下：

1. GB/T 3608—2008《高处作业分级》

本标准规定了高处作业的术语和定义、高度计算方法及分级。

本标准适用于各种高处作业。

2. GB/T 9465—2008《高空作业车》

本标准规定了高空作业车的术语和定义、分类、技术要求、试验方法、检验规则、标志、包装、运输和贮存等。

本标准适用于最大作业高度不大于 100m 的高空作业车。本标准不适用于高空消防车、高空救援车。

3. GB 19154—2003《擦窗机》

本标准规定了擦窗机的定义、分类、技术要求、试验方法、检验规则、标准、包装、运输、贮存及验收、检查、操作和维护。

本标准适用于建筑物或构筑物的擦窗机，不适用于自动擦窗机器人和滑动梯擦窗机。

4. GB 19155—2003《高处作业吊篮》

本标准规定了高处作业吊篮的定义、分类、技术要求、试验方法、检验规则、标志、包装、运输、贮存及检查、维护和操作。

5. JGJ 147—2004《建筑拆除工程安全技术规范》

为了贯彻国家有关安全生产的法律和法规，确保建筑拆除工程施工安全，保障从业人员在拆除作业中的安全和健康及人民群众的生命、财产安全，根据建筑拆除工程特点，制定本规范。本规范适用于工业与民用建筑、构筑物、市政基础设施、地下工程、房屋附属设施拆除的施工安全及管理。

6. AQ 3025—2008《化学品生产单位高处作业安全规范》

本标准规定了化学品生产单位的高处作业分级、安全要求与防护和《高处安全作业证》的管理。

本标准适用于化学品生产单位的生产区域的高处作业。

7. CB 4286—2013《高空作业车安全技术要求》

本标准规定了高空作业车安全管理的职责、实施要求及工作程序。

本标准适用于船舶行业各企事业单位的高空作业车安全管理。

8. JG 5099—1998《高空作业机械安全规则》

本标准规定了高空作业机械的设计、制造、使用、维护和管理等的安全技术要求。

本标准适用于高空作业平台、高空作业车、其他高空作业机械也可参照执行。

9. CB 3785—2013《船舶修造企业高处作业安全规程》

本标准规定了修造企业高处作业的职责、作业人员的要求、安全设施、设备及及个体防护用品的要求、环境和管理要求。

本标准适用于船舶修造企业的高处作业，其他企业可参照执行。

本标准适用于各种形式的高处作业吊篮。

10. HG 30013—2013《生产区域高处作业安全规范》

本标准规定了化工企业的高处作业、分类与分级、安全要求与防护和《高处安全作业证》的管理。

本标准适用于化工企业生产区域的高处作业。

11. NB/T 31052—2014《风力发电场高处作业安全规程》

本标准规定了风力发电场人员、环境、安全作业的基本要求，风力发电机组安装、调试、检修和维护的安全要求，以及风力发电机组应急处理的相关安全要求。

本标准适用于陆上并网型风力发电场。

12. JB/T 11699—2013《高处作业吊篮安装、拆卸、使用技术规程》

本标准规定了高处作业吊篮的安装、拆卸和使用维护方面的技术规程。

本标准适用于高处作业工程中使用的电动吊篮、手动吊篮。

本标准不适用于工具式脚手架、附着式升降脚手架。

第二部分
企业安全生产管理

第五章　安全生产管理体系

第一节　概　论

一、安全生产管理概念

所谓安全生产管理，就是管理者对安全生产工作进行的计划、组织、指挥、协调和控制的一系列活动，目的是保证在生产、经营活动中的人身安全与健康，以及财产安全，促进生产的发展，保持社会的稳定。

安全生产管理有宏观和微观安全生产管理的两种理解。宏观安全生产管理是大安全概念，即能体现安全管理的一切管理措施和活动都属于安全生产管理的范畴；微观安全生产管理是小安全的概念，主要指从事经济和生产管理部门以及企业、事业单位所进行的具体安全管理活动。

二、安全生产管理原理

安全生产管理作为经济生活的一部分，是管理范畴的一个分支，也遵循管理的一般规律和基本原理。管理的基本原理有：系统原理、整分合原理、反馈原理、封闭原理、弹性原理、人本原理、能级原理、动力原理、激励原理等。系统原理和人本原理是属一级原理，其他原理均分别属于它们的二级原理。

1. 系统原理

系统原理是现代管理学的一个最基本原理。它是指人们在从事管理工作时，运用系统理论、观点和方法，对管理活动进行充分的系统分析，以达到管理的优化目标，即用系统理论的观点、理论和方法来认识和处理管理中出现的问题。

所谓系统是由若干相互作用又相互依赖的部分组合而成，具有特定功能，并处于一定环境中的有机整体，系统论的基本思想是整体性、相关性、目的性、阶层性、综合性、环境适应性。

安全生产管理系统是生产管理的一个子系统，包括各级安全管理人员、安全防护设备与设施、安全管理规章制度、安全生产操作规范和规程以及安全生产管理信息等。安全贯穿于生产活动的方方面面，安全生产管理是全方位、全天候且涉及全体人员的管理。

2. 整分合原理

整分合原理是现代高效率的管理必须在整体规划下明确分工，在分工基础上进行有效的综合。整体把握、科学分解、组织综合是整分合原理的主要含义。

3. 反馈原理

反馈原理是控制论的一个非常重要的基本概念。反馈是把控制系统输出信号反送回来，对输入与输出信号进行比较，比较差值作为系统输入信号，再作用系统，对系统起到控制的作用。在现化管理中，灵敏、正确、有力的反馈对管理有着举足轻重的作用。实际管理工作是计划、实施、检查、处理，也就是决策、执行、反馈、再决策、再执行、再反馈的过程。企业生产的内部条件和外部条件在不断变化，所以必须及时捕获、反馈各种安全生产信息，以便及时采取行动。

反馈原理在管理活动中已得到广泛应用，但要使反馈原理充分发挥有效的作用决非易事。为了使反馈原理真正有效，必须满足以下要求：

（1）建立灵敏的信息接受部门

信息对于实现企业目标的作用日益增强，能否及时、准确、充分地获取与企业活动有关的信息，常常是导致成败的关键。及时有效地收集和接受企业内外信息，是开展反馈活动的前提，是有效应用反馈原则的基本要求。企业要努力加强信息的接受活动，一方面建立高度灵敏的信息接受部门；另一方面通过加强人员培训，提高接受设备先进性等手段，为反馈活动的有效进行提供可靠保证。

（2）加强对初始信息的分析综合工作

初始管理信息至多是某一方面情况及其原因的客观说明以及建议等等，要求管理者必须对其作出科学的分析和处理，其中包括去伪存真，对照比较，分门别类等措施，以把握"计划出入"和"行动偏差"，分析其原因，以提供可供决策参考的信息资料。

（3）实行适时有效的反馈

欲使反馈有效，必须做到：及时发出反馈信息；给反馈人员以相应的权力和条件；让全体有关人员理解反馈的意图和必要性；确定有效的反馈方法、途径、步骤等等。

4. 封闭原理

封闭原理是指任何一个系统内的管理手段必须构成一个连续封闭的回路，才能形成有效的管理运动。一个有效的现代管理系统，必须是一个封闭系统，而且为使系统运转状态优良，可以采用多级闭环反馈系统。

5. 弹性原理

弹性原理是在系统外部环境和内部条件千变万化和形势下进行的，管理必须要有很强的适应性和灵活性，才能有效地实现动态管理。特别是在建立社会主义市场经济的今天，管理工作更需要不断改革，以利于驾驭新形势，解决新问题，适应社会发展的需要。

6. 人本原理

人本原理是管理以人为本体，以调动人的积极性为根本。人既是管理的主体，同时又是管理的客体，其核心是如何调动人的积极性。隶属于人本原理的二级原理有：能级原理、动力原理和激励原理。

7. 能级原理

能级原理是管理系统必须是由若干分别具有不同能级的不同层次有规律地组合而成。在实际管理中如决策层、执行层、操作层就体现能级原理。人所常说的人尽其才，各尽所能，责权利的统一等也都利用了能级原理。

8. 动力原理

动力原理是指管理要有强大的动力，要正确地运用动力，使管理运动持续而有效地进行下去。

9. 激励原理

激励原理就是用科学的手段，激发人的内在潜力，充分发挥人的积极性和创造性。

以上 9 种管理方面的原理，在现代经济活动中经常要使用。无论管理者有意识或无意识利用这些管理原理，但有一点可以肯定，优秀的管理者都遵循了这些基本原理，在实际工作中都不断运用这些原理来分析问题和解决问题。

安全生产管理工作同样要在这些原理基础上来实现，如目标管理，事故管理、隐患管理，安全宣传教育管理等等。安全管理人员利用管理的基本原理，在实际工作中不断探索，不断创新，不断完善，建立一套行之有效的安全生产管理方法。

三、事故预防与控制的基本原则

事故预防与控制包括事故预防和事故控制。前者是指通过采用技术和管理手段使事故不发生；后者是通过采取技术管理手段，使事故发生后不造成严重后果或使后果尽可能减小。对于事故的预防与控制，应从安全技术、安全教育和安全管理等方面入手，采取相应对策。

安全技术对策着重解决物的不安全状态问题。安全教育对策和安全管理对策主要着眼于人的不安全行为问题。安全教育对策主要是使人知道哪里存在危险源，导致事故，事故的可能性和严重程度如何，对于可能的危险应该怎么做。安全管理措施则是要求必须怎么做。

第二节　安全管理目标

目标管理是企业管理的一种系统管理方法，是通过让企业管理人员和员工参与制定工作目标，并在工作中实行自我控制，努力完成工作目标的管理方法。

一、目标及其作用

1. 导向作用

管理的基本职能是为管理的企业确定目标。企业目标确定之后，企业内的一切活动应围绕目标的实现而开展，一切人员均应为目标的实现而努力工作，企业内各层次人员的关系围绕目标实现进行调节。目标的设置为管理指明了方向。

2. 组织作用

管理是一种群体活动，不论企业的目的是什么，要达到企业的目标必须把其成员组织起来，心往一处想，共同劳动、协作配合。而目标的设定恰恰能使企业成员看到大家具有同一目的，从而朝着同一方向努力，起到内聚力的作用。

3. 激励作用

激励是激发人的行为动机的过程，就是调动人的积极性，焕发人的内在动力。目标是人们对未来的期望，目标的设定，使企业成员看到了努力的方向，看到了希望，从而产生为实现目标而努力工作的愿望和动力。

4. 计划作用

计划是管理的首要职能，目标规划和制定是计划工作的首要任务。只有企业的总目标确定之后，以总目标为中心逐级分解产生各级分目标，制定出达到目标的具体步骤、方法，规范人们的行为，使各级人员按计划工作。

5. 控制作用

控制是管理的重要职能，是通过对计划实施过程中的监督、检查、追踪和纠偏，达到保证目标圆满完成的目的的一系列活动。目标的设置为控制指明了方向，提供了标准，使企业内部人员在工作中自觉地按目标调整自己的行为，以期很好地完成目标。

二、目标设定的依据

企业安全生产目标主要应依据党和国家的安全生产方针、政策，本企业安全生产的中、长期规划，工作事故和职业病统计数据，企业长远规划和安全工作现状，企业经济技术条件等。

三、目标设定原则

（1）突出重点，体现企业安全工作的关键问题。

（2）具有先进性，目标要略高于我国同行业平均水平。

（3）具有可行性，目标制定要结合本企业的具体情况，确实保证经过努力可以实现。

（4）具有全面性，制定目标要有全局概念、整体观念，目标设定既要体现企业的基本战略、基本条件，又要考虑企业外部环境对企业的影响。

（5）尽可能量化，有利于对目标的检查、评比、监督与考核。

（6）目标与措施要对应，目标的实施需要具体措施作保证。

（7）要具有灵活性，所设定的目标要有可调性。

四、目标设定的内容

1. 设定的指标

（1）重大事故次数、包括伤亡事故、重伤事故、重大设备事故、重大火灾事故、急性中毒事故等。

（2）死亡人数指标。

（3）伤害频率或伤害严重率。

（4）安全技术措施计划完成率、隐患整改率、设施完好率等。

（5）全员安全教育率，特种作业人员培训率等。

2. 高空服务业企业的安全目标通常涉及的内容

（1）通过控制和降低职业健康安全风险，年度重大伤亡责任事故指标应设定为零。

（2）年度轻伤事故人数控制在1‰以内（或企业根据往年事故发生率设定）。

（3）提高员工健康水平，年职业病事故发生率为零。

（4）全员安全培训覆盖率100％，合格率90％；特种作业人员培训合格率100％。

（5）劳保用品发放及时率达到100％。

3. 设定的保证措施

（1）安全教育措施，包括教育的内容，时间安排，参观人员规模，宣传教育场地。

（2）安全检查措施，包括时间安排、责任人、检查结果的处理等。

（3）危险因素的控制和整改。

（4）安全评比。

（5）安全控制点的管理。

五、应注意的问题

（1）加强各级人员对安全目标管理的认识。

（2）企业要有完善的系统的安全基础工作。

（3）安全目标管理需要全员参与。

（4）安全目标管理需要责、权、利相结合。

（5）安全目标管理需要与其他安全管理方法相结合。

第三节　安全生产责任制

保护从业人员的安全和健康是企业管理人员的重要责任。《安全生产法》对安全生产责任进行了明确规定。落实安全生产责任制是安全生产管理的重要内容。

一、建立安全生产责任制的目的和意义

安全生产责任制是按照"安全第一，预防为主"的安全生产方针和"管生产的同时必须管安全"的原则，将各级负责人员、各职能部门及其工作人员和各岗位生产人员在安全生产方面应做的事情和应负的责任加以明确规定的一种制度。

安全生产责任制是企业岗位责任制和经济责任制度的重要组成部分，是企业各项安全生产规章制度的核心，同时也是企业最基本的安全管理制度。

建立安全生产责任制的目的，一方面是增强企业各级负责人员、各职能部门及其工作人员各岗位生产人员对安全生产的责任感；另一方面明确企业中各级负责人员、各职能部门及其工作人员和各岗位生产人员在安全生产中应履行的职责和应承担的责任，以充分调动各级人员和各部门在安全生产方面的积极性和主观能动性，确保安全生产。

建立安全生产责任制的重要意义主要体现在两方面。一是落实我国安全生产方针和有关安全生产法规和政策的具体要求；二是通过明确责任使各级各类人员真正重视安全生产工作，对预防事故和减少损失、进行事故调查和处理、建立和谐社会等均具有重要作用。

企业是安全生产的责任主体，企业必须建立安全生产责任制，把"安全生产，人人有责"从制度上固定下来；企业法定代表人要切实履行本单位安全生产第一责任人的职责，把安全生产的责任落实到每个环节、每个岗位、每个人，从而增强各级管理人员的责任心，使安全管理工作既做到责任明确，又互相协调配合，共同努力把安全生产工作真正落到实处。

二、建立安全生产责任制的要求

建立一个完善的安全生产责任的总要求是：横向到边、纵向到底，并由企业的主要负责人组织建立。建立的安全生产责任制具体应满足如下要求：

（1）必须符合国家安全生产法律法规和政策、方针的要求。

（2）与企业管理体制协调一致。

（3）要根据本企业、部门、班组、岗位的实际情况制定，既明确、具体，又具有可操作性，防止形式主义。

（4）有专门的人员与机构制定和落实，并应适时修订。

（5）应有配套的监督、检查等制度，以保证安全生产责任制得到真正落实。

三、安全生产责任制的主要内容

安全生产责任制的内容主要包括下列两个方面：

一是纵向方面，即从上到下所有类型人员的安全生产职责。在建立责任制时，可首先将本企业从主要负责人一直到岗位工人分成相应的层级；然后结合本企业的实际工作，对不同层次的人员在安全生产中应承担的职责作出规定。

二是横向方面，即各职能部门的安全生产职责。在建立责任制时，可按照本企业职能部门的设置（如市场运营、项目管理、采购、行政人事、财务、品质等部门），分别对其在安全生产中应承担的职责作出规定。

企业在建立安全生产责任制时，在纵向方面至少应包括下列几类人员。

1. 企业主要负责人

企业的主要负责人是本单位安全生产的第一责任者，对安全生产工作全面负责。《安全生产法》第十八条将其职责规定为：

（1）建立、健全本单位安全生产责任制；

（2）组织制定本单位安全生产规章制度和操作规程；

（3）组织制定并实施本单位安全生产教育和培训计划；

（4）保证本单位安全生产投入的有效实施；

（5）督促、检查本单位的安全生产工作，及时消除生产安全事故隐患；

（6）组织制定并实施本单位的生产安全事故应急救援预案；

（7）及时、如实报告生产安全事故。

具体可根据上述 7 个方面，并结合本企业的实际情况对主要负责人的职责作出具体规定。

2. 企业其他负责人

企业其他负责人的职责是协助主要负责人搞好安全生产工作。不同的负责人分管的工作不同，应根据其具体分管工作，对其在安全生产方面应承担的具体职责作出规定。

3. 企业各职能部门负责人及项目经理

各职能部门都会涉及安全生产职责，需根据各部门职责分工作出具体规定。各职能部门负责人的职责是按照本部门的安全生产职责，组织有关人员做好本部门安全生产责任制的落实，并对本部门职责范围内的安全生产工作负责；各项目经理的安全生产职责与职能部门负责人的安全生产职责基本相同，项目经理既要对企业负责，还要对客户负责。

4. 班组长

班组是搞好企业安全生产工作的关键。班组长全面负责本班组的安全生产工作，是安全生产法律、法规和规章制度的直接执行者。班组长的主要职责是贯彻执行本单位对安全生产的规定和要求，督促本班组的员工遵守有关安全生产规章制度和安全操作规程，切实做到不违章指挥，不违章作业，遵守劳动纪律。

5. 安全员

安全员是企业安全生产一线的关键岗位，主要职责是督促现场负责人执行企业安全生产规章制度；督促检查所负责范围内的安全动态及防护设施情况，及时纠正违章指挥和违章作业。

6. 岗位员工

岗位员工对本岗位的安全生产负直接责任。岗位员工的主要职责是要接受安全生产教育和培训，遵守有关安全生产规章和安全操作规程，遵守劳动纪律，不违章作业。特种作业人员必须接受专门的培训，经考试合格取得操作资格证书，方可上岗作业。

第四节　安全生产管理组织保障

企业安全生产管理必须有组织上的保障，否则安全生产管理工作就无从谈起。所谓组织保障主要包括两方面：一是安全生产管理机构的保障；二是安全生产管理人员的保障。

一、企业安全生产管理机构

《安全生产法》第二十一条在设置安全生产管理机构和配备安全生产管理人员方面作了具体规定，从业人员超过一百人的，应当设置安全生产管理机构或者配备专职安全生产管理人员；从业人员在一百人以下的，应当配备专职或者兼职的安全生产管理人员。

企业设置安全生产管理机构成员可参照表5-1。

表5-1 企业安全生产管理机构成员

职务	成员人数	成员资格
主任	1名	总经理
副主任	1名	副总经理
委员	各部门1名	部门经理及以上
干事	项目管理部、工程部、人力资源部各1名	具备相应专业知识人员

企业安全生产管理的最高责任者是总经理、副总经理。安全管理机构须经总经理任命，任期1年。

二、职责和权限

安全管理机构承担以下职责，并持有履行职责所需的权限：

（1）公司关于安全方面的统括管理，审议批准公司安全管理章程；

（2）维护安全管理体系的有效运行，向公司安全管理最高责任者报告安全管理状况；

（3）推进和监督各部门的安全管理；

（4）协调解决安全管理体系运行中出现的各种问题；

（5）必要时，主任可以任命若干领导小组，具体管理某个方面的安全问题；

（6）安全方面的教育培训和基本知识的普及；

（7）对违反安全管理规定的现象，提出处理意见；

（8）调查、审查、报告安全事故，按规定向保险公司提出索赔意见。

企业安全生产管理机构各成员的主要职责见表5-2。

表5-2 企业安全生产管理机构中各成员的主要职责

职务	职责
主任	全面主持安全管理委员会工作； 审议批准公司安全管理章程； 全面指导监督各部门执行公司安全管理体系的规定
副主任	协助主任主持委员会工作； 在主任不在时，全权代理主任的工作
委员	审议公司安全管理章程； 监督本部门的安全管理； 协调处理安全管理体系执行中出现的问题； 研讨安全管理体系上的问题点，并提出改善措施
干事	安全管理委员会的常务工作； 安全管理委员会会议的准备及会议内容记录

第五节　安全生产管理制度

企业应建立识别和获取适用的安全生产法律、法规、标准及其他要求管理制度，明确责任部门，确定获取渠道、方式和时机，及时识别和获取适用的安全生产法律、法规、标准及其他要求，并定期进行更新。

企业应将适用的安全生产法律、法规、标准及其他要求及时对从业人员进行宣传和培训，提高从业人员的守法意识，规范安全生产行为。

企业应将适用的安全生产法律、法规、标准及其他要求及时传达给全体员工。

企业应每年至少一次对适用的安全生产法律、法规、标准及其他要求进行符合性评价，消除违规现象和行为。

企业应制订健全的以岗位责任制为核心的各项规章制度和操作规程，并发放到有关的工作岗位，规范从业人员的安全行为。

企业应制定的安全生产规章制度，至少包括（高空服务业企业常用安全管理制度详见附件）：

（1）安全生产责任制度；

（2）安全培训教育制度；

（3）安全检查和隐患整改管理制度；

（4）机械设备安全管理制度；

（5）劳动防护用品发放管理制度；

（6）工伤事故管理制度；

（7）库房安全管理制度；

（8）安全生产奖惩管理制度；

（9）消防安全管理制度；

（10）特种作业人员管理制度。

企业还应根据施工作业流程、设备工具特点和作业的危险性，编制岗位安全操作规程，规范从业人员的操作行为，控制风险，避免事故的发生。

第六节　安全技术措施计划

一、编制安全技术措施计划的基本原则

（一）安全技术措施计划与安全技术措施

1. 安全技术措施计划

安全技术措施计划是企业财务计划的一个组成部分，是改善企业生产条件，有

效防止事故和职业病的重要保证制度，企业为了保证安全资金的有效投入，应编制安全技术措施计划。

2. 安全技术措施

安全技术措施计划的核心是安全技术措施。

安全技术措施是指运用工程技术手段消除物的不安全因素，实现生产工艺和机械设备等生产条件本质安全的措施。

按照导致事故的原因可分为：防止事故发生的安全技术措施、减少事故损失的安全技术措施。

（1）防止事故发生的安全措施。防止事故发生的安全技术措施是为了防止事故发生，采取的约束、限制能量或危险物质，防止其意外采取的技术措施。常用的防止事故发生的安全技术措施有消除危险源、限制能量或危险物质、隔离。

（2）减少事故损失的安全技术措施。防止意外采取的能量引起人的伤害或物的损坏，或减轻其对人的伤害或对物的破坏的技术措施称为减少事故损失的安全技术措施。该类技术措施是在事故发生后，迅速控制局面，防止事故的扩大，避免引起二次事故的发生，从而减少事故造成的损失。

（二）编制安全技术措施计划的基本原则

编制安全技术措施计划应以"安全第一，预防为主"的安全生产方针为指导思想，以《安全生产法》等法律、法规、国家和行业标准为依据。具体应遵循如下原则。

1. 必要性和可靠性原则

编制计划时，一方面要考虑安全生产的实际需要，如针对在安全生产检查中发现的隐患、可能引发伤亡事故和职业病的主要原因、新技术、新工艺、新设备等的应用、安全技术革新项目和员工提出的合理化建议等方面编制安全技术措施。另一方面还要考虑技术可行性与经济承受能力。

2. 自力更生与勤俭节约的原则

编制计划时，要注意充分利用现有的设备和设施，挖掘潜力，讲求实效。

3. 轻重缓急与统筹安排的原则

对影响最大、危险性最大的项目应预先考虑，逐步有计划地解决。

4. 领导和群众相结合的原则

加强领导，依靠群众，使计划切实可行，以便顺利实施。

二、安全技术措施计划的基本内容

（一）安全技术措施计划的项目范围

安全技术措施计划的项目范围，包括改善劳动条件、防止事故、预防职业病、提高员工安全素质等技术措施。

1. 安全技术措施

指以防止工伤事故和减少事故损失为目的的一切技术措施。如安全防护装置、保险装置、信号装置、防火防爆装置等。

2. 卫生技术措施

指改善作业条件防止职业病为目的的一切措施。

3. 辅助措施

指有关劳动卫生方面所需的房屋及一切卫生性保障措施。

4. 安全宣传教育措施

指提高作业人员安全素质的有关宣传教育设备、仪器、教材和场所，以及举办安全技术培训。

（二）安全技术措施计划的编制内容

每一项安全技术措施至少应包括以下内容：

（1）措施应用的单位或工作场所；

（2）措施名称；

（3）措施目的和内容；

（4）经费预算及来源；

（5）负责施工的单位或负责人；

（6）开工日期和竣工日期；

（7）措施预期效果及检查验收。

三、安全技术措施计划的编制方法

1. 确定措施计划编制时间

年度安全技术措施计划一般应与同年度的市场运营、项目管理、财务、采购、等计划同时编制。

2. 布置措施计划编制工作

企业领导应根据本单位具体情况向下属职能部门或项目提出编制措施计划具体要求，并就有关工作进行布置。

3. 确定措施计划项目和内容

各部门或项目在认真调查和分析本部门存在的问题，并征求员工意见的基础上，确定本部门或项目的安全技术措施计划项目和主体内容，报企业有关领导。各主管部门联合对上报的措施计划进行审查、平衡、汇总后，确定措施计划项目，并报有关领导审批。

4. 编制措施计划

安全技术措施计划项目经审批后，由各部门组织相关人员，编制具体的措施计划和方案，经员工讨论后，送上级主管部门审查。

5. 审批措施计划

上级主管部门对上报安全技术措施计划进行联合会审后，报有关领导审批。

6. 下达措施计划

措施计划审查、核定通过后，与经营计划同时下达有关部门贯彻执行。

第七节　安全生产检查

安全生产检查是指对生产过程及安全管理中可能存在的隐患、有害与危险因素、缺陷等进行查证，以确定隐患或有害与危险因素、缺陷的存在状态，以及它们转化为事故的条件，以便制定整改措施，消除隐患和危险有害因素，确保生产的安全。

安全生产检查是安全管理工作的重要内容，是消除隐患、防止事故发生、改善劳动条件的重要手段。通过安全生产检查，可以发现企业生产过程中的危险因素，以便有计划地制定纠正措施，保证生产的安全。

一、安全生产检查的类型

安全生产检查通常可分为以下 5 种类型。

1. 定期安全生产检查

定期安全生产检查一般是通过有计划、有组织、有目的的形式来实现的。检查周期根据各企业实际情况确定，如次/年、次/季、次/月、次/周等。定期检查面广，有深度，能及时发现并解决问题。

2. 经常性安全生产检查

经常性安全生产检查则是对作业现场采取个别的、日常的巡视方式来实现的。在施工作业过程中进行经常性预防检查，能及时发现作业现场的安全隐患，及时消除，保证施工作业正常进行。

3. 季节性及节假日前后安全生产检查

由企业根据季节变化，按事故发生的规律对易发的潜在危险，突出重点进行检查。

由于节假日前后，员工注意力在过节上，容易发生事故，因而应在节假日前后进行有针对性的安全检查。

4. 专业（项）安全生产检查

专业（项）安全生产检查是对某个专业（项）问题或在施工过程中存在的普遍

性安全问题进行的单项定性或定量检查。通过检查，发现潜在问题，研究整改对策，及时消除隐患，进行技术改造。

5. 综合性安全生产检查

综合性安全生产检查一般是由企业主管部门对各职能部门或项目进行的全面综合性检查，必要时可组织进行系统的安全性评价。

二、安全生产检查的内容

安全生产检查的内容包括：软件系统和硬件系统。软件系统主要是查思想、查意识、查制度、查管理、查事故处理、查隐患、查整改。硬件系统主要是查生产设备、查辅助设备、查安全设施、查作业环境。

安全生产检查的具体内容应本着突出重点的原则进行确定。对于危险性大、易发事故、事故危害大的生产系统、部位、装置、设备等应加强检查。

三、安全生产检查的方法及工作程序

（一）检查方法

1. 常规检查

常规检查是一种常见的检查方法。通常是由安全管理人员作为检查工作的主体，到作业现场，通过或辅助一定的简单工具、仪表等，对作业人员行为、作业场所的环境条件、作业设备设施等进行的定性检查。安全检查人员通过这一手段，及时发现现场存在的不安全隐患并采取措施予以消除，纠正作业人员的不安全行为。

常规检查完全依靠安全检查人员的经验和能力，检查的结果直接受安全检查人员个人素质的影响。因此，对安全检查人员个人素质的要求较高。

2. 安全检查表法

为使检查工作更加规范，将个人的行为对检查结果的影响减少到最小，常采用安全检查表法。

安全检查表（SCL）是事先把系统加以剖析，列出各层次的不安全因素，确定检查项目，并把检查项目按系统的组成顺序编制成表，以便进行检查或评审，这种表就叫安全检查表。安全检查表是进行安全检查，发现和查明各种危险和隐患，监督各项安全规章制度的实施，及时发现事故隐患并制止违章行为的一个有力工具。

安全检查表应列举需查明的所有可能会导致事故的不安全因素。每个检查表均需注明检查时间、检查者、直接负责人等，以便分清责任。

3. 仪器检查法

机器、设备内部的缺陷及作业环境条件的真实信息或定量数据，只能通过仪器检查法来进行定量化的检验与测量，才能发现不安全隐患，从而为后续整改提供信息。

（二）安全生产检查的工作程序

安全检查工作一般包括以下步骤。

1. 安全检查准备

（1）确定安全检查对象、目的、任务。

（2）查阅、掌握有关法规、标准、规程的要求。

（3）了解检查对象的工艺流程、生产情况、可能出现危险、危害的情况。

（4）制定检查计划，安排检查内容、方法、步骤。

（5）编写安全检查表或检查提纲。

（6）准备必要的检测工具、仪器、书写表格或记录本。

（7）挑选和训练检查人员并进行必要的分工等。

2. 实施安全检查

实施安全检查就是通过访谈、查阅文件和记录、现场观察、仪器测量的方式获取信息的过程。

（1）访谈。通过与有关人员谈话来查安全意识、查规章制度执行情况等。

（2）查阅文件和记录。检查设计文件、作业规程、安全措施、责任制度、操作规程等是否齐全，是否有效；查阅相应记录，判断上述文件是否被执行。

（3）现场观察。对作业现场的生产设备、安全防护设施、作业环境、人员操作等进行观察，寻找不安全因素、事故隐患、事故征兆等。

（4）仪器测量。利用一定的检测检验仪器设备，对在用的设施、设备、器材善及作业环境条件等进行测量，以发现隐患。

3. 通过分析作出判断

掌握情况（获取信息）之后，要进行分析、判断和验证。可凭经验、技能进行分析，作出判断，必要时应对所作判断进行验证，以保证选出正确结论。

4. 及时作出决定进行处理

作出判断后，应针对存在的问题作出采取措施的决定，即提出隐患整改意见和要求，包括要求进行信息的反馈。

5. 整改落实

存在隐患的单位必须按照检查组（人员）提出的隐患整改意见和要求落实整改。检查组（人员）整改落实情况进行复查，获得整改效果的信息，以实现安全检查工作的闭环。

第八节　安全生产教育培训

一、安全生产教育培训的基本要求

企业的安全教育培训工作是贯彻企业方针、目标，实现安全生产和文明生产，提高员工安全意识和安全素质，防止产生不安全行为，减少人为失误的重要途径。进行安全生产教育，首先要提高企业管理人员及员工的安全生产责任感和自觉性，认真学习有关安全生产的法律、法规和安全生产基本知识；其次是普及和提高员工的安全技术知识，增强安全操作技能，从而保护自己和他人的安全与健康。

《安全生产法》《关于生产经营单位主要负责人安全生产管理人员及其他从业人员安全生产培训考核工作的意见》《特种作业人员安全技术培训考核管理规定》《安全生产培训管理办法》《生产经营单位安全培训规定》等法规中对各类人员的安全培训内容、培训时间、考核以及对安全培训机构的资质管理等作出了具体规定。

二、安全生产教育培训的对象和内容

（一）对企业负责人的教育培训

1. 基本要求

（1）企业主要负责人必须按照国家有关规定进行安全生产培训，经考核合格并取得安全培训合格证后方可任职。

（2）所有企业主要负责人每年应进行安全生产再培训。

2. 培训的主要内容

（1）国家安全生产方针、政策和有关安全生产的法律、法规、规章及标准。

（2）安全生产管理基本知识、安全生产技术、安全生产专业知识。

（3）重大源管理、重大事故防范、应急管理和救援组织以及事故调查处理的有关规定。

（4）职业危害及其预防措施。

（5）国内外先进的安全生产管理经验。

（6）典型事故和应急救援安全分析。

（7）其他需要培训的内容。

3. 培训时间

企业主要负责人安全生产管理培训时间不得少于 32 学时；每年再培训时间不得

少于 12 学时。

4. 再培训的主要内容

再培训的主要内容是新知识、新技术和新本领，包括：

（1）有关安全生产的法律、法规、规章、规程、标准和政策。

（2）安全生产的新技术、新知识。

（3）安全生产管理经验。

（4）典型事故案例。

（二）对安全生产管理人员的教育培训

1. 基本要求

（1）企业安全生产管理人员必须按照国家有关规定进行安全生产培训，经考核合格并取得安全培训合格证后方可任职。

（2）企业安全生产管理人员每年应进行安全生产再培训。

2. 培训的主要内容

（1）国家安全生产方针、政策和有关安全生产的法律、法规规章及标准。

（2）安全生产管理、安全生产技术、职业卫生等知识。

（3）伤亡事故统计、报告及职业危害的调查处理方法。

（4）应急管理、应急预案编制以及应急处置的内容和要求。

（5）国内外先进的安全生产管理经验。

（6）典型事故和应急救援案例分析。

（7）其他需要培训的内容。

3. 培训时间

企业安全生产管理人员安全生产管理培训时间不得小于 32 学时；每年再培训时间不得少于 12 学时。

4. 再培训的主要内容

再培训的主要内容是新知识、新技术和新本领，包括：

（1）有关安全生产的法律、法规、规章、规程、标准和政策。

（2）安全生产的新技术、新知识。

（3）安全生产管理经验。

（4）典型事故案例。

（三）对特种作业人员的教育培训

特种作业是指在劳动过程中容易发生伤亡事故，对操作者本人，尤其对他人和周围设施的安全有重大危害的作业。从事特种作业的人员称为特种作业人员。

特种作业人员上岗前，必须进行专门的安全技术和操作技能的培训和考核，并经培训考核合格，《特种作业人员操作证》后方可上岗。

离开特种作业岗位达 6 个月以上的特种作业人员，应当重新进行实际操作考核，经确认合格后方可上岗作业。

取得《特种作业人员操作证》者，每两年进行 1 次复审。未按期复审或复审不合格者，操作证自行失效。

（四）企业其他从业人员的安全教育培训

（1）企业其他从业人员是指除主要负责人和安全生产管理人员以外，从事生产经营活动的所有人员，包括其他负责人、管理人员、技术人员和各岗位的员工，以及临时聘用的人员。

（2）对新从业人员应进行三级安全生产教育培训。

第一级：公司级安全生产教育培训的内容：本单位安全生产情况及安全生产基本知识；本单位安全生产规章制度和劳动纪律；从业人员的安全生产权利和义务；有关事故案例等。

第二级：部门或项目级安全生产教育培训的内容：本部门或项目部安全生产状况和规章制度；工作环境及危险因素；所从事工种可能遭受的职业伤害和伤亡事故；所从事工种的安全职责、操作技能及强制性标准；自救互救、急救方法、疏散和现场紧急情况的处理；安全设备设施、个人防护用品的使用和维护；预防事故和职业危害的措施及应注意的安全事项；有关事故案例；其他需要培训的内容。

第三级：班组级安全生产教育培训的内容：岗位安全操作规程；岗位之间工作衔接配合的安全事项；有关事故案例；其他需要培训的内容。

三级安全教育时间不得少于 24 学时。

三、安全生产教育培训的形式和方法

安全教育培训的形式和方法与一般教学的形式和方法相同，多种多样，各有特点。在实际应用中，要根据教育培训的内容和对象灵活选择。

安全教育培训的主要方法有：课堂讲授法、实操演练法、案例研讨法、读书指导法、宣传娱乐法等。

经常性安全教育培训的形式有：每天的班前班后会上说明安全注意事项、安全活动日、安全生产会议、各类安全生产业务培训班、事故现场分析会、张贴安全生产招贴画、宣传标语及标志、安全文化知识竞赛等。

第六章 项目经理和安全员的安全职责与安全管理

第一节 项目经理

项目经理是施工项目现场管理的中心，在施工活动中占有举足轻重的地位。首先从对外方面看，施工项目经理是企业法人代表在项目上的代理人。企业法人代表一般不会直接对每个用户单位负责，而是由施工项目经理在授权范围内对用户单位直接负责。其次从企业内部看，施工项目经理是施工项目实施阶段所有工作的主要负责人，是项目动态管理的体现者，项目生产要素合理投入和优化组合的组织者。总之，施工项目经理是施工项目目标的全面实现者，既要对客户负责，又要对企业负责。

一、项目经理的基本能力

（1）具有承担施工项目管理任务的专业技术、管理、经济和法律、法规知识；

（2）具有高处悬吊作业相关的安全生产知识和管理能力；

（3）具有符合施工项目管理要求的能力；

（4）具有成熟而客观的判断能力；

（5）机警、精力充沛、能吃苦耐劳，随时准备处理可能发生的事情。

二、项目经理的安全职责

（1）项目经理是项目的主要负责人，对工程项目的安全生产全面负责，是本项目安全生产工作第一人。

（2）认真执行国家安全生产方针、政策、法律、法规及公司各项安全生产规章制度，按上级批准的施工组织设计或施工方案组织施工。

（3）负责对施工作业现场进行考察，制定施工方案及费用测算，施工工程的整体监控管理及有关客户沟通工作。

（4）在计划、布置、检查、总结、评比生产活动中，必须同时把安全工作贯穿到每一个具体环节中去。遇到施工作业与安全发生矛盾时，施工必须服从安全。

（5）负责员工的培训工作，加强对员工安全生产教育，组织项目作业人员执行安全生产规程，不违章指挥，杜绝违章作业和无证上岗。

（6）发生事故和未遂事故，要保护好现场并立即上报。

（7）组织对施工现场环境安全和安全防护设施及生产设备的安全检查和验收工作，组织对施工项目进行周安全检查工作。

（8）组织实施公司生产管理目标并根据公司制定的安全生产管理目标，组织有关人员制定项目的安全生产管理目标，且分解到各班组。投入经费，保障有关劳动保护、安全生产措施到位。

（9）负责高空作业所用的机械、设备的管理。

（10）在签订经济承包合同时要明确安全生产责任及指标。

三、施工方案的制定

为了保证高处作业工作顺利进行，做到防护要求明确，技术合理，达到质量标准，项目经理应针对每个项目制定不同的施工方案，以适用于对各类建筑物进行清洁工作。方案具体内容如下：

1. 施工方案制定依据及原则

（1）制定依据：依据 GB 23525—2009《座板式单人吊具悬吊作业安全技术规范》、北京市地方标准 DB11/T 1194—2015《高处悬吊作业企业安全生产管理规范》、业主给定的有关招标文件、双方约定的合同内容。

（2）制定原则：满足质量、职业安全健康、环境保护的施工要求；满足作业人员的作业要求；满足合理、安全的施工要求；满足客户的其他要求。

2. 施工现场勘察

项目经理要了解招标文件或合同内容主要条款（如工期、质量标准等），掌握工程的整体概况，对施工现场进行实地勘察。现场勘察时应确认建筑物的高度、屋顶结构、承重能力；确认建筑物外立面结构有无异形结构、材质是否存在影响安全作业的风险点；施工现场危险源的识别，如墙砖或玻璃有无脱落、破损现象；外表有无悬挂电缆电线；有无装饰灯具；施工作业对相邻建筑物或营业场所有无影响。项目经理掌握上述情况后，制定具体的施工方案。

3. 施工方案制定内容

关于高空作业施工方案制定内容，DB11/T 1194—2015《高处悬吊作业企业安全生产管理规范》作了明确规定，提出施工方案应包含以下内容：

（1）悬吊作业设备。

（2）挂点装置、悬挂机构的位置。

（3）辅助装置及使用方法。

（4）施工工艺。

（5）施工工期。

（6）项目经理、安全员、作业人员及其职责。

（7）可能存在的危险源及安全防护措施。

（8）异形结构的作业技术难点及解决方案。

（9）对人员坠落、电气设备故障、异常天气的应急措施。

四、安全技术交底及现场管理

（1）项目经理在施工前应在现场对所有人员进行安全教育和安全技术交底。

（2）所有作业人员必须清楚工作目的、范围、顺序、分工及质量标准。

（3）明确施工注意事项并能够正确辨识危险源。

（4）项目经理对不能排除的危险源应采取有效措施降低危险程度，或进行有效防护。

（5）项目经理对现场安全负责，施工期间项目经理不得离开现场。

（6）施工现场应指派专职安全员进行现场安全作业，安全员随时检查安全状态，检查作业人员的安全保护装置是否正常，保证工作现场的绝对安全，发现异常及时采取有效措施启动应急预案并终止施工，排除不安全隐患，随时向项目经理通报安全状况。

五、项目经理的现场检查要点

（1）负责现场工作的施工管理、人员安排、安全督导、质量检查、工程质量验收等工作，并指导外包方工作。

（2）检查施工方案、作业标准的执行情况，发现问题组织进行整改。

（3）负责作业工程规范、标准及操作规程的检查。

（4）施工中发现违规现象，要求作业人员立即整改。情节严重的要进行记录、处理。

（5）根据签订的合同要求做好施工组织计划工作，根据现场的实际情况对方案及时作出修改。

（6）根据施工方案的要求，做好施工前的准备、员工安全技术交底及施工管理工作。

（7）负责检查作业人员的个人防护及设备的正确使用、确保工程顺利进行。

第二节　安全员

　　安全员的工作岗位在施工作业第一线，决定着施工现场安全规章制度及安全措施的落实和监督，决定着企业的财产和职工的安全，影响着人心的稳定，关系到企业的效益，其安全责任之重不言而喻。因而安全员需要通过不断学习，掌握充分的安全知识、法规制度及生产技能，才能在工作中说"内行话"，做"明白人"，成为一名合格的安全管理人员。

一、安全员的基本能力

　　（1）具有高处悬吊作业相关的安全生产知识和管理能力。

　　（2）能辨识施工现场的危险源，并具有组织对危险源排除或有效防护的能力。

　　（3）具有高度的责任心和良好的职业道德。

二、安全员的安全职责

　　（1）督促项目经理执行国家劳动保护、安全生产方针、政策、法令以及公司各级安全生产规章制度。

　　（2）协助项目经理进行作业前现场危险源的识别、安全防护措施落实及安全管理工作。

　　（3）监督检查所负责范围内的安全动态及防护设施情况，及时纠正作业人员违章指挥和违章作业，遇有特殊紧急不安全情况，有权停止其生产，并立即向领导报告处理。

　　（4）督促、协助项目经理搞好安全技术措施交底，负责对新员工进行三级安全教育和对职工进行经常性的安全教育。在企业"三级安全教育"中做好新员工的项目部一级的安全教育。

　　（5）负责监督执行各项安全防护措施的验收工作。

　　（6）参加工伤事故的调查、分析，协助领导做好事故报告和安全管理记录、安全检查记录，并及时上报各种报表。

　　（7）正常行使上级赋予的安全奖罚权利。

　　（8）参加组织设计、施工方案的会审，掌握信息，预测事故发生的可能性。

　　（9）协助领导组织安全活动，制定或修订所管辖范围的安全制度。

　　（10）检查使用符合标准要求的劳动保护用品。监督指导作业人员正确穿戴。

　　（11）监督施工方做好施工期间的安全交底、安全施工等工作。

（12）做好安全培训及安全技术交底的文字记录工作。

（13）做好客户第三方财产的保护工作。

三、安全员的现场检查要点

DB11/T 1194—2015《高处悬吊作业企业安全生产管理规范》中对安全员的现场检查内容进行了明确，包括：

（1）无雨天、作业处风力不大于 4 级。

（2）作业人员无疾病未愈、酒后、疲劳、情绪不稳定。

（3）作业活动范围与危险电压带电体的距离符合 DB11/T 1194—2015 中 6.2.3 的要求。

（4）保护楼顶接触面的设置临时设施。

（5）自锁器安装方向正确，指示箭头向上。

（6）作业区域上方出入口处及下方警戒区设置警示标志并分别设专人看护。

（7）作业下方警戒区范围符合 DB11/T 1194—2015 中 6.2.4 的要求。

（8）挂点装置牢固可靠，承载能力符合要求，且为封闭型结构。

（9）挂点装置的绳结为死结，绳扣不应自动脱出。

（10）工作绳、柔性导轨不应使用同一挂点装置。

（11）工作绳、柔性导轨不应垂落到地面上，绳端距地 0.5～1m。

（12）挂点装置选用屋面固定架时，配重和销钉应完整牢固。

（13）应随时检查建筑物凸缘或转角处的绳索不脱离衬垫。

（14）停工期间，绳索应固定好，防止因大风等原因造成的物品损坏。

（15）作业后，应清点工具，保存在安全的场所。

第七章　高处作业安全防护

高处作业在高空服务业、建筑、电力、石油、化工、矿山、造船等行业都有广泛地应用。

高处坠落事故是高空服务业中悬吊作业最常见的事故类型，也是后果最严重的伤害事故。高空服务业悬吊作业目前执行 GB 23525—2009《座板式单人吊具悬吊作业安全技术规范》。

高处坠落事故在建筑业也是发生率最高的事故类型，排在建筑业"五大伤害"之首，约占各类事故总数的 50 %，目前执行的行业标准是 JGJ 80—2016《建筑施工高处作业安全技术规范》。

一、高处作业的基本定义与分级

按照 GB/T 3608—2008《高处作业分级》的定义，凡在距坠落高度基准面 2m 及 2m 以上，有可能坠落的高处进行的作业，均称为高处作业。

高处作业分为：

（1）一级高处作业：作业高度在 2～5m 时（坠落半径 3m）。

（2）二级高处作业：作业高度在 5～15m 时（坠落半径 4m）。

（3）三级高处作业：作业高度在 15～30m 时（坠落半径 5m）。

（4）四级高处作业：作业高度大于 30m 时（坠落半径 6m）。

二、高处作业的一般规定

（1）高处作业的安全技术措施及其所需料具，必须列入工程施工组织设计，施工前应进行逐级安全技术交底，落实所有安全技术措施和人身防护用品。

（2）进入施工现场必须正确戴好安全帽，穿防滑鞋，悬吊高处作业人员应穿戴坠落悬挂安全带（全身式安全带）。所用工具应放入工具袋中。

（3）攀登和悬吊高处作业人员以及搭设高处作业安全设施的人员，必须经过专业技术培训及专业考试合格，持证上岗，并须定期体检。

（4）雨天和雪天进行高处作业时，必须采取可靠的防滑、防寒和防冻措施。凡水、冰、霜、雪均应及时消除。四级以上风力及雨、雾等恶劣气候，不得进行座板式单人吊具悬吊高处作业。五级以上强风、浓雾等恶劣气候，不得进行露天攀登与吊篮悬吊高处作业。暴风雨及台风暴雨后，应对高处作业安全设施进行全面检查，发现有隐患应立即整改。

（5）防护棚搭设与拆除时，应设警戒区，并落实监护人，严禁上下同时拆除。

（6）高处作业的施工及安全防护设施必须验收合格后方可使用，施工期间还必须进行定期检查，发现隐患要立即排除。

三、临边作业防护

在高处作业时，工作面边缘没有围护设施，或虽有围护设施，但高度低于0.8m时，此高处作业为临边作业。

悬吊高处作业时，临边作业人员必须穿戴坠落悬挂安全带（全身式安全带）或使用区域限制安全带。无安全措施不得临边作业或进行任何活动。

1. 对临边高处作业，必须设置防护设施

（1）基坑周边，未安装栏杆或栏板的阳台、料台与挑平台周边，雨篷与挑檐边，无外脚手的屋面与楼层周边及水箱与水塔周边等处，都必须设置防护栏杆。

（2）无外脚手的楼层周边，分层施工的楼梯口和楼段边，必须安装临时护栏。

（3）井架与施工电梯和脚手架等与建筑物通道的两侧边，必须设防护栏杆，地面通道上部应装设安全防护棚。

（4）各种垂直运输接料平台，除两侧设防护栏杆外，平台口还应设安全门，接料平台两侧的栏杆，必须自上而下加挂安全立网或满扎竹笆。

（5）当临边的外侧面临街道时，应在防护栏杆外侧用标准密目式安全网等作全封闭处理。

2. 防护栏杆的搭设要求

（1）防护栏杆应由上、下两道横杆及栏杆柱组成，上杆离地高度1～1.2m，下杆离地高度为0.5～0.6m，坡度大于1：2.2的屋面，防护栏杆应高1.5m，并加挂安全立网。横杆长大于2m时，必须加设栏杆柱。

（2）栏杆柱的固定：当在基坑四周固定时，可采用钢管打入地面50～70cm深。钢管离边口的距离，不应小于50cm，当在混凝土楼面、层面或墙面固定时，可采用预埋件与钢管（钢筋）焊牢。

（3）防护栏杆必须自上而下用安全立网封闭，或在栏杆下边设置18cm高的档脚板，板下边距离地面的间隙应小于1cm。

四、洞口作业防护

1. 预留洞口防护

（1）边长在50cm以下的洞口，可用木质盖板盖住洞口，盖板必须能保持四周搁置均衡，并进行固定好。

（2）边长为 50～150cm 的洞口，必须设置以扣件扣接钢管而成的网格，并在其上满铺竹笆或脚手板。也可采用贯穿于混凝土板内的钢筋构成防护网，钢筋网格间距不得大于 20cm。

（3）边长在 1.5m 以上的洞口四周设防护栏杆，洞口下张设安全平网。

2. 电梯井口防护

（1）电梯井口的固定棚门离地高度大于 1.8m，门棚网格的间距不应大于 15cm，且涂上安全色标。

（2）电梯井内每隔两层（＜10m）设置一道安全平网，网与井壁间隙不大于 10cm。

3. 桩孔孔口等防护

钢管桩、钻孔桩、人工挖孔桩等桩孔上口、坑洞口、天窗等均应设置稳固的盖件。

4. 各类洞口与坑槽处防护

施工现场通道附近的各类洞口与坑槽等处，除设防护设施与安全标志外，夜间应设红灯示警。

5. 竖向洞口防护

下边沿至楼板或底面低于 80cm 的窗台等竖向洞口，如侧边落差大于 2m 时，应加设 1.2m 高的护栏。

6. 井道、井口等防护

垃圾井道、烟道、管道井口应安装防护栏，井道内每隔 10m 设一道平网。

五、攀登作业防护

在施工现场，借助于登高用具（如梯子）或登高设施，在攀登条件下进行的高处作业，叫攀登作业。

（1）攀登的用具，结构构造上必须牢固可靠。

（2）梯子底部应坚实，并有防滑措施，不得垫高使用，梯子的上端应有固定措施，梯子踏板上下间距以 30cm 为宜，不得有缺档。折梯应铰链牢固，拉撑可靠。

（3）固定式直爬梯应用金属材料制成，支撑应采用不小于 ∟70×6 的角钢，埋设与焊接均必须牢固。

使用直爬梯进行攀登作业时，攀登高度以 5m 为宜，超过 8m 时，必须设置梯间平台。

（4）上下梯子时，必须面向梯子，且不得手持器物。

（5）作业现场周边两米范围内必须设置隔离防护装置或告示牌，以免发生意外。

（6）施工前，必须对攀高用具进行检查无误后，方可作业。

六、悬空作业防护

悬空作业是指在周边临空状态下进行的高处作业。

（1）悬空作业处应有牢靠的立足处，并安装防护网、栏杆或其他安全设施。悬空作业所用的索具、脚手架（板）、吊篮（笼）、平台等设备，必须经检测验收合格后使用。

（2）管道安装时必须有已完成的结构或操作平台作为立足点，严禁在安装中的管道上站立或行走。

（3）悬空进行门窗油漆、玻璃安装作业时，作业人员不得在窗台上站立，应系好安全带进行操作，其保险钩应挂在作业人员上方可靠物件上。

（4）施工前，必须对所有设施检查无误后，方可作业。

七、移动式操作平台搭设及防护

（1）操作平台应形成定型化、工具化的产品。操作平台的面积不应超过 $10m^2$，高度不超过 5m，平台的次梁，间距不应大于 40cm，台面应满铺 3cm 厚的木板或竹笆。

（2）平台操作面四周应设置不低于 1.2m 高的防护栏，并应布置登高扶梯。挂上限载牌。

（3）移动式操作平台轮子与平台的接洽处应牢固可靠，立柱底端离地面不超过 8cm。

八、交叉作业防护

在施工现场空间上下不同层次（高度）同时进行的高处作业叫交叉作业。

（1）各工种进行上下立体交叉作业时，不得在同一垂直方向上操作，下层作业的位置，必须处于依上层高度确定的可能坠落半径范围之外，不符合以上条件时，应设安全防护层。

（2）脚手架拆除时，下方不得有人施工。

（3）安装或拆除时，必须有专业技术人员或负责人在现场指挥作业。

第八章 拆除工程安全技术

一、拆除工程施工常用的方法和施工准备

对于建筑物和构筑物拆除的方法很多，主要有 3 类：一是人工拆除；二是机械拆除；三是爆破拆除。无论是采用哪种拆除方法，都应遵守安全生产法律法规和安全技术规程。《建设工程安全生产管理条例》规定，建设单位在拆除工程施工前应将有关资料报拆除工程所在地县级以上建设行政主管部门或其他部门备案。提供的资料包括：施工单位资质等级证明材料，拟拆除建筑物、构筑物及可能危及比邻建筑物的说明，拆除工程的施工组织设计或方案。堆放、清除废弃物的措施。

二、拆除工程施工安全规定

拆除工程施工组织设计或方案应针对拟拆除的建筑物、构筑物的周围环境；建筑物、构筑物结构类型；各部构件受力状况；水、电、暖、燃气布置情况；以及采取拆除施工方法等进行编制。施工组织设计的主要内容如下：

（1）确定现场安全监护人员名单及职责。

（2）有工程作业区周边的安全围挡及警示标牌设置要求。

（3）切断原给排水、电、暖、燃气等源头和拆除各种管道、线网的安全要求。拆除工程施工所需要的水、电应另行设计专用的临时配电线路、供水管道。

（4）根据采用的拆除方法（人工拆除或机械拆除、爆破拆除）制定有针对性的安全作业措施。

（5）高处拆除作业应设计搭设专用的脚手架或作业平台。若作业人员站在（包括电焊机、氧气瓶等设备）拟拆除的建筑物结构、部分上操作，必须确定其结构是稳固的。

（6）拆除建（构）筑物，应自上而下对称顺序进行，先拆除非承重结构后再拆除承重的部分。不得数层同时拆除。当拆除一部分时，另与之相关联的其他部位应采取临时加固稳定措施，防止发生坍塌。承重结构件要等待它所承担的全部结构和荷重拆除后再进行拆除。

（7）拆除作业要设置溜放槽，将拆下的散碎材料顺槽溜下，较大的承重材料，应用绳或起重机吊下或运走，严禁向下抛掷。

（8）拆除石棉瓦及轻型材料屋面工程时，严禁拆除作业人员直接踩踏在石棉瓦

及其他轻型板材上作业。必须使用移动板梯，同时板梯上端必须挂牢，防止发生高处坠落事故。

（9）遇有六级强风、大雨、大雾等恶劣天气，应暂停高处拆除工程作业。强风、雨后应检查高处作业安全设施的安全性，冬季应清除登高通道和作业面的雪、霜、冰块后再进行登高作业。

三、安全技术交底

（1）应建立和坚持在工程开工前进行层层安全技术交底制度。安全技术交底要有书面材料，并进行详细讲解说明后，由交底人和被交底人双方签字确认。

（2）安全技术交底要求：

①施工安全技术总措施，应由组织编制该措施的技术负责人向项目工程施工负责人、施工技术负责人及施工管理人员进行安全技术交底。

②单位工程施工安全技术措施，应由组织编制该措施的负责人向各工种施工负责人、作业班组长进行安全技术交底。各工种施工负责人在安排布置各作业班组施工任务时，应同时向作业班组的全体人员进行安全技术交底。

③专项施工安全技术措施应由项目工程技术负责人向专业施工队伍（班组）全体作业人员进行安全技术交底。

④各级专职安全管理人员应参加安全技术交底会。

（3）安全技术措施的实施。安全技术措施中的各种安全设施、安全防护设备都应列入任务单，责任落实到班组、个人。工程项目安全管理人员应进行督查，并实行验收制度。

第九章　座板式单人吊具悬吊作业安全管理

第一节　座板式单人吊具悬吊作业安全技术设备

我国的高空清洗是从 20 世纪 80 年代中期开始兴起的一个产业，座板式单人吊具悬吊作业安全技术和装备通过日本和香港传入中国大陆。那时候国外的清洗设备也很简陋，高空清洗普遍使用直径 20mm 的锦纶或涤纶绞制绳作为工作绳，采用起重行业使用的吊具——卸扣（俗称 U 形环）作为下降器。高空清洗员工普遍采用一根工作绳，不用柔性导轨和自锁器。基本不穿坠落防护安全带，只穿单腰带或双背带式安全带。采用座板式单人吊具进行悬吊作业的危险性非常大。

GB 23525—2009《座板式单人吊具悬吊作业安全技术规范》一方面引进国际先进的安全理念、技术和装备，另一方面总结国内的高空作业经验教训。分会依据国家标准，联合高空作业的设备制造商，为高空清洗行业开发和推广安全可靠的悬吊作业设备和操作方法。

高空清洗悬吊作业安全设备的采购应按以下要求进行：

（1）应按照本企业的评价规则对供应商进行评价符合评价要求的供应商列入合格供方名单。采购安全设备必须向合格供应商购买。

（2）提供安全设备的供应商必须具有"全国工业产品生产许可证"（图 9-1）及许可证附页（图 9-2）和产品质量检验报告（图 9-3）。

图 9-1　全国工业产品生产许可证

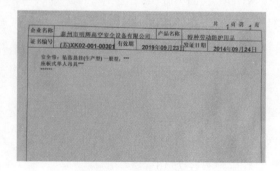

图 9-2　许可证附页

图 9 - 3　产品质量检验报告

一、工作绳

工作绳是座板式单人吊具的核心部件之一，也是高空悬吊作业中最容易出安全事故的部件。企业最重视工作绳是否安全，并有一个普遍性的错误观念——绳子越粗越安全。随着断绳事故不断发生，企业用的工作绳直径越来越大，从 16mm 到 18mm，再到 20～22mm，甚至达到 24mm。随着绳径的加粗，单位长度的重量也越来越重，企业的工作效率降低，成本加大，安全问题也还是未解决。

什么样的绳子才是安全的呢？应当考虑三个技术指标：断裂强力、耐磨性和耐老化性能。这些技术指标与绳子的材质和编织工艺有关。选用好的材质，采用科学的编织工艺，用较少的材料能达到上面所说的技术指标，绳子就是安全的。也就是说绳子是否安全与绳子的粗细并不是直接相关，如果能用较细的绳子达到安全生产的目的，我们为什么一定要用笨重的粗绳子呢？现在国际上从事高空清洗的企业都不用我们正在使用的这种粗笨的绳子。我国现在正规的绳子生产企业完全能够生产强力符合要求的较小直径的绳子，价格也能够使清洗企业接受，需要我们清洗企业改变旧的观念，用科学的态度认识这个问题。至于这些技术指标的具体要求是什么，下面内容还要讲到。

在高空清洗作业中绳索的重量及其操作灵便性是非常重要的，所以使用者都喜欢更轻的绳索。因此，最好的绳索应在同等直径下具有更轻的重量。过去各地方标准均规定直径为 16～20mm。国家标准未规定工作绳的直径，为什么不规定工作绳的直径呢？因为工作绳的直径不是衡量绳子好坏的依据，大家知道纸绳再粗我们也不敢用，因为它的强力不够。只要强力指标达到要求，耐磨损、耐腐蚀、耐老化，绳子当然是越细越好。绳子细运输、储存、收放时省时省力，工作效率高。当施工高度较大时，需要较长的绳索，这时粗绳索的自重较大，作业人员下降时提绳会很费力，甚至提不动，就会影响工作效率。从材料角度看，越细越省材料，省材料意味着省购置绳子的费用，如果直径 14～16mm 的绳子可以满足要求，为什么一定要用 18～22mm 的绳子呢？

　　工作绳主要有捻制绳（图 9-4）和编织绳（图 9-5）两种。捻制绳（又称麻花绳）一般为三股麻花状，由单股加捻再合股而成。直径和长度任选。编织绳绳芯为丝束或几股平行编织，外皮采用紧密编织方法制成。由于编织绳强度高，使用方便，容易发现磨损情况，故推荐使用。

图 9-4　捻制绳

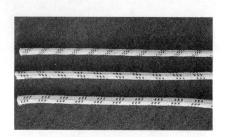

图 9-5　编织绳

　　编织绳的内部结构见图 9-6，编织绳绳芯为图中黄色部分，主要承受拉力。绳芯是化学纤维热处理之后，织线，捻线股，搓子绳，最后一定数目的子绳平行紧靠在一起，制成绳芯。外皮为图中蓝色部分，为细线紧密编织而成，形成外套，主要承担耐磨损功能。绳芯上绳外皮编织机，排上不同数目的线轴，织出绳的外皮。排列的线轴越多，线轴数越大，编织外皮的线越细，绳外皮越薄越细密，操作起来顺手。绳外皮薄的绳子绳芯所占的比重大，绳子弹性好。排列的线轴越少，线轴数越小，编织外皮的线越粗，外皮越厚，抵抗磨损能力越强。所以耐磨损功能的强弱以线轴数衡量，选择清洗用编织绳的原则是在拉力符合标准要求下，外皮线轴数较小的绳索。既能满足拉力要求，又能有较强的抗磨损能力。

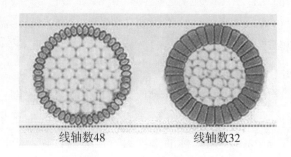

线轴数48　　　　　　线轴数32

图 9-6　编织绳的内部结构

现在国内制绳企业很多都能生产编织绳，只要使用合格的原料，一般 14mm 以上直径的编织绳断裂强力能够达到 30kN（3t），完全符合国家标准中关于拉力负荷大于或等于 22kN 的要求。为什么编织绳比绞制绳细，拉力却比绞制绳还要大呢？这要从绳子的加工方法说起，假如每一根单丝的拉力是 10N，平行地同时拉两根丝，这两根丝就能承受 20N，但如果把两根丝拧得交叉起来再拉，这两根丝就因它们之间的相互切割、摩擦生热就只能承受 12N 了。就像放风筝，两根风筝线在空中交叉时，如果都使劲拉线，拉力小的线就会因切割、摩擦生热断掉。由此可以想到，绞制绳在制作时是不是不断地把纤维交叉在一起，使这些纤维在受拉时互相切割、摩擦生热，所以绳子的拉力就减小了。如果我们需要一个较大的拉力，只能多用纤维，这样在同等拉力下，绞制绳就比编织绳粗多了。

二、下降器

卸扣式下降器（俗称 U 形环）是以前高空清洗使用最广泛的下降器，由一个 U 形零件和一个带螺纹的销轴组成。工作时，将工作绳穿过 U 形零件打一个特殊的绳扣（活络结），将座板装置通过连接器用销轴与 U 形零件连接在一起，通过工作载重量产生的摩擦力控制吊具在工作绳上运动（见图 9 - 7）。这种下降器结构简单价格低廉，由于是起重行业的通用件，采购容易，操作也不复杂，所以早期的高空清洗工都采用这种下降器。日本、中国香港也曾使用。这种 U 形环并不是高空清洗悬吊作业的专用下降器，而是代用品。强调一下，卸扣式下降器不是强制性国家标准 GB 23525—2009 规定的下降器，国家标准取消了卸扣式下降器。

U 形环由于是由两个零件结合组成一个器具，使用时有可能脱开，我们认为其本质不安全，只有在工作中注意安全使用才能保证安全。U 形环有 5 个缺点，作为下降器使用有安全隐患。第一，U 形环轴的螺纹有方向，正确安装在绳子上，工作时绳子给轴的摩擦力使轴越拧越紧。如果安装时装反了，工作时绳子给轴的摩擦力使轴越来越松。最后，轴从螺孔中脱出，工人就会从高处坠落。这样的事故发生了多起，是有血的教训的。第二，轴上的螺纹很尖锐，像刀子一样，绳子碰到螺纹会被切割，加上重力作用，绳子容易被破坏，造成高处坠落事故。第三，由于 U 形环与绳子之间的摩擦，下降过程中绳子上积聚了旋转力，到下

图 9 - 7　卸扣式下降器
（U 形环）

方后，因释放旋转力，绳子会打转很多圈，使悬吊在绳子的工人晕眩，容易发生安全事故。第四，绳子需在 U 形环上打结，降低绳子的强度。由于绳子纤维之间相互

切割摩擦，抗拉强力会损失 40%。第五，需在高空提绳打扣下座板，极不安全。

由于这些缺陷，现在国际先进技术已不再使用 U 形环。现在专用的下降器有很多种，重点推荐 8 字环式下降器（图 9-8），没有 U 形环的致命缺点并已经国产化。8 字环式下降器由不锈钢制作，耐磨损。由于其是封闭的环，所以没有 U 形环的不安全缺陷。8 字环式下降器有锁绳钩，方便锁绳，操作比 U 形环简便。8 字环式下降器的操作如图 9-9 所示。

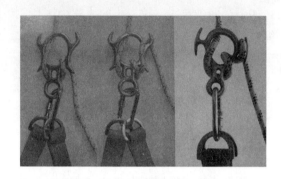

图 9-8　8 字环式下降器　　　　　　图 9-9　8 字环式下降器的操作

考虑到我国大多数高空清洗企业仍在使用 U 形环，对 8 字环式下降器从思想理念上还不接受，不认识，实际应用技术不了解，8 字环式下降器取代 U 形环还需要一个过程，希望在广大高空清洗企业逐渐采用新技术，淘汰落后的 U 形环下降器。广大高空清洗企业应当认清技术进步的形势，扭转固有观念，积极学习新技术，掌握先进的工作器具。

三、自锁器

国家标准要求高空作业员工必须双绳操作，即作业时有一根工作绳和一根柔性导轨。工作绳上有下降器和座板，这是主要的悬吊工作系统。在工作绳旁边有柔性导轨，员工身穿坠落悬挂安全带，安全带的安全短绳一端连接在安全带上，另一端连接自锁器，自锁器穿在柔性导轨上构成坠落保护系统。一旦悬吊工作系统出现坠落事故，坠落保护系统可以将员工锁定在空中，不使其坠落。

过去用的自锁器结构复杂操作不便，要求高挂低用，工人干活时，每次下降前需要先拉下自锁器，一旦忘记就会造成安全隐患，是一种非常落后的器具。

现在随着技术的发展，很多新型的自锁器也已经投入使用。比如自动下滑的自锁器，见图 9-10，是高处作业人员上下攀登使用的个体防坠落用品。采用独创的自锁器自主下滑技术和保险装置，自锁器一直在人体下方自由跟随人体上、下，用时不必用手下拉，自动跟随人体下降，一旦坠落，自锁器会自动快速锁止，将人体悬挂在柔性导轨上。这种自锁器开、合保险，可快速装卸。具有体积小、轻便，结构先进合理，锁止快速稳定，下坠距离更短，冲击力更小，安全系数更高，上下攀登更方便等优点。

图 9 - 10　自动下滑自锁器

四、墙角护绳垫

建筑物的边沿棱角及玻璃、铝塑板等尖锐物体容易割伤工作绳，造成坠落事故。高空清洗时特别要做好工作绳的保护。以前都是采用毛巾、胶管等包裹绳子，或用地毯垫在绳子下面。干活时绳子会滚动，一旦滚出地毯，绳子就会被磨断，极不安全。针对此问题，我们设计制造出墙角护绳垫（图 9 - 11）。

墙角护绳垫用尼龙材料制成，轻便耐用，可随意弯折，顶端有固定绳，中间有两道槽用来安放工作绳和柔性导轨。工作时墙角护绳垫与墙角接触，有效的保护绳子不被磨伤（图 9 - 12）。

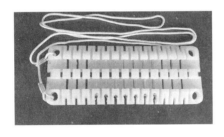 

图 9 - 11　墙角护绳垫　　　　图 9 - 12　墙角护绳垫工作状况

墙角护绳垫的绳槽中加装了滚轮，在收绳时把滑动摩擦改变为滚动摩擦，既可减轻工人的劳动强度，又可减少绳子对护绳垫的磨损（图 9 - 13）。

五、全橡胶吸盘

全橡胶吸盘（图 9 - 14）的特点是可从较远处向玻璃、大理石墙面等光滑的平面投掷，使吸盘吸在光滑平面上，从而将操作人员拉近并固定在工作面。吸盘是全橡胶的，没有金属零件，抛向玻璃时不会损伤玻璃，使用时更方便（图 9 - 15）。

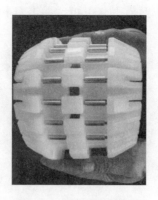

图 9 - 13　护绳垫滚轮

图 9 - 14　全橡胶吸盘

图 9 - 15　吸盘吸在玻璃上

第二节　座板式单人吊具悬吊作业操作安全要求

（1）安装前应检查挂点装置、座板装置、绳、带的零部件是否齐全，连接部位是否灵活可靠，有无磨损、锈蚀、裂纹等情况，座板吊带是否破损、脱线，发现问题应及时处理，不准带故障安装或作业。

（2）安装悬吊作业设备应由经过专业培训合格的人员按产品说明书的安装要求进行。安装完毕应经安全员检查通过签字确认方可投入使用。

（3）每次作业前应进行检查，检查应有记录，每项检查应由检查责任人签字确认。安全检查项目表见表 9 - 1。

表 9 - 1　安全检查项目表

检查项目	内容
建筑物支承处	能否支承吊具的全部重量
工作绳、柔性导轨、安全短绳	是否有腐蚀、磨损断股现象

续表

检查项目	内容
屋面固定架	配重和销钉是否完整牢固
自锁器	动作是否灵活可靠
坠落悬挂安全带	是否损伤
挂点装置	是否牢固可靠，承载能力是否符合要求， 绳结应为死结，绳扣不能自动脱出
建筑物的凸缘或转角处的衬垫	是否垫好；在作业过程中随时检查衬垫是否脱离绳索
劳动保护用品	是否穿戴
工人状况	是否喝酒，是否生病，是否情绪不稳
建筑物表面	是否有墙体装饰物脱落现象或是否有锋利部位暴露现象等隐患

（4）工作绳、柔性导轨可分别栓固在屋顶不同的可靠栓固点上，其总载重不大于165kg，挂点装置承载能力不应小于总载重的2倍。也可采用屋面固定架。作业时必须做到每人单独使用工作绳和柔性导轨，不得与他人共用。

（5）作业人员应穿清洗作业服、鞋、安全帽等劳保用品。在有腐蚀的作业环境应戴手套和眼镜或面罩。

（6）在垂放绳索时，作业人员应系好安全带。绳索应先在挂点装置上固定，然后顺序缓慢下放，严禁整体抛下。在垂放绳索时，作业人员应顺序检查绳索有无安全缺陷。

（7）绳索与建筑物的凸缘或转角接触处必须加衬垫（或采用骑墙马架）进行防护，以保护绳索和墙壁。

（8）工作绳与下降器缠绕后，将座板装置和下降器用连接器（安全钩）连接，锁好连接器保险，将工作绳的手持端锁在下降器上，再将座板装置放在初始工作位置。

（9）作业人员应按先系好安全带，再将自锁器按标记箭头向上安装在柔性导轨上，扣好保险，最后上座板装置。检查无误后方可悬吊作业。

（10）工具应带连接绳，避免作业时失手脱落。悬吊作业时严禁作业人员间传递工具或物品。作业者应将工具用细绳牢固的栓在身上。

（11）作业人员应以工作绳为中心，左右摆动不应超过1.5m。

（12）蹬踏力不宜过重、过猛，应以工作绳摆动中产生的惯性移动为主。

（13）使用吸盘时，应选择外墙的幕墙玻璃或铝合金板的中央，吸盘放置应用力轻而快速。

（14）在作业中，工作绳、柔性导轨不得嵌于建筑物玻璃幕墙面硅胶缝隙里或其他粘接缝隙里，防止损伤工作绳或造成墙面漏水。

（15）禁止在在地面行走时拖拉座板、安全带，以防止磨损编织带。

（16）作业人员在未到达地面时，屋顶监护人员不得收绳，不得解开绳扣。

（17）作业人员到达地面，楼顶监护人员得到楼下监护人员通知并作好自身安全防护后方可提绳。未将绳索提升至楼顶屋面不得解开拴固点绳扣。

（18）绳索在搬运过程中禁止与尖锐物质、有腐蚀作用的药剂、铁器等混合运输，或将重物压在绳索上面。

（19）无安全措施时，严禁在女儿墙上作任何活动。

（20）停工期间应将工作绳、柔性导轨下端固定好，防止行人或大风等因素造成人员伤害及财产损失。

（21）每天作业结束后应将悬吊下降系统、坠落防护系统收起，整理好。

（22）施工前后，在地面坠落区域必须设置隔离防护装置或警示牌，并派专人监护，作业人员施工完毕完全撤离后，才可解禁撤离。

第三节　座板式单人吊具悬吊作业施工安全管理

（1）采用座板式单人吊具悬吊作业的企业应取得座板式单人吊具悬吊作业安全资质。

（2）作业人员应接受高处悬吊作业的岗位培训，取得座板式单人吊具悬吊作业操作证后，持证上岗作业。

（3）座板式单人吊具悬吊作业的企业应有安全管理制度。企业领导层应指定专人负责安全工作。

（4）企业的技术人员，质量管理人员应当具备安全工作知识，经过安全培训。

（5）企业的高空清洗项目经理，领班工长、安全员应当经过安全培训，有清洗工作经验，能够预见、发现安全隐患，有处理施工中安全问题的能力。

（6）企业在招投标、勘察现场、制定作业方案时，应当充分考虑如何保证安全施工。

（7）施工前应当对全部作业人员进行安全交底，除常规安全事项外，重点讲明本次施工的关键安全控制点和控制方法。

（8）悬吊作业前应制定发生事故时的应急和救援预案。

（9）悬吊作业区域下方应设警戒区，其宽度应符合 GB/T 3608—2008《高处作业分级》附录 A 中可能坠落范围半径 R 的要求，在醒目处设警示标志并有专人监控。悬吊作业时警戒区内不得有人、车辆和堆积物。

（10）悬吊作业时屋面和地面应有经过专业培训的安全员监护。禁止无关人员进入屋面的吊点区域内，避免发生触碰事故。

（11）严格实施操作开始前全方位的安全检查。如果忽视操作前的安全检查，往往是发生重大事故和灾难的根源。检查应设定具体检查项目，指定检查人员，检查后签字确认，以备后查。

第四节　座板式单人吊具悬吊作业人员管理要求

随着社会的不断发展，楼体装饰不断新颖，外观要求较高，并且受气候的影响，表面形成污染物在所难免，而环保要求和人们的感观认识也越来越高，座板悬吊式高空作业清洗因其操作方便、快捷、灵活的特点，在行业备受关注，其前景非常乐观。

外立面墙体清洗作为高空清洗的一个分支，因其在清洗行业安全生产中的重要性，必须专门立项说明其特殊性、高危性并作出专门的具体规定，具有重大的现实意义。

"安全第一"是高空清洗施工的前提保证，这就要求我们建立健全岗位职责，制定应急救援预案。高空清洗悬吊设备及工具的购置、维护保养也非常之重要。

在外立面清洗作业时，一定要落实安全生产责任制，制定清洗方案，在确保安全的前提下，才可施工作业。并且要对作业人员时常进行安全培训教育，常抓不懈。要求培训上岗，规范操作，以保证工程的顺利实施。

一、外立面清洗程序

（1）首先，强调外立面清洗中，安全第一是贯穿整个工程施工前后的重中之重，一定要在工程进展中常抓不懈，不得怠慢。

（2）在施工前，一定要勘察现场，观测墙体是否有脱落物发生等，并且要对墙体周围的行人、车辆、花草等进行严格管理和保护。

（3）所有作业人员一定要培训上岗，严格按操作程序进行操作。

（4）操作前期的准备工作。接水管、电源线等，调试设备是否正常运转。确定固定点是否牢靠，再放置工作绳和生命绳进行固定，强调作业人员临边放置工作绳和生命绳时必须系安全带，与楼顶固定点连接后，再进行操作。按操作规程安装下降器，固定座板及清洗工具，并且要检查吸盘、上水器、刮水器、铁丝等工具是否安全连接。

（5）生命绳（柔性导轨）放置完成后，要配备自锁器。

（6）确认安全带与生命绳的自锁器连接完好，自锁器方向正确，保险扣好后，作业人员坐上座板，开始作业。

（7）多人操作时，作业人员应保持同时向下作业，并且要团结协助，以防清洗液飘洒产生二次污染。

（8）需用水冲洗时，相互配合进行操作。注意水管喷头的开关，防止产生后坐力，发生坠落危险。

（9）用拉杆等辅助工具操作时，一定要注意安全固定，以防坠落。

（10）工作时，楼顶和楼底必须安排巡视人员巡视，并且楼底还要设置隔离带和安全标志，以防行人闯入。

（11）地面花草绿植应做有效防护。清洗污水及废液应在指定地点处理。

二、悬吊作业人员岗位职责

（1）必须熟练掌握操作规程中要求使用的各种工具、设备的性能。

（2）必须经常接受公司安排的安全生产培训教育。

（3）必须经过专业培训考核，合格后才可上岗。

（4）在岗期间，不得抽烟、饮酒。

（5）不准带病或疲劳上岗，在施工期间，下班后要注意休息，使身体时常处于最佳状态。

（6）施工前期，要积极配合负责人，认真检查各种工具设备的安全性能。

（7）要有爱岗敬业精神，施工期间绝不能违规操作，给工作中留下安全隐患。

（8）施工期间对自己使用的各种工具设备要时常检查其安全性能。

（9）要有团结协助精神，与工友协调工作时，要积极相互帮助和配合，完成公司下达的工作任务。

（10）在工作中，若发现工友有不良现象或安全隐患时，要及时给予纠正，不听劝告者，要及时上报给相关负责人。

（11）发生突发事件时，要有团队精神，在保证自己安全的前提下，积极配合班组解救工友。

（12）对项目经理分配的工作任务，要积极主动地完成，并且做到保质保量，不能有怠岗现象发生。

（13）在材料和能源的使用上，要以科学、合理、节约的原则，不得浪费。

（14）对各种工具、设备，要爱护保养，正确使用。

三、作业过程注意事项

（1）施工前，要认真检查工作绳、生命绳、安全带的耐拉程度及安全帽、安全钩、自锁器等的使用情况，确认是否过期使用。

（2）要认真检查工作绳和生命绳的固定点是否牢靠。

（3）施工前，要认真检查工作绳和生命绳的固定情况，固定是否规范。

（4）禁止在没有佩带安全带及座板没有固定的情况下，直接坐向座板，以防意外发生。

（5）风力在四级以上，停止作业。

（6）作业时，当大风突然来临，必须停止作业。在项目经理指挥下，立即疏导全体作业人员迅速向下撤离，安全到达地面。不允许单人撤离，以防意外发生。

（7）施工完毕后，使现场恢复原状。收工时，要检点工具。

四、高空作业人员持证上岗操作规范要求

（1）高空作业持证上岗人员必须按照 GB 23525—2009《座板式单人吊具悬吊作业安全技术规范》的要求进行作业。

（2）施工前必须严格检查各种工具设施，对工作绳、柔性导轨（生命绳）、安全带、安全帽、安全钩、自锁器、下降器等的磨损状况，必须由项目经理确认安全后，方可作业。

（3）所有作业人员必须在施工前进行岗前培训，且经项目经理允许的情况下，才可作业。

（4）在临边安装工作绳、柔性导轨时，必须先系安全带。高空作业人员在各自确认自己工作绳、柔性导轨与楼顶固定点连接牢靠后，经项目经理再次确认，并统一指挥下，开始作业。

（5）作业时楼底必须有专人监管，手持对讲机，与楼顶保持畅通。

（6）在给工作绳连接安装下降器、座板、水桶，柔性导轨连接安装自锁器时，均必须系安全带作业。

（7）检查一切随身携带的工具及设施是否到位，严禁在作业开始后，让楼顶人员给传递工具，特殊情况除外。

（8）开始作业，安全带先与柔性导轨的自锁器连接后，再到装置好的悬吊下降系统工作，调整姿势，开始作业。

（9）在作业过程中，随身携带的水桶、拉杆等工具，一定要固定安全，保证不得脱落工具。

（10）在作业过程中，楼顶必须有专人监护，确保工作绳及柔性导轨下的衬垫板安全不磨损，并且每隔 5min，巡视一次，固定点连接处，每隔 10min 巡视一次。

（11）所有高空作业人员，在工作期间，不得喝酒上岗，疲劳工作，工作完成后，要合理安排休息，确保工作的充分性。

（12）楼底监护人员要随时观察周围环境动态，以免行人车辆闯入工作区。工作

区域的隔离带、警示牌要保证完好，并装置到位。

（13）作业完毕后，楼底监护人员必须等楼顶把悬吊工具完全收完后，确认没有可疑物，并等楼顶监护人员付出指令后才可撤离现场。

（14）作业完毕后，在临边收悬吊工具时，楼顶作业人员必须系安全带作业。

（15）作业完毕，绳索必须理顺，盘整放在楼顶干燥处，以备下次使用。

（16）项目经理确认工程完毕后，才可收工，撤离现场。

（17）有风、沙、雨天气时，严禁作业，具体详情，按国家标准执行。

（18）在作业过程中，若有意外情况发生时，要一切听从项目经理的指挥进行处置。

（19）在作业过程中悬吊作业人员要随时观测墙面，以防墙面空鼓、瓷砖脱落、玻璃炸裂、铝塑板开胶等可能伤及人身安全的意外发生。

五、高空作业上岗证领证条件的规定

（1）作业人员应接受高处悬吊作业的岗位培训，经考试合格取得座板式单人吊具作业操作证。

（2）具有完全民事能力，年龄在 18 周岁以上。

（3）无不适应高处特种作业的疾病和生理缺陷，并且身体健康，体力旺盛。

（4）严禁酒后、过度疲劳、情绪异常者上岗作业。

（5）理论考试分数在 60 分以上者，且实践操作能达到国家标准要求，才可颁发证书。

（6）熟悉本工种的各项管理制度及岗位职责。

（7）熟知 GB 23525—2009《座板式单人吊具悬吊作业安全技术规范》的要求。

（8）爱岗敬业，能够熟练完成项目经理下达的各项工作任务及质量要求。

（9）有团结协助精神，能够同工友积极协调配合，不得有怠工消极，个人主观臆断现象。

（10）必须经常接受单位安排的安全生产培训教育。

（11）若有突发事件发生，要有团队精神，在保证自己安全的前提下，积极听从领导指挥，完成突发事件的处理。

（12）能够熟练掌握各种工具、设备的使用性能。

第五节　作业现场防火管理

近年来，全国各地施工现场火灾频发，造成了严重的人员伤亡和财产损失。企

业从现场管理角度来讲，减少和控制施工作业现场火灾已经成为现场管理的重要同内容。因此加强施工作业现场检查和管理既是一项重要工作，也是杜绝减少施工作业现场火灾的主要措施。

（1）施工现场必须坚持"预防为主、防消结合"的工作方针，认真贯彻执行《中华人民共和国消防法》和公司对消防工作的要求，逐级落实防火责任制，利用多种形式进行广泛宣传教育，做到人人重视消防工作。

（2）企业应建立消防组织及安全管理制度。

（3）企业应有灭火、疏散预案，并组织实施演练。

（4）企业员工应掌握扑救初起火灾的知识。

（5）现场安装各种电气设备，必须由专业正式电工操作。

（6）作业前对现场进行全面检查，排除危险源，并做好检查记录。

（7）作业现场严禁乱拉电线，插座不能直接安装在可燃材料上；严禁使用电炉子等带有炽热表面的电热设备；配电盘下不得存放可燃物。

（8）作业现场应配备 ABC 类干粉灭火器，一般按照每 $25m^2$ 配备一具，两具为一组配置。

（9）作业现场严禁存放易燃易爆物品。

（10）发生火灾，现场责任人要立即上报，同时积极组织扑救，将火灾扑灭在萌芽之中。

第六节　作业现场文明作业与环境保护

作业现场文明施工是每个施工企业的追求，同时也是行业和社会的需求，文明施工管理的水准是反映一个企业的综合管理水平。

文明施工是指保持施工现场良好的作业环境、卫生环境和工作秩序。因此，文明施工也是保护环境的一项重要措施。文明施工主要包括：规范施工现场的场容，保持作业环境的整洁卫生；科学组织施工，使生产有序进行；减少施工对周围居民和环境的影响；遵守施工现场文明施工的规定和要求，保证员工的安全和身体健康。

一、作业现场文明作业

高空服务业文明施工的要求主要涉及现场围挡、封闭管理、施工场地、材料堆放、现场防火、施工现场标牌、保健急救等内容。加强现场文明施工的管理措施包括：

1. 建立文明施工的管理组织

确立项目经理为现场文明施工第一责任人，负责本工程现场文明施工工作。

2. 健全文明施工的管理制度

包括建立各级文明施工作业的岗位责任制，建立定期的检查制度，实行自检、互检制度，建立奖惩制度，加强文明施工教育培训等。

3. 现场围挡、标牌

（1）施工现场必须实行封闭管理，沿作业区域四周连续设置围挡，围挡材料要求坚固、稳定、统一、整洁、美观。

（2）施工现场应合理设置警示牌，标牌牢固、醒目。

4. 施工场地

（1）施工现场整洁，无散落物。

（2）施工现场排水畅通，不积水。

（3）污水、废水严禁堵塞下水道和排水道。

（4）施工现场适当地方设置吸烟处，作业区内禁止随意吸烟。

5. 设备、工具管理

（1）施工作业料具必须按规定堆放，必须做到安全、整齐堆放。

（2）建立材料收发管理制度，易燃易爆物品分类堆放，专人负责，确保安全。

（3）施工现场做到工完料尽地清。垃圾及时清运，临时存放现场的物料也应集中堆放整齐。不用的施工机具和设备应及时出场。

6. 医疗急救的管理

展开卫生防病教育，准备必要的医疗设施，配备经过培训的急救人员，有急救措施、急救器材和保健医药箱。在现场办公室的显著位置张贴急救车和有关医院的电话号码等。

7. 建立检查考核制度

在实际工作中，项目应结合相关标准和规定建立文明施工考核制度，推进各项文明施工措施的落实。

二、作业现场环境保护

1. 管理要点

（1）制定环境保护管理规定，保护和改善施工现场的生活、生态环境，防止由于施工造成污染，努力做好施工现场的环境保护工作。

（2）防止大气污染：防治施工扬尘的排放；防止水污染；作业污水排放；防止施工噪声污染；人为的施工噪声防治；施工机械的噪声防治；施工垃圾的清理。

（3）按照"谁主管、谁负责"的原则，在组织施工作业的同时必须组织实施环境保护，严格控制"三废"排放。

（4）施工现场环境保护的每日自检由班组长、作业人员、安全员进行，凡违反施工现场环境保护规定的要及时指出并整改。

（5）施工作业及生活垃圾按要求定时清扫运至指定地点处理。

（6）施工现场饮用水应设置封闭装置，只留置出水控制阀门。现场饮用水不能随意打开，保证作业人员喝到干净的饮用水。

2. 检查监督

（1）项目经理应每天对现场环境情况进行检查，确认环境良好方能进行作业。没有达到作业环境要求，应及时安排人员整改。

（2）现场设施设备的各项检查、复检应专人专管，责任必须落实到个人。

（3）项目管理部下发的隐患整改单，施工队必须按照要求及时整改完成，项目管理部应对每项隐患做好跟踪检查。

（4）施工队应建立检查计划，对本队管辖区域文明施工、环境保护做好自查自纠，日常巡查。

第七节　设备、工具的维护和保养规定

设备、工具的维护和保养应按下列规定执行：

（1）加强管理，要对每台机器设备建立档案及统一编号，设备使用前后要认真做好记录以备查核。

（2）爱护设备，确保安全作业人人有责。

（3）使用者要按照设备操作规程及使用说明书准确掌握工作要领，按要求操作。

（4）使用中发现设备有故障，应立即停止使用，及时检查原因，待排除故障后方能继续使用。记录故障现象、原因及排除方法。并反映到项目经理。

（5）使用完毕后要及时清理设备，使整台机器保持整洁。

（6）不准私自拆换零配件，保持每台设备的完整性。

（7）如发现设备有问题，应及时申报维修。

（8）未经培训的人员严禁操作机器，以免损坏财物或造成伤害事故。

（9）需润滑保养或充电保养的设备必须按照使用说明书执行。

（10）各种设备、工具的存放处要有明显标记。并建立相关档案明细表，以方便查阅其产地、出厂日期、有效期等。

（11）对施工完毕退库的各种设备、工具是否损坏，库房要进行检查并记录。对已损坏的设备、工具，库房要立即上报相关负责人。

（12）需报废重新购置的设备、工具，物资管理部门立即购置添加到位，以备下次工程使用。

（13）需维护和保养的设备、工具，维修部门要及时养护修理，以备下次工程使用。

（14）根据设备、工具使用说明书中的要求，需定期维护的一定要按使用说明书进行维护和保养。需注意存放和保管的，一定要按使用说明书进行存放和保管。作业人员使用设备、工具，一定要按使用说明书进行正确合理的操作使用。

（15）在存放和保管过程中，发现超过有效期的设备、工具，库房要立即上报相关主管部门。

（16）维护和保养工作是一项平凡而责任重大的长期艰巨的任务，相关人员必须爱岗敬业，才不会发生意外。

（17）在维护和保养过程中，要对各种设备、工具的老化程度及建议，详细填写记录，必要时上报相关主管部门。

第十章　安全事故应急预案与处理方法

　　任何企业在施工作业过程中都有可能发生安全事故，高空服务业企业一旦发生安全事故往往是会造成生命、财产损失。建立安全事故应急救援体系，组织及时有效的应急救援行动，已成为抵御事故风险、降低事故危害后果的关键手段。

第一节　应急预案的编制

　　事故应急预案在应急系统中起着关键作用，它明确了在突发事故发生之前、发生过程中以及刚刚结束之后，谁负责做什么、何时做，以及相应的策略和资源准备等。

一、应急预案的编制

（一）编制准备

编制应急预案应做好以下准备工作：
（1）全面分析本单位危险因素、可能发生的事故类型及事故的危害程序；
（2）排查事故隐患的种类、数量和分布情况，并在隐患治理的基础上，预测可能发生的事故类型及其危害程度；
（3）确定事故危险源，进行风险评估；
（4）针对事故危险源和存在的问题，确定相应的防范措施；
（5）客观评价本单位应急能力；
（6）充分借鉴国内外同行业事故教训及应急工作经验。

（二）编制程序

（1）成立应急预案编制工作组；
（2）收集应急预案编制所需的各种资料；
（3）危险源与风险分析；
（4）应急能力评估；
（5）应急预案编制；
（6）应急预案评审与发布。

二、应急预案体系的构成

应急预案应形成体系，针对各类可能发生的和所有危险源制订专项应急预案和现场应急处置方案，并明确事前、事发、事中、事后的各个过程中相关部分和人员的职责。

1. 专项应急预案

专项应急预案是针对具体的事故类别、危险源和应急保障而制定的计划或方案，专项应急预案应制定明确的救援程序和具体的应急救援措施。

2. 现场处置方案

现场处置方案是针对具体的装置、场所或设施、岗位所制定的应急处置措施。现场处置方案应根据风险评估及危险性控制措施逐一编制，做到事故相关人员应知应会，熟练掌握，并通过应急演练，做到迅速反应、正确处置。

三、高空作业应急预案

（一）应急预案编制目的

为了防止高空作业现场的生产安全事故发生，完善应急工作机制，在高空作业项目发生事故状态下，迅速有序地开展事故的应急救援工作，抢救伤员，减少事故损失。

（二）应急预案编制原则

（1）统一领导的原则：预案是公司的预案，制定的预案应该明确公司各级领导在紧急事件的预防和处理工作的领导作用和责任。

（2）部门分工负责的原则：预案中涉及的有关部门、人员在事故预防、事故处理过程中按各自的职责，协调一致、分工负责，积极主动完成相应的工作。

（3）综合协调的原则：在预案的制定和执行过程中，要综合协调各职能部门和人员，做到部门、人员间的相互衔接。应建立应急救援组织机构。

施工现场要设置应急和响应机构，以项目部为应急指挥中心，建立完整的应急指挥及救援组织机构，编制应急预案小组联系表（表10-1）。

表 10-1 应急指挥及救援组织机构联系表

姓名	职位	联系方式	安全职能
	工程项目主管		组长
	安全主管		副组长
	现场施工主管		抢险组

姓名	职位	联系方式	安全职能
	现场技术员		保护组、通讯组
	专职安全员		救护组

（4）重点突出的原则：应急预案要紧扣悬吊作业服务特点，体现公司工作特色，突出"安全第一、预防为主"工作原则，细化事故处理时各个环节的相关内容，各项工作落实到人，强调处理事故的手段和资源保障等。

（5）明确预案具体操作环节，实时对预案进行培训、演练、评审，逐步提高预案的可执行性和有效性。特别是在事故发生后，应针对预案的可操作性和有效性进行评审与更新，确保预案充分、适宜、有效。

（三）应急预案的内容

为防止安全事故的发生，针对高处作业特性，结合工程的实际情况、施工环境、施工季节等特点，从人、机、物、环等因素综合分析，列出各项可能造成人员伤害、财产损失的危险源，并作出相应的防范措施和应急预案。

1. 高处作业突遭风雨应急预案

座板式单人吊具悬吊作业高空清洗，因其操作方便、快速、灵活等特点，在高空清洗中得到广泛应用。在作业时，要求每位作业人员必须实行工作绳和生命绳两根绳的作业模式，并且各相关作业人员要同时施工。但因其轻便，作业时受风力的影响较大。所以，在作业前，要养成收听天气预报的良好习惯。在作业中，当大风突然来临时，必须立即停止作业，疏导所有空中作业人员全部安全撤离到地面。

（1）撤离具体措施

首先，让他们在墙体上立即找到能抓住的并且相对牢固的固定点（如窗户边角的内侧，空调的支架，墙体的棱角等），或将吸盘吸附在外墙上，然后所有作业人员立即把身体紧贴墙体（以防摇摆），不要惊慌。待风力相对减弱时，在地面救助人员的配合下，至少两人一组，迅速向下撤离至地面。由于单人撤离的风险很大，故不允许单人撤离。条件允许的情况下，可以直接从窗户进入楼里。待风力相对减弱后，再收拾工具撤离现场。

（2）救援具体措施

①施工现场发生安全事故时，现场负责人立即命令停止作业，启动应急预案，组织现场人员进行营救，根据需要及时拨打120急救电话。

②现场负责人要在第一时间电话告知单位主要负责人和生产安全第一负责人，简要报告现场事故的大概情况。

③在营救过程中，要采取科学的营救方法，避免造成二次伤害。

④在营救过程中，要注意营救人员及其他相关人员的安全，避免出现次生事故。

⑤在营救过程中，严禁其他无关人员入场，以免造成不必要的伤害，并组织人员疏散，确保道路畅通，使营救车辆能顺利及时到场。

⑥要以"时间就是生命，生命高于一切"为最高准则，力争在最短的时间内，使伤害人得到最及时有效的救治。

⑦现场施工过程中，发现有安全隐患的工具、设施和设备，必须立即移至施工现场以外，避免因误用造成其他人员的伤害。

⑧获救人员应立即送往医院进行救治。

⑨在拯救时，必须遵循"先救重，后救轻"的原则，有条不紊的进行。

⑩救援结束后，指挥救援人员有序的撤离现场，以免意外事故发生。

⑪需要现场保护时，指挥者要派专人保护现场，直到取消保护为止。

⑫现场负责人和安全员实施应急预案时，应听从甲方安排，并统一指挥。

2. 高处作业人员突发急病或突发危险情况应急预案

（1）立即停止一切高处作业活动，并切断电源、水源。施工单位负责人应以最快的速度赶到现场。

（2）由其他相邻的高处作业人员实施高空现场互助，将发病或遇危险的人员及时转移至地面安全部位。

（3）转移发病或遇危险人员的同时，要及时拨打"120"急救电话实施医疗救助，并将事由及时上报公司领导。

（4）事件处理完毕，经公司领导确认无安全隐患后，接到甲方恢复施工指令再进行施工。

（5）现场施工负责人和安全员实施应急预案，应听从甲方安排，统一指挥。

3. 高处作业突遇漏电或火灾应急预案

（1）立即停止一切高处作业项目，切断电源、水源。

（2）所有人员立即撤离至地面安全地点，有受伤人员要拨打"120"急救电话救助。

（3）突发火灾要在切断电源后的第一时间实施现场初期灭火，不能在初期消灭火灾的要及时拨打"119"救助。

（4）要及时将事故上报公司领导和客户主管部门并注意现场保护。

（5）主动配合有关部门的事故调查及善后。

（6）现场施工负责人和安全员实施应急预案，应听从甲方安排，统一指挥。

4. 高处作业高处坠物应急预案

（1）严格按 GB/T 3608—1993 的要求设立坠物警戒区。采用警示标识与警戒线结合的方式设立可能坠物区的标识，同时加强巡视，防止人员或动物的非预期闯入。

（2）对坠物区的设备设施做好相应的防护措施，避免坠物对设备设施造成损伤。

（3）地面工作人员戴好安全帽等个人防护用品，严禁未佩戴专用防护用品的人员进入作业区，如确需进入，应做好相应的防护措施，并经上级主管确认同意后才能入内。

（4）作业时，对所使用物品、工具做好防坠落措施，将工具用具固定牢固。严禁非预期的将物品放回地面。在将物品、工具、设备等下降到地面时，必须先得到组长或授权人的同意后，再实施降落。

（5）在高空拆卸设备、用具或工具前，应对该部件先进行可靠的坠落防护后，再进行拆卸，拆卸后缓慢将物品将至地面。

5. 高处作业临时停工预案

（1）接到临时通知取消施工作业时，负责人通知员工，将工具收拾整齐，清理现场。

（2）安全员将警戒线、锥桶等安全围挡撤除。

（3）听从甲方安排。

6. 高处作业吊篮施工应急救援预案

（1）吊篮常见危险源辨识和防范措施见表 10-2。

表 10-2 吊篮常见危险源辨识和防范措施

危险因素	可导致事故	现有控制措施及有效性
高空作业人员酒后、病后上岗作业	高空坠落、物体打击	严禁酒后及病后初愈上岗作业
作业人员未佩带安全防护用品	高空坠落、物体打击	组织班前交底，并按规定配发安全防护用品
人员无证上岗	机械起重伤害、物体打击、设备坍塌	作业人员必须持证上岗，并保持上岗证在有效期内
未按照方案装拆	机械倾覆	对作业人员进行详细交底，确保作业人员按方案施工
违章装拆	机械倾覆	装拆负责人、技术负责人、安全责任人必须到场，装拆过程中严格监督每个操作步骤
高空作业机具存放不当	物体打击	高空作业配发工具袋，随身工具及零星物件应放在工具袋中
高空落物	人员伤害	安装幕墙时，必须有专人扶好，防止坠落，在平台四周设置不低于150mm的踢脚板，防止小件坠落

右上：续表

危险因素	可导致事故	现有控制措施及有效性
垂直方向交叉施工	坠落、物体打击	合理安排工作面，设置警戒线，专人监督，禁止其他工种作业人员进入
升降指挥信号错误	物体打击、机具损坏	班前进行相关交底，根据要求配备通讯器材
物件起吊不准确、起吊不平衡	物体打击、机具损坏	按方案施工，准确选择吊点
作业人员触电	人员伤害、设备损坏	电缆通电前检查电缆有无破损及漏电现象，一经发现应立即处理好或更换。选配合适的漏电保护器
恶劣天气进行设备装拆和升降工作	高空坠落、机毁人亡	杜绝在恶劣天气及风力超过五级时进行装拆作业
高空作业上下抛物及工具	物体打击	高空作业配发工具袋，随身工具及零星物件应放在工具袋中
吊篮运行路径上有障碍物	高空坠落、机毁人亡	注意观察，及时清除路径上障碍物
违规操作	人员伤害、高空坠落、机毁人亡	加强安全教育，保证作业人员按操作规程进行操作

（2）事故（险情）的报告和应急救援现场组织

1）事故（险情）的报告

①事故（险情）发生后，事故单位必须迅速向工地"指挥部"和"专业救援小组"报告。并做好有关续报工作，先采取口头报告，再以书面形式及时补报。

②接到事故（险情）报告后，"指挥部"办公室应立即开展工作，在规定时间内核实情况并由事故报告人上报。

2）应急救援现场组织

①事故（险情）发生后，事故单位必须积极采取可靠、有效的安全急救措施，严格控制事故（险情）的扩大，保护好事故现场，同时设立现场指挥部（指挥长由事故单位主管安全的领导担任）。当施工现象突发事故有人员伤亡时，应立即将受伤人员解救到安全地带，同时采取防止事故的进一步扩大措施，第一发现人应立即向施工现场主要负责人汇报。

②"指挥部"及"专业救援小组"接到事故（险情）报告后，有关人员应立即赶赴事故现场，指导协调事故应急救援工作。

③根据事故单位"应急预案"实施过程中的情况变化和问题，及时对"应急预案"进行调整、修订和补充。

④紧急调用本系统各类物资、设备和人员，必要时向市政府安委会报告，以求得兄弟单位的帮助支援。

⑤根据事故灾害情况，有危及周边单位和人员安全的险情时，做好人员及物资的疏散工作。

⑥做好稳定社会秩序和伤亡人员的善后及安抚工作。

3）救援情况汇报

①"指挥部"要及时向上级报告救援进展情况。

②"指挥部"要配合或组织有关部门进行事故调查处理工作。

（3）突发安全事故及应急预案

1）悬挂机构倾覆

①在现场高呼，提醒有关人员，通知现场负责人，安全员负责拨打"120"急救电话，工程项目主管负责全面组织协调工作，施工员负责带人对事故现场进行抢救，重伤人员由工长负责送外救护，电气负责人先切断相关电源，防止发生触电事故，门卫值勤人员在大门口迎接救护车辆及人员。

②其他人员协助施工员对现场清理，抬运物品，及时抢救被砸人员或被压人员，对轻伤人员可采取简易现场救护工作。

③工长负责组织所有安装工，立即拆除相关平台，其他人员应协助清理材料，保证现场道路畅通，方便救护车辆出入。

2）物体打击

工程项目主管负责现场总指挥，发现事故的人员首先高声呼喊，通知现场安全员，安全员打通"120"事故抢救电话，向上级有关部门报告。施工员组织可行的应急抢救，对轻伤者现场包扎、止血等。重伤人员由工长协助送外抢救工作，门卫在大门口迎接救护车辆。

3）机械伤害

工程项目主管负责现场总指挥，发现事故的人员首先高声呼喊，通知现场安全员，安全员打通"120"事故抢救电话，向上级有关部门报告，通知施工员进行可行的应急抢救，现场包扎、止血等。重伤人员由工长协助外部抢救，门卫在大门口迎接来救护的车辆。

4）触电

①伤势不重，神志清醒，未失去知觉，但内心惊慌，四肢发麻，全身无力；或曾一度昏迷但已经清醒过来。应保持空气流通和注意保暖，不要走动，安静休息，送医院进一步诊治。

②伤势较重，已经失去知觉，但心脏跳动呼吸存在的，应安静平卧，保持空气流通，并解开衣服以利呼吸，注意保暖。送医院救治。

③伤势严重，呼吸困难、呼吸停止、心脏跳动的，施行人工呼吸或胸外心脏挤压、刺人中穴等。急送医院救治。不能停止急救。

5）电击伤

①使其脱离电源，立即切断电源或用不导电的木棍、竹竿等拨开电线。

②移至通风处，解松衣服，进行人工呼吸或心脏按摩。

③心跳和呼吸恢复后，送医院救治。

④人工呼吸时也可刺人中穴以促苏醒。

6）高空坠落

重点关注脊椎、颈椎的内脏损伤。

①清醒，能自主走动、活动的，抬送医院进一步诊治。某些内脏伤害在当时感觉不明显。

②不能动或不清醒的，切不可乱抬，更不能背起来就走。严防拉脱脊椎、颈椎而造成永久性伤害。抬上担架时，应有人分别托住头、肩、腰、胯、腿等部位，同时用力，平稳托起，送医院诊治。

7）发生火灾救援应急预案

①发生火灾时，现场马上组织疏散人员离开现场。

②立即报警拨打消防中心火警电话（119、110），同时迅速报告应急救援小组，组织有关人员携带消防器具赶赴现场进行扑救，要迅速组织人员逃生，原则是"先救人，后救物"。

③应急救援小组接到报警或发现火情后，应尽快切断电源，关闭阀门，迅速控制可能加剧火灾蔓延的部位，以减少蔓延的因素，为迅速扑灭火灾创造条件。

发生上述事故时，现场的安全人员（应急救援小组成员）应迅速将情况上报应急救援领导小组。情况轻微现场可以进行抢救的，事发地负责人或分部经理可采取简捷有效的救治措施，如人工呼吸、止血包扎等。

发生上述事故时，情况严重的，事发地现场负责人或分部经理一边向应急救援领导小组报告情况，一边拨打120急救电话，如距离医院较近，则应迅速组织人力将伤员直接送往医院检查、抢救，同时指派人员对现场进行保护。

应急救援小组接到事故报告后应迅速赶往事故发生地，各小组视情况展开救援工作（若情况严重，应急救援领导小组应在第一时间内将情况报告市（县）安全、建设部门。

第二节　应急预案的演练

应急预案的演练是检验、评价和保持应急能力的一个重要手段。其重要作用突出体现在：可在事故真正发生前暴露预案和程序的缺陷，发现应急资源的不足（包括人力和设备等），改善各应急人员的熟练程度和技术水平，进一步明确各自的岗位与职责，提高各级预案之间的协调性，提高整体应急反应能力。

一、演练的参与人员

应急演练的参与人员包括参演人员、控制人员、模拟人员、评价人员和观摩人员。这 5 类人员在演练过程中都有着重要的作用，并且在演练过程中都应佩戴能表明其身份的识别符。

二、演练实施的基本过程

应急演练的组织与实施是一项比较复杂的任务，建立应急演练策划小组（或领导小组）是成功组织开展应急演练工作的关键。演练过程可分为演练准备、演练实施和演练总结 3 个阶段。

三、演练结果的评价

应急演练结束后应对演练的效果作出评价，并提交演练报告，详细说明演练过程中发现的问题。按照对应急救援工作及时有效性的影响程度，将演练过程中发现的问题分为不足项、整改项和改进项。

1. 不足项

不足项指演练过程中观察或识别出的应急准备缺陷，可能导致在紧急事件发生时，不能确保应急组织或应急救援有能力采取合理应对措施，保护公众的安全与健康。不足项应在规定的时间内予以纠正。

2. 整改项

整改项指演练过程中观察或识别出的，单独不可能在应急救援中对公众的安全与健康造成不良影响的应急准备缺陷。整改项应在下次演练前予以纠正。

3. 改进项

改进项指应急准备过程中应予改善的问题。改进项不同于不足项和整改项，它不会对人员安全与健康产生严重影响，视情况予以改进，不必一定要求予以纠正。

第三节　事故调查及处理方法

一、事故报告

企业发生生产安全事故后，事故现场有关人员应当立即报告本企业负责人。

企业负责人接到事故报告后，应当迅速采取有效措施，组织抢救，防止事故扩大，减少人员伤亡和财产损失，并按照国家有关规定立即如实报告当地负有安全生产管理职责的部门，不得迟报、漏报、谎报或者瞒报，不得故意破坏事故现场，毁灭有关证据。

二、事故调查

《生产安全事故报告和调查处理条例》第四条规定：事故调查处理应当坚持实事求是、尊重科学的原则，及时、准确地查清事故经过、事故原因和事故损失，查明事故性质，认定事故责任，总结事故教训，提出整改措施，并对事故责任者依法追究责任。

轻伤、重伤事故由企业组织成立事故调查组。事故调查组由本企业安全、生产、技术等有关人员以及企业工会代表参加。

一般事故（死亡事故）由事故发生地县级人民政府安全生产监督管理部门组织成立事故调查组，安全生产监督管理部门负责人任组长，有关部门负责人任副组长。

三、事故分析

对一起事故的原因分析，通常有两个层次，即直接原因和间接原因。直接原因通常是一种或多种不安全行为、不安全状态或两者共同作用的结果。间接原因可追踪于管理措施从而掌握事故的全部原因。

1. 直接原因

直接原因包括机械、物质或环境的不安全状态，以及人的不安全行为。

2. 间接原因

间接原因包括技术和设计上有缺陷；教育培训不够、未经培训、缺乏或不懂安全操作技术知识；劳动组织不合理，对现场工作缺乏检查或指导错误；没有安全操作规程或不健全；没有或不认真实施事故防范措施，对事故隐患整改不力。

3. 事故分类

（1）依照造成事故的责任不同，分为责任事故和非责任事故两大类。

（2）依照事故造成的后果不同，分为伤亡事故和非伤亡两大类。

（3）依事故监督管理的行业不同，分为企业员工伤亡事故、火灾事故、道路交通事故等。

（4）企业员工伤亡事故，按事故类别分为物体打击、车辆伤害、机械伤害、触电、火灾、高处坠落等；按伤害程度分为轻伤、重伤、死亡。

四、事故处理

1. 事故调查处理原则

（1）实事求是、尊重科学的原则。

（2）"四不放过"原则：事故原因没有查清楚不放过；事故责任者没有受到处理不放过；群众没有受到教育不放过；防范措施没有落实不放过。

（3）公正、公开的原则。

（4）分组管辖原则。

2. 事故调查处理的依据

事故调查处理主要依据《生产安全事故报告和调查处理条例》进行。

3. 事故责任分析

事故责任分析是在事故原因分析的基础上进行的，进行责任分析的目的是使责任者吸取教训，改进工作。事故责任分为：

（1）直接责任者：指其行为与事故的发生有直接关系的人员。

（2）主要责任者：指对事故的发生起主要作用的人员。

①违章指挥或违章作业、冒险作业造成事故的；

②违反安全生产责任制和操作规程造成事故的；

③违反劳动纪律、擅自开动机械设备、擅自更改拆除、毁坏、挪用安全装置和设备造成事故的。

（3）领导责任者：指对事故的发生负责有领导责任的人员。

①由于安全生产责任制、安全生产规章和操作规程不健全造成事故的；

②未按规定对员工进行安全教育和技术培训，或未经考试合格上岗造成事故的；

③机械设备超过检修期或超负荷运行或设备有缺陷不采取措施造成事故的；

④作业环境不安全，未采取措施造成事故的。

4. 责任追究

（1）行政责任

行政责任是指行为人因违反行政法或因行政法规定而应承担的法律责任。

①企业员工的行政处分分为警告、记过、记大过、降级、降职、撤职、留用察看、开除8种。

②行政处罚分为警告；罚款；没收违法所得、没收非法财物；责令停产、停业；暂扣或者吊销许可证、暂扣或者吊销执照；行政拘留。

（2）刑事责任

刑事责任是指行为人因犯罪行为而应承受的，由司法机关代表国家所确定的否定性法律后果。由于刑事违法的违法性质最为严重，故刑事责任也最为严厉。

根据《刑法》中的规定，与安全生产有关的犯罪主要有危害公共安全罪，渎职罪，生产、销售伪劣商品罪和重大环境污染事故罪。其中危害公共安全罪是一类社会危害性非常严重的犯罪，罪名包括重大责任事故罪、重大劳动安全事故罪、工程重大安全事故罪等。

（3）民事责任

民事责任是指行为人违反民事法律、违约或者由于民法规定所应承担的一种法律责任。民事责任主要表现为财产责任，用于救济当事人的权利，赔偿或补偿当事人的损失，多数可通过当事人协商解决。

安全生产的民事责任主要是侵权民事责任，包括财产损失赔偿责任和人身伤害民事责任。

第十一章　劳动防护用品管理

劳动防护用品是指由企业为员工配备的使其在劳动过程中免遭或者减轻事故伤害及职业危害的个人防护装备。使用劳动防护用品，是保障员工人身安全与健康的重要措施，也是保障生产经营单位安全生产的基础。

第一节　劳动防护用品的分类

一、按劳动防护用品防护部位分类

（1）头部防护用品。为防御头部不受外来物体打击和其他因素危害配备的个人防护装备，如安全帽。

（2）呼吸器官防护用品。为防御有害气体、蒸气、粉尘、烟、雾由呼吸道吸入，如防尘口罩（面具）。

（3）眼面部防护用品。预防烟雾、尘粒、金属火花和飞屑、热、电磁辐射、激光、化学飞溅等伤害眼睛或面部的个人防护用品，如焊接护目镜和面罩。

（4）听觉器官防护用品。能够防止过量的声能侵入外耳道，使人耳避免噪声的过度刺激，减少听力损失，预防由噪声对人身引起的不良影响的个体防护用品，如耳塞。

（5）手部防护用品。保护手和手臂，供作业者劳动时戴用的手套，如一般防护手套、耐酸碱手套等。

（6）足部防护用品。防止生产过程中有害物质和能量操作劳动者足部护具，称劳动防护鞋，如防水鞋，耐酸碱鞋等。

（7）躯干防护用品。即防护服，如防水服、耐酸碱服、防寒服等。

二、按劳动防护用品用途分类

按防止伤亡事故的用途可分为：防坠落用品、防冲击用品、耐酸碱用品、防水用品等。

第二节　劳动防护用品的配备

《安全生产法》第四十二条规定："生产经营单位必须为从业人员提供符合国家标准或者行业标准的劳动防护用品，并监督、教育从业人员按照使用规则佩戴、使用。"

一、选用原则

（1）根据国家标准、行业标准或地方标准选用。
（2）根据生产作业环境、劳动强度以及生产岗位接触有害因素的存在形式。
（3）根据有害物质的性质、浓度（或强度）和防护用品的防护性能进行选用。
（4）穿戴要舒适方便，不影响工作。

二、发放要求

（1）企业应根据《劳动防护用品配备标准》为员工发放劳动防护用品，不得以货币或其他物品替代应当配备的护品；
（2）企业购买特种劳动防护用品必须具有"两证"，即生产许可证和产品合格证。
（3）企业应教育员工正确使用护品，做到"三会"：会检查护品的可靠性，会正确使用护品，会正确维护保养护品；
（4）企业应按照产品说明书的要求，及时更换、报废过期和失效的护品；
（5）企业应建立健全护品的购买、验收、保管、发放、使用、更换、报废等管理制度和使用档案，并进行必要的监督检查。

第三节　劳动防护用品的正确使用方法

使用前应先做外观检查，包括外观有无缺陷或损坏，各部件组装是否严密，启动是否灵活等。
使用应在性能范围内，不得超极限使用；不得使用未监测和检测不达标的产品；不得使用无安全标志的特种劳动防护用品；不能随便代替，更不能以次充好。
严格按照使用说明书正确使用劳动防护用品。

第四节 高处作业的劳动保护用品

高空作业除坠落危险外，作业环境还有日晒风吹、碰撞、粉尘、浸水、酸碱的危害，为保护高空作业人员的安全健康，国家标准 GB 23525－2009 对作业员工的劳动保护用品提出了要求。

我国的劳动保护用品生产企业，也开发了适合高空清洗行业的作业人员专用的服装、鞋帽等劳动保护用品，并根据高空清洗行业的作业人员的实际需求不断改进提高。随着高空清洗行业的发展，本行业的劳动保护用品会越来越完善。

一、安全帽

头部伤害造成死亡和重伤的危险性很大。存在从高处坠落物体的作业场所和作业者本身有坠落危险的高空作业场所，都必须使用安全帽（图 11－1）进行防护。竹编安全帽见图 11－2。

图 11－1 安全帽实物照片　　　　图 11－2 竹编安全帽实物照片

安全帽对头部的防护，是利用帽体和帽衬的缓冲结构，使瞬间冲击力分散和吸收，来避免或减轻冲击力对头部伤害，高空坠落时，如果头部先着地而安全帽不脱落，还可以减轻撞击造成的伤亡。

安全帽主要由帽壳和帽衬组成。帽壳承担并分散冲击力，帽衬吸收冲击力，以减缓对头部的冲击。

安全帽的帽壳主要由塑料、玻璃钢、植物条、金属等材料制作。塑料帽应用较广。柳、藤、竹条编织的帽壳过去在我国广泛应用，由于不耐然，质量不易保证，近年来逐渐退出市场。但其帽体轻，透气性好，在冲击强度较低的作业场所比较适用，现在提倡环境保护，开发这种材料的帽壳前景看好。

安全帽的帽衬主要由塑料、合成纤维和棉织带制作。

安全帽的主要技术性能有冲击吸收性能，耐穿刺性能等，按 GB 2811—2007

《安全帽》的要求和检测方法检验合格才能采购使用。

使用安全帽要注意以下几个问题：

（1）使用要检查帽壳上是否有裂纹、伤痕，有损伤的安全帽会影响防护性能。

（2）安全帽的系带要系牢，否则在坠落物碰撞时会因安全帽脱落出现事故。

（3）受过强冲击的安全帽应当及时报废，不能继续使用。

（4）安全帽不应放在有酸碱腐蚀或高温日晒处保存。

二、清洗作业服

高空清洗工作所接触的是清洁剂和水，同时又是高空作业，操作时动作幅度较大，根据这些特点要求防护服装具备如下功能：

（1）防护服装要耐各种清洁剂的腐蚀，具有耐久的使用性。

（2）有足够的拒水性和耐水压性，使服装不易被水侵润，并且在一定的压力下不透水。保持工作人员内衣和皮肤不湿。

（3）服料具有足够的透气性，也就是服装有较好的舒适性。

（4）服装结构要紧凑，各部位不易裸露而透水。

（5）物品不能轻易脱落而发生危险。

根据上述性能要求，清洗作业服要采用经过特殊整理的防油拒水耐弱酸和弱碱的面料。服装既不沾水也不透水，还能承受一定的水压，可以保证不易浸湿内衣和皮肤，喷溅的水也不易透过面料，保证工作人员的干爽舒适。同时耐弱酸和弱碱，不能让含酸碱的液体渗透到纤维中并粘到皮肤上，保证工作人员的皮肤不受损伤。

图 11 - 3 清洗作业服

服装的结构设计适合工作环境，便于操作。为了使水不易透进衣内，服装采用四紧式：

（1）紧领口，领口采用可调节松紧度的魔术贴，保证水不能从领口进入。

（2）紧下摆，分体式的服装下摆内与裤腰有连接条，避免弯腰操作时，腰间裸露进水。

（3）紧袖口，袖口可套在手套上，带锁紧条，避免从袖口进水。

（4）紧裤脚，裤脚可套在高腰鞋上，用锁紧条锁紧避免进水。

为了防止空中作用物品坠落，服装不做斜插兜，只做上衣带盖兜和大腿带盖兜。这样即可防止兜内物品坠落，又可防止存水。

专门为高空清洗行业研制开发的清洗作业服（图 11 - 3）具备以上全部功能。

三、清洗作业鞋（靴）

足部防护是指根据作业环境的有害因素，穿用特指的鞋（靴），以防止可能发生的足部伤害。高空清洗作业对足部伤害因素主要是是弱酸碱清洁剂或水长期浸渍的损伤。

1. 功能

（1）鞋面材料具有抗油拒水和抗弱酸碱功能，防止清洗液流入鞋内，保护清洗作业人员的健康。

（2）鞋面材料具有透气透湿功能，提高穿着舒适性。

（3）鞋底应为软底。鞋底材料除具备一般鞋底的机械物理性能外，要求突出防滑性能和鞋底不掉色性能。防止损坏被清洗物。

（4）鞋的结构要求轻便，宜穿脱。并能与清洗作业服配套使用，防止清洗时液体流入鞋内。

2. 结构

（1）外底为模压硫化牛筋防滑大底，防滑耐磨，不污染物体。内底为高密度微发泡橡胶海绵，柔软舒适。

（2）帮面为抗油防水面料，帮里为本白棉布。鞋帮面布、里布属棉质材料，具有吸潮，防臭性能，解除了全胶靴的闷、潮、涨的不舒适感。鞋面具有防水、防酸碱性能。

（3）鞋帮跗面全封闭，鞋舌处为封闭式，更具防水性能。

（4）软式高帮、中帮或低帮，可与清洗作业防护服配套穿用。

专门为高空清洗行业研制开发的清洗作业鞋（图11-4）具备以上全部功能。

图 11-4　清洗作业鞋（靴）

四、眼面护具

眼面部是人体直接暴露的地方，容易受到伤害，特别是眼睛的伤害对人危害最大，所以在作业中一定要采取必要的防护措施。眼面部的防护用品主要有各种防护眼镜，防护面罩等。

高空清洗作业主要是防止含酸碱的清洁剂液体飞溅或滴落到眼睛里。在进行高压冲水作业时也可防护沙粒飞溅面部或眼睛。GB 23525—2009 规定，根据作业需要佩戴眼护具或面罩。

眼护具或面罩一般由有机玻璃或透明塑胶片制作。可见光透过率要在 89％以上，质轻，强度高，屈光度符合要求。

结构形式有多种，眼镜有普通型、带侧护罩型。面罩有头戴式和与安全帽组合式，组合式可与安全帽连接使用，也可单独使用。使用时可上下翻动，便于作业。防护眼镜见图 11－5，带安全帽的防护眼镜见图 11－6，防护面罩见图 11－7，带安全帽的防护面罩见图 11－8。

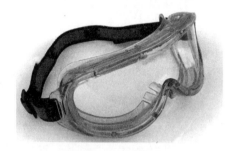

图 11－5　防护眼镜

图 11－6　带安全帽的防护镜

图 11－7　防护面罩

图 11－8　带安全帽的防护面罩

五、手套

手部伤害虽然不会致命，但由于手是人的主要工作器官，手部的损伤会给生活带来很多不便，造成很大痛苦，所以对手的防护不可忽视。GB 23525—2009 规定根据作业需要佩戴防护手套。

高空清洗作业时手部受到的主要伤害是弱酸碱清洁剂长期浸渍的损伤。可以根据清洁剂酸碱度选择。酸碱度大的场合选用耐酸碱手套，酸碱度轻的可选一般作业用乳胶手套。

耐酸碱手套按材料分为橡胶、乳胶和塑料手套。现在常用塑料手套，采用聚氯乙烯塑料浸膜成型，具有质地柔软、适合手型、弯曲灵活等特点。缺点是耐用性较差。

使用时注意：

（1）根据接触酸碱的种类和浓度选择手套类型。

（2）使用前必须检查手套是否完好或漏气。

（3）防止手套与尖锐物体接触，以免刺破刺伤。

（4）使用后应立即用水冲洗，存放在通风阴凉处，不得烘烤和在阳光下曝晒，以免加速老化而变质。

六、安全带

以前高空清洗行业使用的安全带有单腰带式的架子工安全带和通用Ⅲ型双背带式安全带。架子工安全带的安全绳连接点在腰带上，坠落时身体腰部受力，脊椎容易受伤。通用Ⅲ型双背带式安全带的安全绳连接点在背部，受力点比单腰带式安全带好，但由于有腰带，腰部还会容易受伤。因为这些缺点，当发生坠落时，往往是人命保住，身体伤残。俗称"保命不保健康。"

随着科学技术的进步和发展，新材料、新产品不断出现；使用人员的保护意识日益增强；国家日益重视对人身健康与安全的管理，强调劳动保护用品的质量和防护效果；特别是中国加入 WTO 后，安全带产品的在功能和质量上出现了同国际水平接轨的要求。GB 6095—2009《安全带》吸收国际先进技术，以全身式坠落悬挂安全带替代了通用Ⅲ型双背带式安全带。

GB 23525—2009《座板式单人吊具悬吊作业安全技术规范》根据国际先进安全理念，与国内新修订的安全带标准相一致，取消了上述两种安全带，规定使用全身式坠落悬挂安全带，如图 11-9、图 11-10 所示。

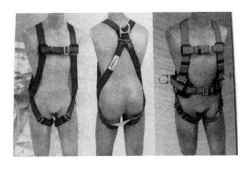

图 11-9　坠落悬挂安全带

图 11-10　坠落悬挂安全带实物照片

　　坠落悬挂安全带用化纤材料制作成织带。织带分为直接受力的主带（如背带）与不直接受力的辅带（如胸带）。主、辅带及调节扣扎紧扣等金属件按要求连接并缝制在一起，制成坠落悬挂安全带。

　　坠落悬挂安全带是全身式安全带。它没有腰带，受力点在大腿和躯干，受力点多，受力面积大，腰部单位面积受力减少，腰椎和内脏不易受伤。

　　安全带是国家生产许可证管理的劳动保护用品，各生产企业必须接受国家劳动保护用品质量监督检验机构的质量监督，高空清洗企业和高空清洗工人要使用符合国标要求的经检验合格的安全带。

第十二章 作业机械设备安全管理

第一节 高处作业吊篮

一、概述

（一）高处作业吊篮的组成

吊篮主要由悬挂机构、悬吊平台、提升机、电气控制系统、安全保护装置、工作钢丝绳和安全钢丝绳组成，如图 12-1 所示。

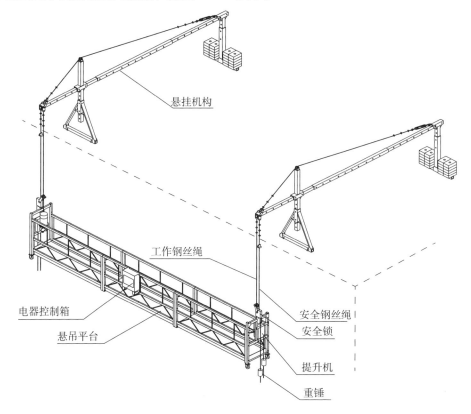

图 12-1 高处作业吊篮的组成

1. 悬挂机构

悬挂机构是架设于建筑物或构筑物上，通过钢丝绳悬挂悬吊平台的机构，如图 12-2 所示。

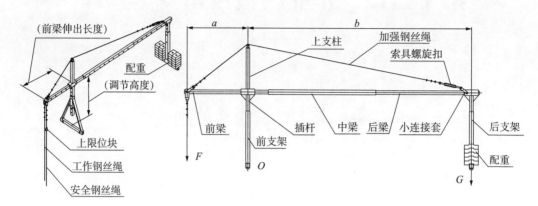

图 12-2 悬挂机构

最常见的悬挂机构类似与杠杆，由主梁和配重组成，后部配重平衡悬吊部分的工作载荷。主梁由前梁、中梁、后梁互相插接形成。前、后梁均可伸缩，使其具有不同的悬伸长度。前梁前端装有安全钢丝绳和工作钢丝绳。后支架下部装有立管，用于码放配重块。横梁上方装有张紧钢丝绳，用以增强主梁的承载能力。

2. 悬吊平台

悬吊平台是四周装有护栏，用于搭载作业人员、工具和材料进行高处作业的悬挂装置，如图 12-3 所示。悬吊平台按材质可分为铝合金和钢结构，一般由 1～3 个基本节及两端的提升机安装架拼装而成。

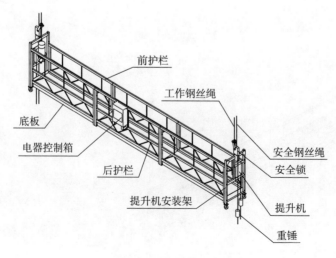

图 12-3 悬吊平台

3. 提升机

提升机是通过钢丝绳使悬吊平台上下爬升运行的机构，主要由电动机、减速系统、绳轮、限速器和制动器组成，如图 12－4 所示。提升机在悬吊平台升降时，不收卷或释放钢丝绳，由绳轮与钢丝绳之间产生的摩擦力带动悬吊平台上下运动。

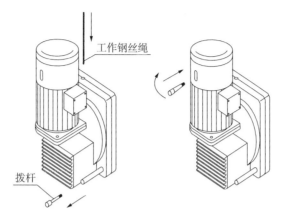

图 12－4　提升机

4. 电气控制系统

电气控制系统由电气控制箱、电磁制动电机、上限位开关和手握开关等组成，如图 12－5 所示。在电气控制箱上设有上、下操作按钮、调平转换开关和急停按钮，并设有手握开关。

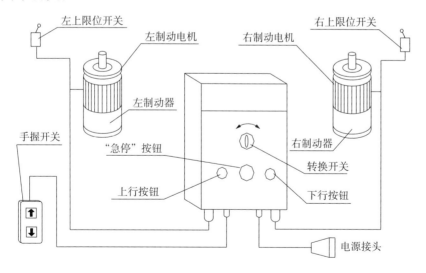

图 12－5　电气控制系统

操作控制电路由 36V 低压电源控制，操作安全、方便。工作时，可在电器箱上对吊篮进行操作，也可通过手握开关进行操作。电机可同时运行，也可以单独运行，电气控制箱面板上的转换开关可实现电机同时运行和单独运行的切换。

在悬吊平台工作区域的上限位置设置上限位块，上限位行程开关触及上限位块后，电机停止运行，报警铃响。此时悬吊平台只能往下运行。

5. 安全保护装置

吊篮的安全保护装置包括安全锁、限位装置、限速器和超载保护装置。

（1）安全锁

安全锁是保证吊篮安全工作的重要部件，如图 12-6 所示。当提升机故障或工作钢丝绳破断，悬吊平台发生超速下滑、倾斜等意外情况时，安全锁能迅速将悬吊平台锁定在安全钢丝绳上。根据工作特性可分为离心限速式和摆臂防倾式。

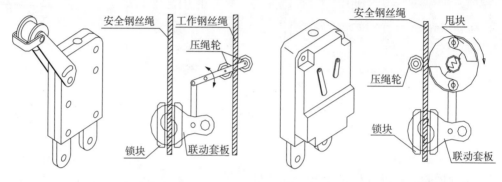

（a）摆臂防倾斜式安全锁　　　　　　　　　　（b）离心限速式安全锁

图 12-6　安全锁

①离心限速式安全锁。此类安全锁设有绳速离心触发机构。安全钢丝绳由入绳口进入压紧轮与转盘间，当悬吊平台上下运行时摩擦力带动压紧轮和转盘转动，在转盘上设有甩块，当悬吊平台因故障或工作钢丝绳断裂下降速度达设定值时（不大于1.5倍额定速度），甩块产生的离心力克服弹簧拉力向外甩开触发锁绳机构动作，锁块锁紧安全钢丝绳，悬吊平台停止下降、在200mm范围内停住。

②摆臂防倾斜式安全锁。此类安全锁设有悬吊平台倾斜角度及工作钢丝绳张力锁绳触发机构。当悬吊平台倾斜达设定值或工作钢丝绳断裂、松弛时，触发锁绳机构动作，使锁块锁紧安全钢丝绳，悬吊平台停止下降，在200mm范围内停住。

（2）限位装置

限位装置分为上、下限位装置，一般安装在悬吊平台两端顶部和底部工作钢丝绳附近，由安装在钢丝绳上的档块触发。当悬吊平台到达预设极限位置时可断开运行电路，使悬吊平台停止上升或下降。此时应将悬吊平台及时脱离极限位置。

（3）限速器

提升机电动机输出轴端装有离心限速器。当悬吊平台下降速度超过1.2倍额定下降速度时，限速器的转速随之加快，甩块由于离心力的作用向外张开，限速片与制动毂内壁摩擦。

（4）限载保护装置

限载保护器一般设在提升机与悬吊平台的连接处或提升机内。当悬吊平台超载时，销轴压力或钢丝绳的张力加大，超载保护装置启动，断开悬吊平台运行电路，使悬吊平台停止运行。需卸去多余载荷后方可正常运行。

6. 钢丝绳

吊篮钢丝绳分外工作钢丝绳和安全钢丝绳，工作钢丝绳的作用是牵引悬吊平台升降并且承受悬吊平台悬空作业的全部载荷。安全钢丝绳的作用是与安全锁配套，对吊篮起安全保护作用。吊篮正常作业过程中，工作钢丝绳承受吊篮悬吊平台极其所载重物的重量，安全钢丝绳不承受任何重量。当吊篮悬吊平台发生倾斜超过一定角度时，安全锁动作将悬吊平台锁定在安全钢丝绳上，此时吊篮悬吊平台极其所载重物的重量由安全钢丝绳承担。

（二）高处作业吊篮安全技术要求

1. 悬挂机构

（1）正常工作状态下，悬挂机构的抗倾覆力矩与倾覆力矩之比不得小于 2。

（2）悬挂机构应有足够的强度和刚度。

（3）单边悬挂悬吊平台时，悬挂机构应能承受平台自重、额定载重量及钢丝绳的自重等

（4）配重应准确、牢固地安装在配重点上。配重块应标有质量标记。

（5）建筑物或构筑物支承处应能承受吊篮的全部重量。

2. 悬吊平台

（1）悬吊平台应有足够的强度和刚度。

（2）悬吊平台四周装有固定的安全护栏并设有腹杆，工作面的护栏高度不应低于 0.8m，其他部位则不应低于 1.1m。底部装有防滑板。底板排水孔直径不应大于 10mm。底板的最小承载能力为 200kg/m²。护栏能承受 1000N 的水平集中载荷和 1000N 垂直集中载荷。

（3）悬吊平台在工作时倾斜角度不应大于 8°（图 12 − 7）。

（4）悬吊平台上设有操纵用按钮开关，操纵系统应灵敏可靠。

（5）悬吊平台应设有靠墙轮或缓冲装置。

（6）悬吊平台上应醒目地注明额定载重量及注意事项。

3. 提升机

（1）提升机应能承受 125％ 额定提升力。提升机与悬吊平台应连接可靠。

（2）提升机应具有良好的穿绳性能，不得卡绳和堵绳。

（3）减速器不得漏油，渗油不得超过一处。（渗油量在 10min 内超过一滴为漏

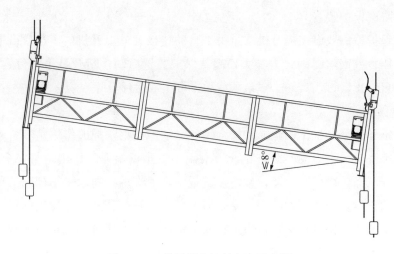

图 12 - 7　悬吊平台倾斜角度示意图

油，不足一滴为渗油）

（4）制动器必须设有手动释放装置，动作应灵敏可靠。当停电或电源故障时，作业人员能安全撤离。

4. 电气控制系统

（1）电气控制系统供电采用三相五线制。接零、接地线应始终分开，接地线应采用黄绿相间线。

（2）吊篮的电气系统应可靠接地，接地电阻不应大于 4Ω，在接地装置处应有接地标志。电气控制部分应有防水、防震、防尘措施。其元件应排列整齐，连接牢固，绝缘可靠。电控柜门应装锁。

（3）控制按钮开关动作应准确可靠，标识清晰、准确。其外露部分由绝缘材料制成，应能承受 50Hz 正弦波形、1250V 电压、为时 1min 的耐压试验。

（4）带电零件与机体间的绝缘电阻不应低于 $2M\Omega$。

（5）电气系统必须设置过热、短路、漏电保护等装置。

（6）悬吊平台上必须设置紧急状态下切断主电源控制回路的急停按钮。急停按钮为红色，并有明显的"急停"标记，不能自动复位。

（7）应采取防止随行电缆碰撞建筑物、过度拉紧或其他可能导致损坏的措施。

5. 安全保护装置

（1）安全锁技术要求

①安全锁在锁绳状态下应不能自动复位。

②安全锁承受静力试验载荷时，静置 10min，不得有任何滑移现象。

③安全锁与悬吊平台应连接可靠。

④离心触发式安全锁锁绳速度应不大于 30m/min。

⑤摆臂防倾斜式安全锁锁绳角度应不大于8°。

⑥锁绳距离应不大于200mm。

⑦安全锁必须在有效标定期限内使用，有效标定期限不大于1年。

（2）限速器技术要求

手动滑降装置应灵敏可靠，下降速度不应大于1.5倍的额定速度。

6. 钢丝绳

（1）钢丝绳安全系数不应小于9。

（2）工作钢丝绳最小直径不应小于6mm，安全钢丝绳宜选用与工作钢丝绳相同的型号、规格。在正常运行时，安全钢丝绳应处于悬垂状态。安全钢丝绳必须独立于工作钢丝绳另行悬挂。钢丝绳下部应配置重锤。

（3）钢丝绳绳端的固定应符合GB 5144—2006《塔式起重机安全规程》的有关规定，钢丝绳的检查和报废应符合GB/T 5972—2016《起重机　钢丝绳　保养、维护、安装、检验和报废》的有关规定。

二、高处作业吊篮安全管理责任、要求与制度

（一）安全管理主体责任

1. 产权单位

产权单位（包括租赁单位和自有使用单位）对其提供的吊篮产品质量和安全技术性能富有安全责任。

产权单位应当对配备专业维修保养人员，对吊篮进行定期检查、维护和保养。

产权单位应当对吊篮作业人员在使用前进行安全交底。

产权单位要委托具有安全锁标定能力的生产厂家或资质机构对安全锁进行标定。

2. 装拆单位

装拆单位对吊篮的安装、移位质量和安装、移位拆卸作业负有安全责任。

装拆单位在作业前应当编制吊篮安装、移位、拆卸安全专项施工方案和事故应急预案。

装拆单位应当对吊篮安装、移位、拆卸作业人员进行安全技术交底，确保安装、移位、拆卸作业人员的安全。

3. 使用单位

使用单位对吊篮在施工现场使用负有安全责任。

使用单位负责组织对吊篮进场、安装、移位的验收，制定吊篮安全操作规程和事故应急救援预案，向装拆单位提供保障吊篮安装、移位、拆卸安全作业的相关施工基础资料和现场条件，对吊篮作业人员进行安全操作培训教育，对在用吊篮进行

日常安全检查。

实行施工总承包的项目，总承包单位和分包单位对吊篮作业安全承担连带责任，分包单位应当服从总承包单位的安全管理。

4. 监理单位

监理单位对施工现场在用吊篮的安装、移位、使用、拆卸安全负有监理责任。

监理单位应当对吊篮安装、移位、拆卸安全专项施工方案进行审查，对吊篮定期检查、维修保养、安全防护、操作使用情况实施监理。

监理单位在监理过程中，发现吊篮存在安全事故隐患的，应当要求吊篮安拆单位或使用单位整改；情况严重的，应当要求立即停止作业，并及时报告建设单位。有关单位拒不整改或停止作业的，监理单位应当及时向建设行政主管部门报告。

（二）安全管理基本要求

（1）从事高处作业吊篮工程的施工单位必须取得相应的专业承包资质，并在规定的范围内，从事高处作业吊篮的设计、制作、安装和施工。

（2）高处作业吊篮产品必须经鉴定或项目验收后方可投入生产。

（3）高处作业吊篮应符合 GB 19155《高处作业吊篮》、JGJ 202《建筑施工工具式脚手架安全技术规范》的规定。

（4）施工总承包及使用单位必须将高处作业吊篮专业工程发包给具有相应资质等级的专业承包队伍，应签订专业工程承包合同，并明确双方的安全生产责任。

（5）高处作业吊篮安装前，应根据工程结构、施工环境等特点编制专项施工方案并经总承包及使用单位技术负责人审定，项目总监理工程师审核后实施。

（6）安装、使用、移位、拆卸等作业前，应向有关作业人员进行安全技术交底。

（7）施工总承包单位必须对施工现场的使用的高处作业吊篮进行监督检查，主要内容应包括：

①应对高处作业吊篮专项施工方案进行审查；

②应对高处作业吊篮专业承包单位人员配备和有关人员的资格进行审查；

③高处作业吊篮安装、移位后，应组织专业承包单位、监理等单位进行验收；

④应定期组织对高处作业吊篮使用情况进行安全检查。

（8）工程监理单位应对高处作业吊篮专业工程进行安全监理。主要内容应包括：

①应对高处作业吊篮专项施工方案进行审查；

②对专业承包单位的资质及有关人员的资格进行审查；

③参加总承包单位组织的验收和定期检查；

④在高处作业吊篮的安装、移位、拆除等作业时应进行旁站监理。

⑤发现存在隐患时，应要求限期整改，对拒不整改的，应及时向建设单位报告。

（9）建设单位接到监理单位报告后，对拒不整改的应责令立即停工整改。

（10）从事高处作业吊篮安装（拆卸）、操作作业的人员，必须经专门培训，考核合格持证上岗。

（11）专业承包单位应设置专业技术人员、专职安全管理人员、从事企业与施工现场管理与监督。

（12）高处作业吊篮的整机检测和安全锁的标定应按期进行。安全锁的标定期不得超过1年。安全锁受冲击载荷后应进行解体检验、标定。

（13）高处作业吊篮设备存在严重事故隐患，经检验不符合国家标准或行业标准的，应予以报废。

（三）施工安全管理制度

1. 岗位责任制度

（1）技术负责人岗位责任制

①贯彻执行国家、行业、地方有关起重机械、施工现场临时用电等强制性标准、规范、规程，负责吊篮等建筑机械安拆方案的审核工作。

②负责吊篮等建筑机械大修方案的审核，负责吊篮等建筑机械技术更新方案及重要部件更换方案的审核工作。

③主持例会，解决平时工作上所发现的安全技术问题和质量问题，提出科学合理的方案措施。

④监督高处作业吊篮管理人员的技术培训、考核工作，严格执行设备管理人员和特种作业人员持证上岗的规定。

⑤负责指导、督促高处作业吊篮的维修、检测验收等资料的搜集、整理和归档工作，并做到资料齐全、真实可靠。

⑥积极配合上级主管部门对吊篮等建筑机械的安全大检查，并就检查出的问题定人员、定时间、定措施进行整改。

（2）专职安全员职责

①负责宣传、执行国家和本市有关安全施工、劳动保护的政策，法规和规章制度，协助领导做好安全施工的具体管理工作。

②负责制定本企业安全施工计划，监督改善劳动条件。

③对安全管理制度的执行情况进行日常监督检查，随时查找管理制度漏洞，并及时完善。

④定期进行安全施工检查。发现重大隐患时，有权指令停止施工，并立即报告领导处理。

⑤有计划地组织对员工进行安全生产教育和培训，组织新员工入厂三级教育。

开展安全生产宣传，配合劳动监察部门搞好特殊作业人员的安全教育和考核工作。

⑥参加因工伤、亡事故的调查处理，进行伤亡事故的登记、统计、分析、报告并做好事故的预测预防工作；提出防范措施，督促按期实现。

⑦负责本公司重点施工项目、重大隐患、危险源的统计上报工作。督促、协助有关部门做好本企业各类特种设备及厂内机动车辆的年审、取证工作。对本企业的特殊工种作业人员及各类特殊设备的持证上岗和持证运行情况进行监督、检查。

⑧督促有关部门和单位，按照有关规定按时发放个人防护用品（具）和夏季防暑降温药品、饮料，并指导员工正确使用；督促有关部门每年春季对高温作业、尘毒作业员工进行体格检查，做好女工和未成年工的特殊劳动保护工作。

（3）高处作业吊篮电工岗位职责

①必须经过专业的技术培训并取得特种作业资格证书。

②熟练掌握电工技术和使用高处作业吊篮等电器设备。

③熟练掌握高处作业吊篮的操作技术。

④严格遵守安全操作规程，确保用电安全。

⑤作业前，检查作业环境是否符合劳动安全卫生条件，严禁带电操作。

⑥作业期间必须按规定穿戴劳动防护用品，高空作业必须系好安全带。

⑦严禁使用不合格的电器材料、电器设备

⑧对违章指挥、强令冒险作业，有权拒绝执行。

⑨对危害生命安全和身体健康的行为，有权制止并提出批评、检举和控告。

⑩检查和维护保养高处作业吊篮的电器装置、电工器材等，确保安全使用。

（4）高处作业吊篮操作工岗位职责

①必须经过高处作业吊篮产权单位的吊篮操作培训并通过考试获得高处作业吊篮操作资格证书。

②熟练掌握高处作业吊篮的操作技术。

③严格遵守安全操作规程，严格按施工程序操作高处作业吊篮。

④作业前，检查作业环境是否符合劳动安全卫生条件，使用的材料和设备是否安全可靠。

⑤作业期间，必须按规定穿戴劳动防护用品，高空作业必须系好安全带。

⑥作业期间，要集中精力，听从指挥，严禁酒后作业。

⑦对违章指挥、强令冒险作业，有权拒绝执行。

⑧对危害生命安全和身体健康的行为，有权制止、检举和控告。

（5）高处作业吊篮安装拆卸工岗位职责

①必须经过专业的技术培训并取得特种作业资格证书。

②根据施工现场需要进行高处作业吊篮安装拆除作业时，按照高处作业吊篮安

装拆卸专项方案的内容进行高处作业吊篮安装拆除施工。

③与使用单位提供的辅助人员沟通，遵守施工现场的各项规定并听从专业技术人员的指导和指挥。

④绝不允许在产权单位不知情的情况下私自安装、拆除。

⑤作业前，检查作业环境是否符合劳动安全卫生条件，使用的材料和设备是否安全可靠。

⑥作业期间，必须按规定穿戴劳动防护用品，高空作业必须系好安全带。

⑦作业期间，要集中精力，听从指挥，严禁酒后作业。

⑧对违章指挥、强令冒险作业，有权拒绝执行。

⑨对危害生命安全和身体健康的行为，有权制止并提出批评、检举和控告。

⑩经常检查和维护保养设备和使用工具。

（6）高处作业吊篮维修工岗位职责

①依据机械保养制度，对新购入的吊篮或大修后的吊篮要按使用说书的规定进行检测调试；对闲置的高处作业吊篮做好防腐、防锈、防雨工作，结合机械性能完好情况，做好机械检修、保养和油漆工作。

②进入夏季或冬季前，要对吊篮进行换季保养，主要是更换适合季节的润滑油。

③吊篮等机械在转场使用前，要根据具体情况对其进行保养，以利于机械在进入新工地后能立即投入施工生产。

④派驻工地的维修人员对在工地使用的吊篮进行检查，如实反映检查中发现的问题，同时填写吊篮日检记录、使用记录和维修记录。

⑤派驻工地的维修人员负责施工项目中使用的吊篮的运行情况，不定期对其进行巡视检查，及时发现机械运行中存在的安全隐患，并安排整改，确保机械安全运行。

⑥负责每月对公司自有的吊篮进行全面检查，发现问题，及时整改，并填写好吊篮巡视检查记录和维修保养记录。

⑦作业期间，必须按规定穿戴劳动防护用品，高空作业必须系好安全带。

⑧作业期间，要集中精力，听从指挥，严禁酒后作业。

⑨对违章指挥、强令冒险作业，有权拒绝执行。

⑩对危害生命安全和身体健康的行为，有权制止并提出批评、检举和控告。

2. 设备安全管理制度

（1）设备选购制度

①购吊篮的原则是：技术上先进，经济上合理，生产上适用。

②吊篮使用可采用购置、调剂或租赁的形式，应根据工程需要、公司现有吊篮数量及状况和吊篮租赁市场的发展情况来决定。

③选购进入工地的高处作业吊篮必须是正规厂家生产，必须具有《出厂检验合格证书》、吊篮产品使用说明书。

④严禁购置和租赁国家明令淘汰产品，规定不准再使用的机械设备。

⑤严禁购置和租赁经检验达不到安全技术标准规定的机械设备。

⑥严禁租赁存在严重事故隐患，没有改造或维修价值的机械设备。

⑦吊篮到货后，应及时组织有关人员进行外观检验和品质检验，并进行试运转检验，均合格后方能办理验收手续，转为公司固定资产，正式投入使用。

（2）安装（拆卸）管理制度

①吊篮安装前须向吊篮使用地主管部门进行告知，编制安装（拆卸）方案。

②不得安装属于国家、本省明令淘汰或限制使用的吊篮。

③高处作业吊篮的安装、拆除，应当依照高处作业吊篮安全技术规范及本规定的要求进行，并对其安装的吊篮的安全质量负责。

④从事高处作业吊篮安装、拆除的作业人员及管理人员，应当经建设行政主管部门考核合格，取得国家统一格式的高处作业吊篮人员岗位证书，方可从事相应的作业或管理工作。

（3）现场使用管理制度

①吊篮作业人员必须经安全培训后方可上岗作业。

②作业人员必须正确佩戴个人防护用品。

③操作必须严格执行高处作业吊篮技术操作规程和技术交底。

④非高处作业吊篮作业操作要追查责任者，并按公司规定处理。

⑤作业人员必须在地面上下吊篮。

⑥作业人员在作业过程中严禁采用攀爬篮架、"荡秋千"等方式施工。

（4）管理、改造、维修制度

①对新购入的吊篮作为公司的固定资产进行管理。

②凡转入公司的固定资产的吊篮，应建立吊篮台账和吊篮登记卡。

③对吊篮逐台建立档案：从出厂、使用、维护到报废的全过程进行记录、整理和保管。

④凡转入公司的固定资产的吊篮设备，由公司财务部门按国家有关规定及时足额提取机械设备折旧费。机械设备折旧费属专项基金，不准挪为他用，由公司统一管理。

⑤吊篮磨损严重，基础件已损坏，进行大修已不能达到使用和安全要求的；技术性能落后，耗能高，无改造价值的；修理费用高，经济上不如更新合算的；因意外灾害或事故，使主要结构和总成件严重损坏，无法修复使用的或一次修理费用预计超过现值一半以上的；严重污染环境，不符合环保要求的；其他应当淘汰的。经

确认应当及时报废。

（四）人员管理基本要求

1. 对用人单位的管理要求

高处作业吊篮操作前，用人单位必须对高处作业吊篮作业人员登篮作业的基本条件和持证上岗情况进行审核并保留其审核资料，符合条件并持有证书的人员方可允许登篮操作。

施工现场专职安全生产管理人员应对高处作业吊篮作业人员登篮作业的基本条件和持证上岗情况进行监督检查。

2. 对作业人员的管理要求

高处作业吊篮作业人员登篮作业前，应当做到以下"五个必须"：

（1）必须持证上岗：高处作业吊篮作业人员必须符合登篮作业的基本条件，并取得《建筑施工高处作业吊篮作业人员培训合格证书》方可登篮从事高处作业。

（2）必须熟悉吊篮：高处作业吊篮作业人员作业前必须仔细阅读《吊篮使用说明书》的内容，熟知吊篮安全操作有关规定，对照《吊篮使用说明书》熟悉掌握操作按钮及其安全保护装置。

（3）必须确保安全：进入操作现场时，高处作业吊篮作业人员应在如下三个方面分别进行检查（或称"三查"）：

①首先应实地查看吊篮与《吊篮使用说明书》是否相符，检查吊篮各部件是否完好无损，安全检测是否有记录并在有效其内，安全保护装置是否符合要求；

②然后检查吊篮的操作环境（包括环境温度、相对湿度、现场风速等，夜间还必须检查工作照度）是否符合安全操作基本要求；

③最后检查周边工作环境。一是在吊篮运行范围内，必须与高压线或高压装置保持 10m 以上安全距离；二是吊篮运行上下无运行障碍物，特别是在作业上下不存在交叉作业现象；三是在吊篮作业下方，应设置警示线或安全保护栏，必要时设置安全警戒人员。

发现问题时应向使用单位反映。发现事故隐患或不安全因素时，作业人员有责任要求使用单位采取安全保护措施，无安全保护措施时作业人员有权拒绝登篮作业。

（4）必须做好防护：高处作业吊篮作业人员应要求用人单位配备安全帽、安全带、穿防滑鞋以及登篮作业的安全绳等劳动保护用品，无劳动保护用品或劳动保护用品不合格的，作业人员有权拒绝登篮作业；高空作业时，吊篮作业人员应有确保手持工具及吊篮上的材料不得坠落的防范措施。

（5）必须身体健康：高处作业吊篮作业人员必须做到登篮作业时身体状况良好，过度疲劳及身体或情绪异常者不得上岗，酒后严禁登篮作业。

三、高处作业吊篮作业过程安全管理

（一）吊篮施工前期的安全管理

（1）高处作业吊篮租赁企业与施工使用企业签订租赁合同。签订甲、乙双方安全管理协议，明确双方安全管理职责。高处作业吊篮租赁企业应有相应的租赁资格。

（2）高处作业吊篮租赁企业落实吊篮安装单位，签订高处作业吊篮的安装合同和甲、乙双方安全管理协议，明确各自安全管理职责。高处作业吊篮安装单位必须要有相关安装资质和安全生产许可证。

（3）安装单位技术人员编制高处作业吊篮安装（拆除）专项方案，经单位相关部门审核，最后经单位技术负责任人进行审批，涉及采用新技术、新工艺、新材料、新设备及尚无相关技术标准的高处作业吊篮安装方案，要组织专家对该方案进行论证，论证合格方能实施。

（4）安装单位将审核合格的高处作业吊篮安装（拆除）方案送使用单位及施工总承包单位进行审核。审核合格后，由总承包单位送监理单位进行审核。

（5）高处作业吊篮安装单位与高处作业吊篮使用单位及总承包单位签订安装安全管理协议，明确各方的安全职责。

（6）高处作业吊篮安装单位向当地建设行政安全管理部门进行高处作业吊篮安装告知。告知时应带下列管理资料：

①建设主管部门受理《建筑施工高处作业吊篮安装（拆卸）告知单》；

②高处作业吊篮租赁、安装合同和相关安全管理协议；

③《建筑施工高处作业吊篮安装（拆除）专项方案报审表》、《建筑施工高处作业吊篮安装（拆卸）分包单位审核表》和高处作业吊篮安装（拆卸）方案；

④高处作业吊篮产权证；

⑤安装单位资质证书、安全生产许可证副本（复印件）；

⑥安装单位委派的专职安全生产管理人员、专业技术人员名单及资格证（复印件）；

⑦安装高处作业吊篮人员的特种作业操作证书（复印件）；

⑧高处作业吊篮安装（拆卸）工程生产安全事故应急救援预案；

⑨获取高处作业吊篮安装告知回单。

（二）吊篮安装过程的安全管理

1. 基本要求

（1）根据高处作业吊篮安装（拆除）方案向安装人员进行技术交底；

（2）安装人员对高处作业吊篮各部件进行全面检查，检查合格方能安装；

（3）安装人员按高处作业吊篮安装（拆除）专项方案进行安装与调试，安装人员必须持特种作业人员操作证上岗。安装过程中必须有专业技术人员和专职安全管理人员进行现场管理监督。

（4）安装单位按《高处作业吊篮安装自检表》对每台高处作业吊篮进行安装质量验收。验收要定性与定量给出数据与结论，对不合格项进行整改，直至全面合格，签注验收意见，相关验收人员签字与盖章。

（5）安装单位向高处作业吊篮安装质量检测机构报送相关资料和高处作业吊篮安装告知回单，申请高处作业吊篮安装质量检测。检测机构按《高处作业吊篮安装质量检验表》进行检测，出具检测报告。吊篮安装质量检测机构对出具的检测报告内容负责。

（6）施工总承包单位在接到安装单位检测合格报告后，应组织高处作业吊篮产权单位、安装单位、使用单位、监理单位按《高处作业吊篮安装验收表》对高处作业吊篮进行验收。验收合格后，各方签注意见、签名和盖章。

2. 吊篮安装前的进场验收

吊篮使用单位要会同吊篮产权单位、安拆单位、工程监理单位共同对吊篮进行进场验收，并做好验收记录。吊篮进场验收应当核验以下内容：

（1）吊篮生产厂家、出厂日期、购机合同；

（2）吊篮及重要部位（提升机、安全锁）编号、吊篮使用及维修保养情况；

（3）吊篮整机《出厂检验合格证书》、吊篮产品使用说明书；

（4）吊篮安全锁标定证明、吊篮钢丝绳质量合格证明；

（5）吊篮提升机、安全锁、电控箱《出厂检验合格证书》；

（6）吊篮结构件的焊缝、裂纹、变形、磨损等以及钢丝绳外观；

（7）吊篮结构件的实际壁厚偏差不大于产品说明书中标明的设计壁厚的 10%，实际截面尺寸偏差不大于产品说明书中标明的设计截面尺寸的 5%。

（8）吊篮配重重量必须符合生产厂家的设计规定。

（9）吊篮及重要部件（提升机、安全锁、电控箱）维修保养记录。

3. 吊篮安装准备工作

吊篮安装（拆卸）工作需要一定的工作场地及辅助运输设备的配合，场地要求尽量为硬化地面以方便吊篮工作平台的拼装，如遇吊篮安装位置地面无法进行平台拼装，可采用在适宜位置地面进行平台拼装，完毕后使用现场塔吊将拼装完毕的吊篮工作平台起吊至安装位置，穿放钢丝绳后进行工作平台的起吊安装。

吊篮悬挂机构安装基本位于建筑物的顶部，所有悬挂机构的结构部件均需要运输至屋顶，可借用现场已有的起重设备（塔吊或施工升降机）进行运输。

施工现场应好做以下准备：

（1）清除吊篮安装部位的障碍物，以免影响安装。

（2）提供带有漏电开关和接地线的 380V 三相电源的配电箱。

（3）将吊篮搬运至使用方指定位置。

（4）按要求检查清点吊篮所有部件，准备垫块木料等辅助材料。

（5）在吊篮安装作业范围内设置防护和警示。

（6）按合同进行现场条件验收，符合要求后组织人员进场。

（7）在安装技术人员的指导下，将吊篮悬挂机构、钢丝绳和电缆线运抵屋面，工作平台、提升机、安全锁、电控箱等运抵地面相应安装位置。

4. 吊篮安装方法与基本程序

吊篮安装严格按照生产厂家的使用说明书、安全操作规程以及安装工艺流程进行施工。安装应遵循先上后下的原则，即先将悬挂机构安装完毕，准确定位，并做好安全防护措施后再进行悬吊平台的安装。

（1）整机安装流程

整机安装流程如图 12-8 所示。

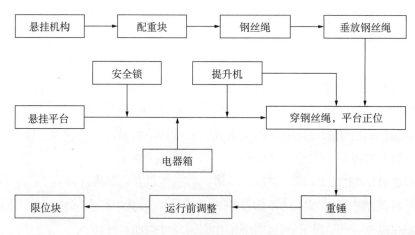

图 12-8　整机安装流程图

（2）悬挂机构的安装

悬挂机构安装于建筑物的预定安装层。将悬挂机构的零部件和钢丝绳吊运至预定安装层后，按平面图标注的位置进行安装。悬挂机构安装流程如图 12-9 所示。

①调节悬挂支架的前伸缩架，使前梁下侧面略高于女儿墙（或其他障碍物）高度，在可能的情况下，在悬挂机构定位后，在前梁伸出端下侧面与女儿墙间加垫木块固定。

②前梁伸出端悬伸长度通常根据作业面位置确定，前梁伸出距离在满足使用的情况下调整至最短距离。前、后座间距离在场地允许情况下，尽量调整至最大距离。

③组装完成后均匀紧固全部连接螺栓。

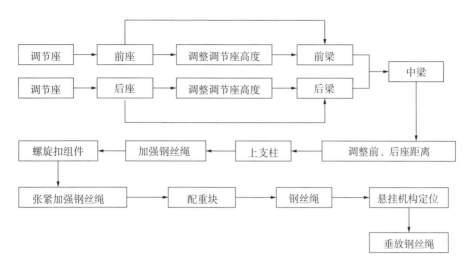

图 12-9　悬挂机构安装流程图

④悬挂支架定位后，应做妥善固定，带脚轮的支架应用插销固定。

⑤配重块每块 25kg，将配重块均衡套置于后座的配重块安装杆上，并做好固定和防倾防盗措施。配重数量不少于使用说明书的规定。

⑥当前梁悬伸长度过长或前后座间距离过短时，应根据抗倾覆系数要求进行验算，适当增加配重块数量以及减小悬吊载荷。

⑦张紧加强钢丝绳时，使前梁略微上翘 3~5cm，产生预应力，提高前梁刚度。

⑧装夹钢丝绳时，绳卡的数量不少于 3 个，在某些不便检查的位置可增加一个绳卡设置安全弯。绳卡应从吊装点处开始依次夹紧，绳卡间距应为钢丝绳直径的 6~8 倍，钢丝绳自由端最后一个绳卡的距离应不小于 100mm。绳卡压板设在受力钢丝绳受力一侧，不得一正一反交替布置。

⑨垂放钢丝绳时，将钢丝绳自由盘放在楼面，将绳头抽出后沿墙面缓慢放下。钢丝绳放完后应将吊篮一侧的工作钢丝绳和安全钢丝绳分开并固定，避免两根钢丝绳出现缠绕现象。

（3）悬吊平台安装流程

悬吊平台安装流程如图 12-10 所示。

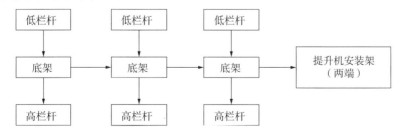

图 12-10　悬吊平台安装流程图

①选择平整的地坪做安装面。

②用底架、高、低栏杆分别把基本节组装并初步连接好，调整高、低栏杆，使它们保持在一条直线上，低栏杆应安装在施工面一侧。

③安装两端提升机安装架使安全锁支板朝向平台外侧。

④悬吊平台组装完成后均匀紧固全部连接螺栓。

⑤在低栏杆一侧的中部横杆的适当位置装好靠墙轮。

（4）安全锁及提升机的安装

安全锁和提升机分别安装于悬吊平台两端提升机安装架上的安全锁支架和提升机支架中，安全锁安装时使摆臂滚轮朝向平台内侧。

提升机安装于悬吊平台内，安装时将提升机搬运至悬吊平台内，使提升机下方的安装孔对准悬吊平台安装架上的提升机支座，插入销轴并用锁销锁定后，在提升机箱体上端用二只连接螺栓将提升机固定在提升机安装架的横框上；也可以在通电后，在悬吊平台外将工作钢丝绳穿入提升机内，并点动上升按钮将提升机吊入悬吊平台内进行安装。采用后一种方法安装时，须将提升机出绳口处稳妥垫空，并在钢丝绳露出出绳口时用手小心将绳引出，防止钢丝绳头部冲击地面受损。

（5）电控箱安装

电控箱安装于悬吊平台中间部位的高栏杆上，电箱门朝向悬吊平台内侧，再将电控箱固定在栏杆上。电控箱安装固定后，将电源电缆、电机电缆、操纵开关电缆的接插头插入电箱下端的相应插座中。

（6）通电检查

①电源电缆可靠固定，接通电源。

②顶面悬挂机构安放平稳，固定可靠，连接螺栓无松动，平衡配重块固定可靠。

③钢丝绳连接处的绳卡装夹正确，螺母拧紧可靠。

④悬垂钢丝绳应分开，无打结、缠绕和折弯。

⑤提升机、安全锁及悬吊平台安装正确。连接可靠，螺栓无松动或虚紧，连接处构件无变形或开裂现象。

⑥电缆接插件接插正确无松动，保险锁扣可靠锁紧。

⑦建筑施工立面上无明显凸出物或其他障碍物。

⑧闭合电箱内开关，电气系统通电。

⑨将转换开关分别置于左、右位置，点动操纵开关的上升和下降按钮，左、右提升机电机正反运转。

⑩将转换开关置于中间位置，分别点动操纵开关的上升和下降按钮，左、右提升机电机同时正反运转。

⑪将转换开关置于中间位置，启动左右提升机后，按下电箱门上紧停按钮（红

色），电机停止运转。旋动紧停按钮使其复位后，可继续启动。

⑫将转换开关置于中间位置，启动左右提升机后，分别按下各行程开关触头时电机应停止运转。放开触头后，可继续启动。

（7）穿工作钢丝绳

穿工作钢丝绳：位于悬挂机构内侧位置的两根钢丝绳是工作钢丝绳，穿入提升机内。

①将钢丝绳穿入端穿过安全锁摆臂上的滚轮槽后，插入提升机上端进绳口，至插不进时将钢丝绳略为提起后用力下插，使钢丝绳插紧在提升机内。

②转动转换开关并按下相应的上升按钮，使钢丝绳平衡地自动穿入提升机。

③将穿出的钢丝绳通过提升机支架下端，垂直引放到悬吊平台外侧并盘放好。

④两端提升机分别穿绳至钢丝绳拉紧时即刻停止，然后将转换开关转至中间位置，点动上升按钮，同时拉住悬吊平台两端，使其在自重作用下平衡处于悬吊状态，防止悬吊平台离开地面时与墙面或其他物体撞击。待悬吊平台离地面 $20\sim30\mathrm{cm}$ 时停止上升，并检查悬吊平台是否处于水平状态，如有倾斜，可将转换开关转至低端，并点动上升按钮，使悬吊平台运行至水平位置。

（8）穿安全钢丝绳

将位于悬挂机构外侧的钢丝绳，穿入安全锁内。穿绳时先将安全锁摆臂向上抬起，再将钢丝绳穿入安全锁上方的进绳口中，用手推进，自由通过安全锁后，从安全锁下方的出绳口将钢丝绳拉出，直至将钢丝绳拉紧。

（9）安装重锤

重锤是固定在安全钢丝绳下端用来拉紧和稳定钢丝绳，避免影响悬吊平台正常运行。安装时，将两个半片夹在钢丝绳下端离开地面约 $5\sim6\mathrm{cm}$ ，然后用螺栓紧固于钢丝绳上。

（10）安装上限位

当工作吊篮上升时，装在安全锁上的限位开关碰触上限位块，可使吊篮停止上升，保障施工安全。

（11）安全大绳及自锁器的安装

安全大绳应固定在建筑物顶部的牢固处，并处于悬垂状态。切不可将安全大绳固定在悬挂机构上。安全大绳正确固定后应放置于吊篮的中间，不得攀挂在悬挂机构和悬吊平台上。自锁器直接安装在安全大绳上，不得装反。

5. 吊篮安装检验和验收

安装检验和验收的内容包括吊篮档案资料和吊篮整机安装质量的检验。从事检验的机构应是受委托的具有相应资质的检验机构。吊篮验收应由使用单位组织安装、租赁和监理单位进行共同验收。高处作业吊篮安装检验原始记录表见表 12-1。

表 12－1　高处作业吊篮安装检验原始记录表

项目	检验项目	审核结果	备注
技术资料	资质证书		
	产品合格证		
	安装及作业人员上岗证		
	使用说明书		
	吊篮平面布置图		
	安装前检查表		
	设备安装方案		
	安装合同或任务书		
	安全操作规程及日常维护保养记录		
钢结构	悬挂机构、吊篮平台等钢结构无扭曲、变形、裂纹和严重锈蚀		
	结构件各连接螺栓齐全、紧固、使用正确、有放松措施，螺栓高于螺母 0～3 扣；所有连接销轴规格正确，并均有可靠轴向止动，规范使用开口销		
悬吊平台	底板牢固、可靠、无破损，应有放滑措施		
	安全扶栏可靠、有效，靠建筑物一侧高度≥80cm，其他 3 侧高度≥100cm		
	四周挡板完整、无间断，高度≥10cm，与底板间隙≤5mm		
	与建筑墙面见应有导轮或缓冲装置		
钢丝绳	吊篮应选用高强度，镀锌，柔度好的钢丝绳，其性能应符合 GB 8918—2006《重要用途钢丝绳》的规定		
	钢丝绳安全系数不应小于 9		
	钢丝绳未超过 GB/T 5972《起重机　钢丝绳　保养、维护、安装、检验和报废》规定的报废条件		
	钢丝绳应符合说明书的要求且最小直径不应小于 6mm		
	钢丝绳宜选用与工作钢丝绳相同的型号、规格，在正常进行时，安全钢丝绳应处于悬垂状态		
	安全钢丝绳必须独立于工作钢丝绳，另行悬挂且选配得当，完好无损		
标牌	主要参数齐全，字迹清楚		
	应有限载重量及人数的警示		
悬挂机构	结构焊缝，无明显裂纹及剥落		
	承载悬挂机构的建筑物的承载能力应能承受悬挂机构对建筑物的作用力		
	移动轮应有防滑措施且有效可靠		

续表

项目	检验项目	审核结果	备注
配重	配重数量及重量应满足说明书要求		
	固定应牢固、可靠、安全、正确		
安全装置	安全锁应在有效标定期内		
	上、下行程限位触发可靠、灵敏有效		
	宜设置超载保护装置且灵敏、有效，调试正确		
	应设置防倾装置，且灵敏有效		
	制动器灵敏有效平稳可靠，必须设有手动释放装置		
	应独立设置安全绳，且选配得当，完好无损		
电气系统	主要电气元件均应安装在电控箱内，固定可靠，有防水、防尘性能		
	悬吊平台上必须设置紧急状态下切断主电源控制回路的急停按钮，该电路独立于各控制电路，急停按钮应为红色，有明显的急停标记，且不能自动复位		
电气系统	保护零线连接正确，不得作载流回路		
	绝缘电阻≥2MΩ		
	应安装熔断保险开关，且选配正确、灵敏可靠		
	漏电保护器安装正确，参数匹配且灵敏可靠		
其他			

（1）档案资料查验

吊篮档案资料主要包括：吊篮生产厂家生产资格证书、产品合格证、使用说明书、备案证明文件、吊篮安装方案、安装自检记录、安装人员证书、使用人员培训证明等。

①吊篮生产厂家生产资格证书：由中国工程机械工业协会颁发。

②产品合格证：吊篮出厂检验合格后由吊篮制造厂家颁发。

③安全锁标定证书：由生产厂家或有标定资质的机构出具。

④使用说明书：由吊篮制造厂家编制。

⑤备案证明文件：在建筑施工现场使用的吊篮须经产权备案和使用登记后方可使用，吊篮产权备案证和使用登记证由建设主管部门颁发。目前有些地方尚未执行此规定。

⑥吊篮专项施工方案和作业平面布置图：由施工单位编制，吊篮安装位置应与施工方案相符。

⑦安装自检记录：吊篮安装结束后，安装单位对吊篮进行自检后填写。

⑧安装人员证书：建筑施工现场吊篮安装人员必须持有建设主管部门颁发高处作业吊篮安拆特种作业人员证书。

⑨使用人员培训证明：吊篮使用人员在上吊篮作业前必须经过吊篮安全使用培训。

⑩安装合同和安全协议：合同中必须明确吊篮维护保养、安全管理责任。

（2）安装质量检验

①结构件

钢结构件检查内容：悬挂机构、悬吊平台的钢结构及焊缝应无明显变形、裂纹和严重锈蚀。检测方法为外观检查，必要时使用仪器对焊缝进行检查。

连接件检查内容：结构件各连接螺栓齐全、紧固，并有放松措施；所有连接销轴使用应正确，并均有可靠轴向止动装置。检测方法为外观检查。

②悬吊平台

底板检查内容：底板牢固、可靠、无破损，有防滑措施。检测方法为目测、试触。

安全扶栏检查内容：安全扶栏可靠、有效，靠建筑物一侧高度≥80cm，其他三侧高度≥110cm。检测方法为目测、卷尺测量。

挡板检查内容：四周挡板完整、无间断，高度≥10cm，与底板间隙≤5mm。检测方法为目测、卷尺测量。

导轮检查内容：与建筑墙面间宜有导轮或缓冲装置。检测方法为目测。

③钢丝绳

钢丝绳外观检查内容：吊篮应选用高强度、镀锌、柔度好的钢丝绳，其性能应符合 GB/T 8918 的规定。检测方法为目测、查阅资料。

钢丝绳使用情况检查内容：钢丝绳出现下列情况之一时，必须立即报废：

——钢丝绳在 $6d$（d 为钢丝绳直径）长度范围内出现 5 根以上及 $30d$ 长度范围内出现 10 根以上断丝时；

——断丝局部聚集。当断丝在小于 $6d$ 的长度范围内，或集中在任一绳股内，即使断丝数小于上述断丝数值，也应报废；

——出现严重扭结、严重弯折、压扁、钢丝外飞、绳芯挤出及断股；

——钢丝绳直径减少 7%；

——表面钢丝磨损或腐蚀达到表面钢丝直径的 40% 以上，钢丝绳明显变硬；

——由于过热或电弧造成的损伤。

检测方法为目测、游标卡尺测量。

钢丝绳直径检查内容：钢丝绳应符合说明书的要求，且最小直径不应小于

6mm。检测方法为查阅资料、游标卡尺测量。

安全钢丝绳检查内容：安全钢丝绳宜选用与工作钢丝绳相同的型号、规格，在正常进行时，安全钢丝绳应处于悬垂状态。安全钢丝绳必须独立于工作钢丝绳另行悬挂。检测方法为测量、目测、查阅资料。

④标牌

参数标牌检查内容：主要参数齐全，字迹清楚。检测方法为目测。

警示标牌检查内容：有限载重量及人数的警示。检测方法为目测。

⑤悬挂机构

建筑物承载检查内容：承载悬挂机构的建筑物的承载能力，应能承受悬挂机构对建筑物的作用力。检测方法为目测及查阅资料。

防滑措施检查内容：移动轮应有防滑措施且有效、可靠。检测方法为目测。

配重检查内容：配重数量及重量应满足说明书要求。配重固定应牢固、可靠。检测方法为目测、试触、查阅说明书及称重。

⑥提升机

连接情况检查内容：提升机与悬吊平台应连接可靠。检测方法为目测、试触。

穿绳性能检查内容：提升机应具有良好的穿绳性能，不得卡绳和堵绳。检测方法为目测、操作试验。

制动器检查内容：制动器灵敏有效，设有手动释放装置。当停电或电源故障时，作业人员能安全撤离。目测试验为目测、操作试验。

⑦安全装置

安全锁检查内容：安全锁灵敏可靠，在有效标定期内。检测方法为操作试验、观察安全锁标牌、查阅资料。

行程限位检查内容：上、下行程限位触发可靠、灵敏有效。检测方法为目测、操作试验。

超载保护检查内容：整机安装过程中设置的超载保护装置且灵敏、有效，调试正确。检测方法为10%超载试验，应能切断机构所有动作。

安全绳检查内容：安全绳独立设置，设置位置得当，有防磨损措施。检测方法为目测。

⑧电气控制系统

电控箱检查内容：主要电气元件安装在电控箱内，固定可靠，有防水、防尘性能。检测方法为外观检查。

急停开关检查内容：悬吊平台上必须设置紧急状态下切断主电源控制回路的急停按钮，急停按钮应为红色，并有明显的急停标记，且不能自动复位。检测方法为目测、操作试验。

接地电阻检查内容：保护零线连接正确，不得作载流回路。接地电阻≤4Ω。检测方法为目测、接地电阻测试仪测量。

绝缘电阻检查内容：绝缘电阻≥2MΩ。检测方法为目测、兆欧表测量。

漏电保护器检查内容：漏电保护器安装正确，参数匹配且灵敏可靠。检测方法为目测、操作试验。

（三）吊篮拆除过程安全管理

1. 基本要求

高处作业吊篮拆除单位向当地建设行政安全管理部门进行高处作业吊篮拆除告知。告知时应带下列管理资料：

（1）建设主管部门受理《建筑施工高处作业吊篮安装（拆卸）告知单》；

（2）高处作业吊篮租赁、安装（拆除）合同和相关安全管理协议；

（3）《建筑施工高处作业吊篮安装（拆除）专项方案报审表》《建筑施工高处作业吊篮安装（拆卸）分包单位审核表》和高处作业吊篮拆卸方案；

（4）退回建设安全监督部门发的使用登记证；

（5）安装单位资质证书、安全生产许可证副本（复印件）；

（6）安装单位委派的专职安全生产管理人员、专业技术人员名单及资格证（复印件）；

（7）安装（拆除）单位拆除人员的特种作业人员证书（复印件）；

（8）高处作业吊篮安装（拆卸）工程生产安全事故应急救援预案；

（9）取回高处作业吊篮安装告知时提交的高处作业吊篮产权证和拆除告知回单；

（10）对拆除人员进行拆除方案的技术交底。

作业人员按拆除方案程序和操作规程进行高处作业吊篮的拆除，拆除过程中必须有专业技术人员和专职安全管理人员进行现场管理监督。

拆除的高处作业吊篮各部件进行安全装车，运回租赁企业进行下次租赁前的转场维修与保养。

2. 吊篮拆卸过程的安全管理

（1）吊篮拆卸准备工作

①应清除吊篮拆卸运输线路的障碍物。

②吊篮拆卸后，搬运至指定位置保管。

③在吊篮拆卸作业范围内设置防护和警示。

④在待拆卸吊篮上悬挂"禁用牌"，以防作业人员误使用发生意外。

（2）吊篮拆卸方法与流程（图 12-11）

①吊篮拆卸应遵循先下后上的原则，即先拆除悬吊平台再拆除悬挂机构。

②拆卸前必须把吊篮平台下降至地面，并确认钢丝绳处于放松状态。

③开动左右提升机继续向下，抽出两根工作钢丝绳。并把左右安全锁中的安全钢丝绳抽出，之后切断吊篮电源。

④按照如下步骤拆除悬挂机构：

——在悬挂机构处把工作钢丝绳、安全钢丝绳、电缆线和安全大绳逐一拉上；

——拆除钢丝绳固定点的卡扣，并将钢丝绳、电缆线及安全绳盘好并固定；

——将悬挂机构移至安全区域，放松加强绳组件，松开各固定螺母，拆除前梁，然后拆除上支架；

——将后支架、后梁、中梁、前支架拆除螺栓后依次向后退出。

⑤按照如下步骤拆除悬吊平台：

——拆除左右两端提升机及行程开关的电缆插头，将电源线缠绕整齐；

——拆除左右两端提升机与提升机安装架的固定螺栓，把左、右提升机卸下后再拆除提升机安装架；

——拆除左右端板固定螺栓后，依次拆除前、后护栏。

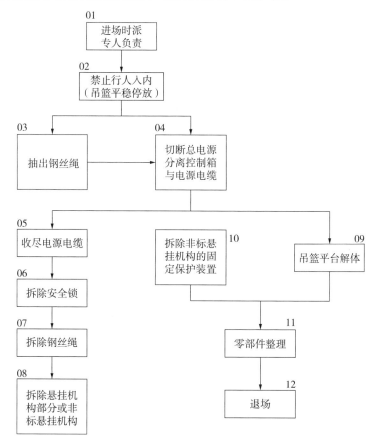

图 12-11　吊篮拆卸流程图

（四）吊篮使用过程安全管理

1. 吊篮使用前的设备安全检查

高处作业吊篮的在使用过程中，使用、出租单位应定期组织对高处作业吊篮进行安全检查。吊篮安全检查方法及要求如下：

（1）检查安全锁锁绳状况

①摆臂防倾斜式安全锁：将悬吊平台上升 1～2m，转换开关拨至一侧，按下行按钮使悬吊平台倾斜，当悬吊平台倾斜至 4°～8°时，安全锁即可锁住安全钢丝绳。将悬吊平台低端升起至水平状态时，安全锁复位，安全钢丝绳在安全锁内处于自由状态（左、右安全锁都必须按上述方法调试）。

②离心限速式安全锁：在安全锁上方快速拉动安全钢丝绳，安全锁应立即锁住安全钢丝绳，并且不能自动复位。

（2）检查悬吊平台

提升机、提升机与悬吊平台的连接处应无异常磨损、腐蚀、表面裂缝、连接松脱、脱焊等现象；电器箱、电缆、控制按钮、插头应完好，上限位开关、手握开关等应灵活可靠，无漏电现象。

（3）检查悬挂机构

各连接处应牢固、无破裂脱焊现象。配重放置正常，无短缺；钢丝绳固定正常，钢丝绳无过度磨损、断裂等异常现象，达到报废标准的钢丝绳必须更换。钢丝绳下端悬吊的重锤安装正常。

（4）通电检查

通电检查吊篮的运行状况，提升机应无异常声音和震动现象，电磁制动器的制动灵活可靠无异常。

（5）检查安全绳和安全带

安全绳和安全带应保持完好，无破损。

（6）检查限位块

将悬吊平台上升到最高作业高度，调整好上限位块的位置和上限位开关摆臂的角度，限位开关摆臂上的滚轮应在上限位块平面内。

（7）空载试验

悬吊平台空载上下运行 3～5 次，每次行程 3～5m，全过程应升降平稳，提升机无异常声响，电机电磁制动器动作灵活可靠，各连接处无松动现象。按下"急停"按钮，悬吊平台应能停止运行。扳动限位开关摆臂，悬吊平台应能停止运行。

（8）手动滑降检查

悬吊平台上升 3～5m 后停住，取出提升机手柄内的拨杆，并将其旋（插）入电机风罩内的拨叉孔内，在悬吊平台二端同时向上抬，悬吊平台应能平稳滑降，滑降速度应不大于下降速度的 1.5 倍。

（9）额定载重量试验

悬吊平台内均匀装载额定载重量，悬吊平台上下运行 3～5 次，每次行程 3～5m。在运行过程中无异常声响、停止时无滑降现象，平台倾斜时安全锁应能灵活可靠地锁住安全钢丝绳，各紧固连接处应牢固，无松动现象。

运行时若悬吊平台两侧高差超过 15cm 时应及时将悬吊平台调平。可将转换开关拨至一侧，调至水平。

（10）吊篮操作周边防坠物措施

吊篮使用单位应有吊篮操作安全防护措施，包括安全防护措施的安全技术交底制度。高空作业时，应有确保吊篮作业人员手持工具及吊篮上的材料不得坠落的防范措施，防护措施应满足高空作业安全操作有关规定。一般情况下吊篮作业人员应配备工具包、手持工具应系上线绳与手臂相连等。

2. 吊篮使用前的设备安全检查

（1）安全防护用品检查

①施工现场吊篮作业人员必须正确佩戴安全帽作业。

②作业人员在吊篮内进行高处作业时必须戴安全带，安全带通过自锁器连接在安全大绳上，作业人员操作吊篮上下运行时，安全带的安全锁扣必须扣在自锁器上，不得系在悬吊平台上。

③登篮作业人员应穿防滑鞋，不得穿硬底鞋、拖鞋等。

④安全绳要设置在建筑主体结构上，与建筑物接触部位要采取保护措施。

（2）作业人数检查

除单人吊篮和特殊结构吊篮外，吊篮上的作业人员数量应为 2 人。一般吊篮提升机安装在悬吊平台两侧，为保证吊篮发生故障时作业人员能够顺利通过手动滑降将吊篮降至地面，故作业人员不得少于吊篮。为保障作业作业安全，根据 JGJ 202《建筑施工工具式脚手架安全技术规范》，吊篮悬吊平台上作业人数不得超过 2 人。

3. 吊篮安全操作规程

（1）安全作业环境要求

①环境温度－10～55℃。

②工作电压 380V（1±5％）。

③相对适度不大于 90％（25℃）。

④吊篮不宜在粉尘、腐蚀性物质或雷雨、五级以上大风等环境中工作。

⑤夜间施工时现场应有充足的照明设备，光照度应大于 150lx。

（2）登篮作业前准备阶段的安全操作规程

①认真查阅交接班记录。

②检查吊篮安全状况。

③检查悬吊平台运行范围内有无障碍物。

④将悬吊平台升至离地 1m 处，检查制动器、安全锁和手动滑降装置是否灵敏、有效。

⑤检查安全大绳与个人劳动安全防护器具（防滑鞋、紧身服、安全帽、安全带、自锁器等）是否符合安全规定。

（3）登篮作业时应遵守的安全操作规程

①作业时必须精神集中，不准做有碍操作安全的事情。

②不准将吊篮作为垂直运输设备使用。

③尽量使载荷均匀分布在悬吊平台上，避免偏载。

④当电源电压偏差超过±5％，但未超过 10％或环境温度超过 40℃或工作地点超过海拔 1000m 时，应降低载荷使用，此时的载重量不宜超过额定载重量的 80％。

⑤在运行过程中，悬吊平台发生明显倾斜时，应及时进行调平。

悬吊平台运行时，必须注意观察运行范围内有无障碍物。

⑥电动机起动频率不得大于 6 次/min，连续不间断工作时间不得大于 30min。

⑦应经常检查电动机和提升机是否过热，当其温升超过 65K 时，应暂停使用提升机。

⑧在作业中，突遇大风或雷电雨雪时，必须立即将悬吊平台降至地面，切断电源，绑牢平台，有效遮盖提升机、安全锁和电控箱后，方准离开。

⑨运行中发现设备异常（如异响、异味、过热等），应立即停车检查。故障不排除不准开车。

⑩发生故障，应请专业维修人员进行排除。安全锁必须由制造厂维修。

⑪在运行过程不得进行任何保养、调整和检修工作。

（4）登篮作业阶段的 12 项禁令

①严禁一人单独上篮操作。

②作业人员必须从地面进出悬吊平台。在未采取安全保护措施的情况下，严禁从窗口、楼顶等其他位置进出悬吊平台。

③严禁超载作业。

④严禁在悬吊平台内用梯子或其他装置取得较高的工作高度。

⑤在悬吊平台内进行电焊作业时，严禁将悬吊平台或钢丝绳当作接地线使用，并应采取适当的防电弧飞溅灼伤钢丝绳的措施。

⑥严禁在悬吊平台内猛烈晃动或做"荡秋千"等危险动作。

⑦严禁固定安全锁开启手柄，人为使安全锁失效。

⑧严禁在安全锁锁闭时，开动提升机下降。

⑨严禁在安全钢丝绳绷紧的情况下，硬性扳动安全锁的开锁手柄。

⑩悬吊平台向上运行时，严禁使用上行程限位开关停车。

⑪严禁在大雾、雷雨或冰雪等恶劣气候条件下进行作业。

⑫运行中提升机发生卡绳故障时，应立即停机排除。此时严禁反复按动升降按钮强性排险。

（5）作业后的安全操作规程

①每班结束后不得将吊篮停留在半空中，应将悬吊平台降至地面，放松工作钢丝绳，使安全锁摆臂处于松弛状态。

②切断电源，锁好电控箱。

③检查各部位安全技术状况。

④清扫悬吊平台各部。

⑤妥善遮盖提升机、安全锁和电控箱。

⑥将悬吊平台停放平稳，必要时进行捆绑固定。

⑦认真填写交接班记录及设备履历书。

第二节　移动式脚手架

一、概述

1. 类型

一般将临时架设在建造中的建筑物或结构物周围为方便作业人员的结构施工或外墙装饰作业，称为施工脚手架系统。按用途划分为：

（1）操作（作业）脚手架。又分为结构作业脚手架（俗称"砌筑脚手架"）和装修作业脚手架，可分别简称为"结构脚手架"和"装修脚手架"，其架面施工荷载标准值分别规定为 $3kN/m^2$ 和 $2kN/m^2$。

（2）防护用脚手架。架面施工（搭设）荷载标准值可按 $1kN/m^2$ 计。

（3）承重、支撑用脚手架。架面荷载按实际使用值计。

2. 基本要求

对脚手架的基本要求：宽度应满足工人操作、材料堆置和运输的需要，脚手架的宽度一般为 $1.5\sim2.0m$；并保证有足够的强度、刚度和稳定性；构造简单；装拆方便并能多次周转使用。

3. 脚手架在我国的发展

建国以来到改革开放前，我国脚手架的需求主要是以工业和国防尖端使用为主。在 1949 年前和 20 世纪 50 年代初期，施工脚手架都采用竹或木材搭设的方法。60 年代起推广扣件式钢管脚手架。70 年代末，我国首次引进并开始建厂生产门式脚手架。进入 21 世纪，我们先后引进铝合金快装脚手架技术。

从总体上看，我国脚手架正在经历由规模小、水平低、品种单一、严重不能满足需求，到具有相当规模和水平、品种质量显著提高和初步满足国民经济发展要求的深刻转变，脚手架需求将逐步从工业市场转入商用、民用市场领域。

随着科学技术发展，新技术、新材料、新工艺层出不穷，日新月异。新型高强度材料不断涌现，高强度铝合金材料得到越来越广泛的应用。铝合金快装脚手架就是成功应用的范例。

铝合金快装脚手架的主要优点是：

（1）材质强度高，有效载荷大，使用安全可靠。

（2）重量轻，重量相当于传统钢制脚手架的 1/3，安装、搬运轻便。

（3）搭建简便快捷，比普通钢质脚手架的搭建速度快 10 倍以上。以往十多人至少需要 6h 才能搭起的 20m 高的钢制脚手架，采用铝质快装脚手架只需要 3 个人、用 1h、而且不需要任何工具即可搭设完毕。

（4）移动方便，可随时移位至任何工作地点。安装、移动、收储、运输都很方便。

（5）在室内外均可使用，任何工作地形、地面均可搭建，而且占地面积较小，不损伤地面；无噪音，无工作死点。

（6）铝合金脚手架具有产品耐腐蚀，强度大，精度高，重量轻，部件互换性、通用性好等特点。

由于铝合金脚手架进入中国市场的时间比较短，开始主要应用于电力、石化、航天航空等企业。这些企业对于设备的使用和管理比较规范，作业人员相对比较稳定，能够按照供应厂商所提供的安全使用规范正确搭建和使用，因而使用效果很好，受到生产、销售和使用三个方面的共同好评。

随着铝合金快装脚手架良好的使用性能逐渐被世人所认知，火电厂炉内检修、抢修，水电厂尾水管的检修，供电变电系统设施的修理等，在民航、石化、烟草、物业宾馆、场馆、影视业等广泛应用，因此在国内众多的企事业单位、宾馆酒店的设备维修以及清洗保洁等方面逐渐得到广泛推广。

但是，由于供应厂商对使用人员的培训不到位，加上使用人员流动比较快等因素，难免导致铝合金脚手架在使用过程中存在一些安全隐患。所以必须加强铝合金脚手架的使用安全培训，完善基本安全管理。

二、脚手架的作业安全管理

1. 管理工作的基本内容

（1）制定对脚手架作业进行规范管理的文件（规范、标准、工法、规定等）；

（2）编制施工作业组织设计、技术措施以及其他指导作业的文件（说明书）；

（3）制定有效的安全管理制度和办法；

（4）安全检查验收的实施措施；

（5）及时处理和解决作业中所发生的问题；

（6）脚手架的保养和存放。

2. 脚手架安全管理的根本

脚手架的结构—强度—功能—操作性—维护性。

3. 脚手架安全化的条件

（1）从外观上看，具有安全性：防止作业人员接触产生危险。

（2）从强度上看，具有安全性：影响材料的安全率。

（3）从功能上看，具有安全性：运行时应特别注意。

（4）从操作上看，具有安全性：作业人员的姿势和行为。

（5）从保养上看，具有安全性：脚手架的作业性能良好。

（6）从布局上看，具有安全性：作业顺畅，道路通畅。

4. 脚手架运输、搬运的保证

（1）夜间安装要有足够照明装置。

（2）装卸要轻拿轻放，运输要做好防护包装，防止磕碰、划伤。

5. 现场作业空中落物的防护

（1）搭设防护栏（安全防护棚）、张挂防护网等。

（2）高处作业平台，要安装安全挡板（踢脚板）。

6. 防止脚手架出现意外倒塌的防护

（1）设置板桩支护，稳定器。

（2）设置支柱、连墙件、加固件等。

（3）张挂防护网。

7. 防止可能发生坠落事故的措施

（1）高处作业平台、移动式脚手架、开口处、竖井及其他可能坠落的地点应设有扶手、围栏、护板。采取这些措施有困难时，须张挂防护网，设置安装安全带设备，使用安全带。

（2）设有吊装用的安全吊架。

（3）合理选择脚手架、吊篮、梯子、移动式脚手架、操作平台等结构及材料。

8. 现场作业管理人员的作用

（1）制定安全检查计划。

（2）设专人负责。

（3）复核检查，检查结果记录。

（4）临时应对措施。

（5）工人培训指导。

三、铝合金脚手架的搭建作业注意事项

1. 脚手架使用条件

使用脚手架通常都是在室外，现场有风时必须小心。要注意大型建筑物之间及建筑物出口处的风会产生狭缝效应，增大风速。

（1）5级（含5级）风时严禁在室外使用。

（2）当风速达到6级时（强风，11m/s），严禁在室外使用，并需将脚手架与坚固结构连接起来以防脚手架被风吹倒。

（3）如果风速预计会达到8级（暴风，17m/s），拆卸脚手架或将其移到遮蔽物底下。风级及风力效果见表12-2。

表12-2　风级及风力效果

风级	说明	当地风力效果	风速/（m/s）	脚手架使用条件
3级	微风	树叶不停摇动，小旗轻飘	3～5	允许使用
4级	中等微风	灰尘扬起，吹动纸片	5～8	降两层使用
5级	轻风	小树枝开始摇摆，河水泛起波纹	8～11	不允许使用
6级	强风	大树枝摇动，用伞有些困难	11～14	不允许使用
7级	大风	树杆开始摇动，步履很难	14～17	不允许使用
8级	暴风	小树枝折断，无法进行	17～21	不允许使用

工作时，在作业范围内不得有高压电缆及其他影响作业安全的障碍物。高压电缆安全距离见表12-3。

表12-3　高压电缆安全距离参考表

电压范围/V	最小安全距离/m
0～300	避免接触
300～50000	3
50000～200000	4.6
200000～350000	6

续表

电压范围/V	最小安全距离/m
350000～500000	7.6
500000～750000	10.6
750000～1000000	13.7

2. 脚手架设计承载要求

（1）结构脚手架施工荷载的标准值取 3kN/m²，允许不超过 2 层同时作业。

（2）装修脚手架施工荷载的标准值取 2kN/m²，允许不超过 3 层同时作业。

（3）脚手架的使用规定：作业层每 1m² 架面上实际的施工荷载（人员、材料和机具重量）不得超过以下的规定值或施工设计值：

施工荷载（作业层上人员、器具、材料的重量）的标准值，结构脚手架采取 3kN/m²；装修脚手架取 2kN/m²；吊篮、桥式脚手架等工具式脚手架按实际值取用，但不得低于 1kN/m²。

顶层平台工作水平载荷：0.3kN。

3. 脚手架使用环境

（1）气温：平均最高气温＋40℃。平均最低气温－15℃。

（2）湿度：年平均相对湿度：80%。

4. 脚手架室内外搭建设计要求说明

（1）脚手架高度比例

在室内，平台的最大高度为其宽度的 3.5 倍，例如平台的宽度为 1.35m，其高度不能高于 4.7m。

在室外无风时，平台的最大高度为其宽度的 3 倍，例如平台的宽度为 1.35m，其高度不能高于 4.1m。

注意：室外脚手架更要严格限制其高度，不可高于宽度的 3 倍。

（2）外支撑的装置

在室内，工作台的高度不能超过其宽度的 3.5 倍。但如果装置了标准外支撑，其宽度可增加到 3.47m，所以其高度最大可增加至 12.15m。

外支撑装置的形式如图 12－12 所示。

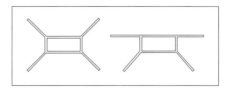

图 12－12　外支撑装置的形式

（3）外支撑的装置

在室外，工作台的高度不能超过其宽度的3倍，但如果装置了大外支撑，其宽度可增加到5.83m，所以其高度最大可增加至17.5m。

（4）外来因素的影响

①最大影响因素：横向力、风力、外施力。

②地面情况：障碍物。

③外力施力的作用：当作业人员用电钻等施工工具在墙壁上钻洞时，所产生的压力会产生与之相反的反作用力。致使脚手架不稳，所以要相应减少其使用高度。

④施工时注意地面状况，要先检查地面及以下各相关位置：地面必须平坦、没有阶梯（特殊要求除外）、没有缺口、清理地面一切垃圾、留意较高的危险物、天花板的高度、横梁、悬挂物、电线。

5. 现场作业搭建注意事项

（1）作业搭建

①检查现场所有组件（参见产品配置清单）。

②确保搭建和移动脚手架的地面能够提供足够稳定而坚固的支撑。

③搭建及使用过程中只能从脚手架内侧攀爬。

④不得在平台上使用任何材质的箱子或其他增高物体增加工作高度。

（2）安装部件提升

①搭建时，脚手架组件的提升应使用强度可靠的材料，如专用的吊装支架、粗绳等，并使用安全带。

②按照规范，在搭制非标准或大型脚手架时需使用外支撑或配重。

③在底部使用配重，以防止大型脚手架倾翻。

④外支撑的使用可参照配置表。

⑤在使用外支撑的环境下作业时，请咨询供应商（或厂商），或在供应商（或厂商）指导下进行作业，配重应使用实心材料，可将其放置在超载支撑腿上，配重需安全放置，以防止意外撤掉。

提升机构所提升重物载荷为0.15kN，应有足够的强度。

警告：提升机构必须插于提升力与风力相反方向，防止提升力与风力的合力矩使脚手架倾翻。

（3）脚手架移动

①脚手架只能靠人力推动整个架子的底层作水平移动。

②移动时，注意附近正在运转的电器，特别是空中管线等。

③移动时，脚手架上不允许有人或其他物品，以防坠落伤人。

④在崎岖不平的地面或斜坡上移动时要格外小心，注意脚轮锁放置方向。

⑤墙外支撑时，外支撑只可离开地面足够的距离；以避让障碍物，移动时脚手架的高度不应超过最小底部尺寸的 2.5 倍。

例如非移动式脚手架的高度为 9m，则移动式脚手架要降至 7.5m。

移动脚手架应注意的事项：

⑥所有人必须离开脚手架，并清理架上架下一切杂物。

⑦作业人员应该在脚手架的底部推动脚手架。

⑧请勿拉动脚手架的架顶。

⑨停止移动脚手架时，所有脚轮必须锁紧，而其他一切附件必须平行放置于地面。

⑩不可滥用组件，特别是坏损或规格不符的组件。

⑪用绳索提升或下放组件、工具和材料等应在脚手架座基内侧进行，确认平台和整架的超载不要超标。

⑫搭建好的脚手架是一个作业平台，不要做为通道使用。

⑬水平作用力（如使用电动工具）可产生不稳定性。

⑭频繁携带工具或材料上架时应使用斜梯。

（4）脚手架的拆除规定

脚手架的拆除作业应按确定的拆除程序进行。在拆除过程中，凡已松开连接的杆配件应及时拆除运走，避免误扶和误靠已松脱连接的杆件。拆下的杆配件应以安全的方式运出和吊下，严禁向下抛掷。在拆除过程中，应作好配合、协调动作，禁止单人进行拆除较重杆件等危险性的作业。

四、脚手架常用部件使用说明

1. 稳定器

当脚手架高度超过 2.5m 时，要安装稳定器（图 12-13）或外延伸支架，并尽可能使固定点配合得当。稳定器可以是固定的或是可伸缩长度的，底部有一个支撑垫。可移动脚手架的外支撑也可带有脚轮，但在使用前，必须将脚轮锁住。稳定器和外支撑一般按图 12-14 中 B 位置放置。如果脚手架靠近墙壁，则如图 12-14 中 A 位置放置。但是墙的高度至少是工作平台高度的 2/3。

图 12-13　稳定器

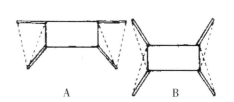

A　　　　　B

图 12-14　稳定器和外支撑的放置

2. 支撑杆

支撑杆种类：横拉杆、护栏支撑杆，以及斜拉杆。横拉杆很容易识别，因为它们一般与平台长度一致。斜拉杆要稍长。护栏支撑杆可以用带中间竖杆的安全护栏架代替。

3. 挂钩

（1）所有挂钩都能自动锁紧。拆卸时，将销或插销往下按；锁紧时，只需向里扣紧即可。

（2）要经常检查挂钩是否完全锁紧，销或插销是否到位。挂钩的操作如图 12 - 15 所示。

4. 弹簧卡圈组

弹簧卡圈组（图 12 - 16）用于将上面的部件与下面的部件互相锁住。夹子中的销要进入架子竖杆靠近 T 形的孔内和内接架子套管的相应孔内。拆卸时，则将销移到堆置孔即定位孔上面的那个孔。

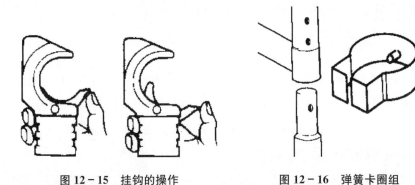

图 12 - 15 挂钩的操作   图 12 - 16 弹簧卡圈组

5. 踏板挂钩

踏板要用踏板挂钩（图 12 - 17）固定，防止踏板在有风的条件下发生移动。在踏板安装好后，只要完全拉出夹子即可锁住。

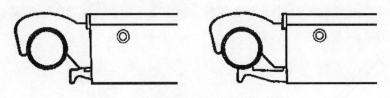

图 12 - 17 踏板挂钩

五、铝合金脚手架的搭建作业流程

1. 安全检查

在搭建及使用脚手架前，请切实核查以下内容准确无误：

（1）检查所有组件，确保各个零部件完好无损，缺损件应及时补充或更换。

（2）焊点检查：保证所有焊接点应未开焊。

（3）管材检查：所有管件没有裂缝；无挤压或磕碰而产生的明显凹痕。凡有超过 5mm 凹痕的管材都不得使用。

（4）可调腿的螺纹处应保持清洁，并加润滑油。

2. 脚手架安装程序

（1）搭建脚手架前，为了确保脚手架工作现场安全、合适，需要保证如下条件：

①地面坚固且水平（注意，带轮子的脚手架不要搭建在斜坡上）。

②风速可以接受。

③搭建脚手架所需要的所有部件、工具和安全设备（绳子等）在现场已准备妥当。

图 12-18 安装脚轮

（2）将脚轮或底板插入可调脚，见图 12-18。

（3）将一根横拉杆第一头卡在框架竖杆外侧第一或第三个交叉上面，将另一个头放在地上，见图 12-19。

图 12-19 装横拉杆第一头

（4）将上述横拉杆的另一头卡在框架的相应位置上，这样架子便竖立起来了。拆卸时，要确保这根杆在位置上，见图 12-20。

（5）安装两根反向的斜杆。斜杆一头位于架子最下横杆的交叉位置上，而另一头在另一个架子第三个横杆的交叉位置上。放置在靠近架子一侧的竖杆旁。在架子另一侧竖杆旁也安装相同的一对斜杆，见图 12-21。

图 12 - 20 装横拉杆另一头

图 12 - 21 安装两根反向的斜杆

（6）检查底座是否水平。用一个水平仪/振子锤确保竖杆垂直偏差在 1°内，用可调脚进行校正。

（7）在架子横杆上装上平台。如果不需要再增加高度，则在框架两侧都装上安全护栏架，见图 12 - 22。

（8）如果脚手架搭接高度超过 2m，需要有一个助手协助搭建。如果超过 2.5m，必须安装稳定器或外支撑。稳定器要用夹子连接在架子的每一个竖杆上，在 T 形接合下放置配件防止稳定器在竖杆上发生向上的位移。确保所有的稳定器与地面接触良好，见图 12 - 23。

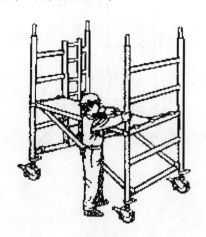

图 12 - 22 在架子横杆上装上平台

图 12 - 23 安装稳定器或外支撑

（9）安装上层架子。站在平台上，将相应类型的延伸架子插入第一层架子上，并固定上互锁夹。装上同样的 4 根斜杆，见图 12 - 24。

（10）在上层架子上放上平台，将支撑架移上来。增加层数时，则重复操作以上步骤。先前放置的平台和护栏架可以拆下来，但是间隔距离不得超过4m。中间层平台应该放置在靠近梯子地方，但不能阻挡梯子，见图12－25。

图12－24　安装上层架子

图12－25　安装多层架子

（11）安装顶层平台。当最后一层装好后，在架子上并排装上平台，提供一个完整的工作区域。平台位置应该不影响从梯子或活动门上到平台。插入护栏架，并固定，见图12－26。

（12）在框架两侧再装上一对安全护栏架，见图12－27。

（13）使用前，锁住脚轮，确保所有稳定器与地面接触良好。

图12－26　安装顶层平台

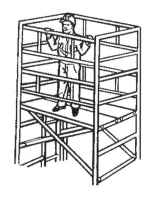

图12－27　安全护栏架

六、铝合金脚手架使用过程注意事项

（1）脚手架搭设使用前必须仔细阅读使用说明书。

（2）脚手架不适用于以承重为目的（诸如建筑过程中承放和搬运砖瓦、水泥等）的任何作业。

（3）脚手架要搭设在坚实的地面上，不可搭设在松软地面上。

（4）脚手架搭设要远离高压线等危险处，不得靠近非绝缘带电设备或正在运行的设备。

（5）脚手架不要和具有腐蚀性的化学品等危险物放在一起。

（6）脚手架与建筑物之间不允许搭设桥通道。

（7）脚手架搭设时使用水平仪和铅垂线检查脚手架的水平和垂直度，并调节支腿调整杆，使脚手架平面水平，立柱垂直于水平面。

（8）斜梯上端挂钩挂牢于框架。脚手架搭接时所有接头、卡销和夹子等必须固定牢固可靠（当不使用时应将卡子放入"备用孔"，以防丢失），脚轮必须锁死。

（9）平台上不得有冰雪、油迹。

（10）脚手架不可在单侧单向施加绳索等用力拖拽，施加的水平力不得超过30kg。必要时可采取在脚手架对称的方向平衡附加牵引绳索等加固措施。

（11）当架上有人或重物时不允许调节可调支腿，移动脚手架时稳定器底脚要脱离地面。

（12）避免用力磕碰、撞击，严禁敲击、切割脚手架。

（13）作业人员应身体健康，行动灵便。穿工作服、防滑鞋。

（14）作业人员作业时只能沿架体内侧攀登，通过踏板门进入平台，严禁在框架外部攀爬。不要将身体过多探出架外。多人操作时不得在平台同一侧同时进行工作。平台上禁止跳跃。

（15）脚手架必须在平地上使用，移动速度小于3km/h。

（16）若发现脚手架零部件有破损、变形、结构件松脱等缺陷不可再使用，不要擅自修理，应立即联系厂商专业人员处理。

（17）任何人员不得擅自改动、增加或删减脚手架产品本身结构。

（18）作业人员在架上的最大作业高度应以可进行正常操作为度，禁止在架板上加垫器物或单块脚手板以增加操作高度。

（19）在作业中，禁止随意拆除脚手架的基本构架杆件、整体性杆件、连接紧固件和连墙件。确因操作要求需要临时更换杆件位置时，必须经主管人员同意，采取相应弥补措施，并在作业完毕后，及时予以恢复。

（20）工人在架上作业中，应注意自身安全及他人的安全，避免发生碰撞、闪失和落物。严禁在架上嬉闹和坐在栏杆上等不安全处休息。

（21）人员上下脚手架必须走设安全防护的出入通（梯）道，严禁攀爬脚手架。

（22）每班工人上架作业时，应先行检查有无影响安全作业的问题存在，发现安全隐患必须排除后方许作业。在作业中发现有不安全的情况和迹象时，应立即停止作业进行检查，解决以后才能恢复正常作业。发现有异常和危险情况时，应立即通知所有架上人员撤离。

（23）在每步架的作业完成之后，必须将架上剩余材料物品移至上（下）步架或室内；每日收工前应清理架面，将架面上的材料物品堆放整齐，垃圾清运出去；在任何情况下，严禁自架上向下抛掷材料物品和倾倒垃圾。

七、铝合金脚手架作业安全管理

（1）脚手架搭设人员应依据《特种作业人员安全技术培训考核管理规定》（安监总局 30 号令）进行培训，考核合格后持证上岗。

（2）搭设脚手架人员必须戴安全帽，系安全带，穿防滑鞋。

（3）脚手架的构配件质量与搭设质量，应按前述规定进行检查验收，合格后方准使用。

（4）脚手架作业层上的施工荷载应符合设计要求，不得超载。严禁在脚手架上悬挂起重设备。

（5）当有六级及六级以上大风和雾、雨、雪天气时应停止脚手架搭设与拆除作业。雨、雪后上架作业应有防滑措施，并应扫除积雪。

（6）临街搭设脚手架时，外侧应有防止坠物伤人的防护措施。

（7）装拆脚手架时，地面应设围栏和警戒标志，并派专人看守，严禁非作业人员靠近。

八、脚手架的维护保养和存放

1. 结构报废

若发现脚手架零部件有破损、裂痕、扭曲或塑性变形、结构件松脱等缺陷时立即报废。

2. 维修保养

（1）脚手架零部件应轻拿轻放，避免用力磕碰、撞击，严禁用诸如锤子等硬物敲击，切割工具切割脚手架。

（2）对所有部件的管件应在每使用两次后进行一次擦拭，尤其对插接部位重点擦拭，保证表面无油渍、污垢。

（3）对所有铝铸扣件的螺母螺栓应在每次使用后进行检查，保证螺母螺栓能够拧紧自锁。如出现滑丝现象，应立即更换。

（4）检查弹簧卡圈是否有弹性，若弹簧卡圈已松软无力，应及时更换。

（5）对框架架体焊接部位的日常保养

①防止水浸及酸碱性物品长时间接触：

——遇雨雪天时应尽量避免室外使用；

——雨水淋过后应将其擦干；

——落雪后应及时清除杆件焊缝上的积雪。

受到酸性或碱性物品浸泡后，应及时按如下方法处理：清水冲洗 3～5min；擦干或用风吹干；用渗透探伤仪器检查受蚀部位。

②不定期抽查焊接接头表面状况：

——季节交替时，特别是秋冬季温度变化较大时检查焊接接头，特别是焊接热影响区。观察其表面有无裂纹，发现裂纹应及时通知有关人员处理。

——当对焊接接头表面状况有怀疑时，可采用着色探伤等表面探伤方法进一步确认。

——当环境温度高于 40℃或低于 −10℃时应尽量避免使用铝合金脚手架。必须使用时，则应在使用后全面检查焊缝表面、热影响区、特别是应力集中部位的状况。

3. 产品的储存

（1）不应放置在高温或潮湿的地方。

（2）脚手架应储存在室内仓库中，零部件分类码放，避免重物挤压，不要和具有腐蚀性的化学用品等危险物放在一起。

（3）再次使用前应对所有焊接接头进行外观检查，确认无缺陷再使用。

九、参照引用标准

GB 2894—2008　安全标志及其使用导则

JGJ 128—2010　建筑施工门式钢管脚手架安全技术规范

JGJ 130—2011　建筑施工扣件式钢管脚手架安全技术规范

JG 5099—1998　高空作业机械安全规则

第三节　高空作业平台

移动式高空作业平台是为作业人员高空作业安全而设计的施工设备，能最大限度地降低高空作业人员安全风险，是为高空作业提供的可移动工作平台。其已在发达国家广泛使用，并被国际上认为是目前高空作业中最安全的高空作业设备。

一、移动高作业平台的种类

移动高空作业平台大体分为两种：第一种，在规定的底盘最大的倾斜角度下，平台区域中心位置的垂直投影总是在倾斜角度线内的移动高空作业平台；另一种，其他移动高空作业平台。

移动高空作业平台分为剪叉式垂直抬升下降和臂式抬升下降两类。

1. 剪叉式垂直抬升下降移动高空作业平台

（1）只有在运输状态下才可以移动的剪叉式高空作业平台，见图 12-28。

（2）只有借助外力拖拉设备才能移动的剪叉式高空作业平台，见图 12-29。

 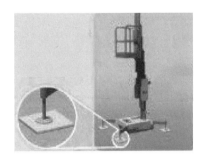

图 12-28　运输状态下才可移动　　图 12-29　外力拖拉设备才能移动

（3）依靠自身动力系统操控行驶，也称为"自行走"移动剪叉车，见图 12-30。

图 12-30　"自行走"移动剪叉车

2. 臂式（直臂、曲臂）抬升、下降、伸缩的移动高空作业平台

（1）只有在运输状态下才可以移动的臂式高空作业平台，见图 12-31。

（2）凭借自身动力系统操控行驶的臂式高空作业平台，见图 12-32。

图 12-31　运输状态下才可以移动　　图 12-32　凭借自身动力系统操控行驶

除此之外，移动高空作业平台还包括桅柱式（MCWP）、绝缘架式（IAD）等其他种类。由于适用范围有限在此不述及。

二、移动高空作业平台主要结构部件

根据构造和型号的差异，下列部件通常用于各种不同的配置。操作前务必参考设备制造手册。

（1）支撑腿：设备稳定装置。是在设备操作状态下增强移动高空作业平台底座的稳定性和设备水平度。

（2）分压板：增加设备受力面积，减少压强的辅助设施。当施工现场地面不能承受设备自身重量时，将分压板垫于高空作业平台稳定器、支撑腿、车轮或履带下，可以起到增加地面受力面积，降低地面单位面积承受的压力，使地面可承载设备重量。

（3）摆动轴：自行或移动高空作业平台底座的轴，有些型号的设备配置摆动轴，在行走时可摆动。可起到确保行走时所有车轮都能与地面保持接触的作用。

（4）伸缩轴：自行走式移动高空作业平台底座的轴，有些型号的设备配置可伸缩的轴，可增加其轴距，起到提高设备稳定性的作用。

（5）稳定器：通过支撑、调平整个移动高空作业平台或者延伸其结构（如千斤顶、悬挂锁定装置、延伸轴等），起到稳定整个移动高空作业平台的作用。

（6）千斤顶：施工现场地面凹凸不平或有倾斜度，可以用千斤顶（配合其他部件，如分布板等）升高和调平设备或者可帮助移动高空作业平台驶入停放位置。

三、移动高空作业平台应警惕的安全问题

移动高空作业平台系统复杂，体积大，自重大，施工范围广泛。由此带来了因设备自身特性、施工现场路面、障碍物、周围环境、气象环境等操作安全问题，是使用移动高空作业平台应关注的首要问题。

1. 操作前的安全检查

（1）操作移动高空作业平台前，须查看制造商操作手册中该设备的参数型号功能等，并逐项熟知。

（2）设备的检查：从电池的连接坚固性开始，按顺序逐项对每一个连接部位的螺栓是否紧固、连接管线是否漏油，到紧急下降功能、传感器的功能是否正常、轮胎完好程度，各种操控手柄、功能键是否完好进行全面检查。

（3）道路检查：进入施工现场前须反复勘察移动高空作业平台行驶经过的道路、施工场地的道路。查看路面是否坚实平整，是否有坑洞、坡道。检查未开发现场、海滩、沙地、铺砌区的地面承载能力。对城镇中心区要预判地下管网、地下室、下

水道、地下设施等部位的风险。检查施工区域前后、左右、上下是否有电线等障碍物。

（4）设置警示标志：在施工区域要设置警示标示，以避免车辆和行人闯入造成的事故。

（5）检查作业人员佩戴符合国家标准的安全帽和全身式坠落悬挂安全带。

2. 操作过程中的安全问题

（1）不能连续反复操作。操作移动高空作业平台时，经常会出现错搬手柄使之朝着和预想相悖的方向转动或者虽然方向正确，但超出预想位置的情况。此时作业人员容易着急并迅速向相反的方向搬动手柄以校正刚才的动作。这是非常危险的，极容易造成把作业人员抛甩出工作栏的事故，同时对设备也会造成损害。

（2）控制流量，动作舒缓。由于高空作业平台操作手柄采用"流量控制"，这就非常容易因控制不好流量使动作过快、过猛，导致将作业人员抛出工作栏的事故发生。因此要求平台作业人员动作一定要舒缓。

（3）时刻观察施工区域的环境，由于施工周围环境是动态变化的，因此即使施工区域设置了"安全警示"标志，也还必须在操控设备的每个动作前，观察设备上下、左右、前后的情况，以防突发事故的出现。

（4）关注不同的工作半径（跨度）的设备负载，由于不同的工作半径平台的工作栏载荷不同，因此须关注工作半径的变化，把工作载荷调整到相应的负载值，以免造成设备倾覆。

室外操作设备的安全问题。设备应配备风速计，室外操作工作栏高度风速达到 12.5m/s（五级风）时应停止施工，否则会因设备不稳，导致平台倾覆的危险。必须意识到风速会随着高度的增加而变大，20m 高度的风速可能比地面大 50%；在建筑物屋顶轮廓线和角落周围要特别小心"建筑风"即狭缝效应的出现；下雨、雷电天气须即刻停止操作移动式高空作业平台；大多数架空电线是不绝缘的，而且通常输送高压电，在高架线和移动高空作业平台完全伸展开后的最近点之间应始终保持安全距离。

在实际的施工现场操作移动式高空作业平台还有更多更复杂的值得警惕的安全问题和技术问题。施工企业和工程发包方要本着对生命的尊敬和员工人身生命财产安全的关切，防止恶性事故的发生。在使用移动高空作业平台前，接受有资质的正规培训机构的安全操作培训。

四、移动高空作业平台操作演示流程

操作流程分为以下 4 个步骤：

第 1 步：准备动作

（1）佩戴安全带、安全帽、手套等作业准备；

（2）启动设备，进入（或带领客户一起进入）操作栏。

第 2 步：移动设备动作

（1）操作前进、后退、旋转；

（2）做行进中的连续动作。

第 3 步：旋转动作

（1）大盘左右转和 360°旋转；

（2）操作栏左右旋转。

第 4 步：主副臂动作

（1）主臂（或大臂）升降；

（2）副臂（或小臂）升降；

（3）主臂（或大臂）伸缩；

（4）副臂（或小臂）伸缩；

（5）小臂升降。

第三部分
事故案例

第十三章　座板式单人吊具作业事故案例

【案例 13.1】北京××保洁有限公司 10.21 事故

发生时间：××年 10 月 21 日 7 时 58 分左右
发生地点：北京市×区×路 2 号楼外立面清洗工程
事故类别：高处坠落
伤亡情况：死亡 1 人

一、事故简介

××年 10 月 21 日，×区×路 2 号楼外立面清洗工程施工现场发生一起高坠事故，造成现场作业人员代××当场死亡。

×路 2 号楼外立面清洗工程发包单位为北京××物业管理有限公司（以下简称××物业公司），法定代表人为方××。承包单位为北京××保洁有限责任公司（以下简称××保洁公司），法定代表人为程××。

2 号楼外立面清洗工程，于 10 月 18 日开工，事故发生当日为第 4 个工作日。工程内容为一公寓总共 8 栋楼的外立面（包括墙体和窗户）清洗。该工程合同签定时间为 9 月 3 日，签定人为××物业公司原法定代表人吴××，合同明确规定"本合同期限届满无争议属自动顺延"。

10 月 21 日 7 时 20 分，××保洁公司使用包工头金××临时雇佣的"蜘蛛人"代××、杨××、伍××、常××（其中死者代××无高处作业类特种作业操作证）（重点解读 1）进场清洗，现场未安排安全管理人员，进场作业前上述人员均未接受安全生产教育（重点解读 2）。

10 月 21 日 7 时 55 分左右，作业人员代××自 11 层楼顶翻越南侧铁栏杆及女儿墙后，在上座板装置的过程中，代××同工作绳、座板装置等工具一并从 11 层坠落到地面。7 时 58 分现场小工涂××拨打 120，医疗救援人员到达事故现场检查后宣布代××死亡。

【重点解读 1】

第一，关于"蜘蛛人"特种作业操作证：北京市安全生产监督管理局对此类高处悬吊作业，要求作业者必须持作业类别为"高处作业类"、操作项目为"高处悬挂作业建筑物表面清洗"的特种作业操作证。代××未经培训取得北京市安全生产监督管理局核发的该专业特种作业操作证，不应从事此类建筑物表面清洗作业。

第二，关于特种作业方面的法律规定为《安全生产法》第二十七条：生产经营单位的特种作业人员必须按照国家有关规定经专门的安全作业培训，取得相应资格，方可上岗作业。

第三，生产经营单位违反《安全生产法》第二十七条的相应罚则为第九十四条：生产经营单位有"特种作业人员未按照规定经专门的安全作业培训并取得相应资格，上岗作业"行为的，责令限期改正，可以处五万元以下的罚款；逾期未改正的，责令停产停业整顿，并处五万元以上十万元以下的罚款，对其直接负责的主管人员和其他直接责任人员处一万元以上二万元以下的罚款。

【重点解读 2】

第一，代××等多人进场作业前均未接受安全生产教育，其所在单位违反了《安全生产法》第二十五条的规定：生产经营单位应当对从业人员进行安全生产教育和培训，保证从业人员具备必要的安全生产知识，熟悉有关的安全生产规章制度和安全操作规程，掌握本岗位的安全操作技能，了解事故应急处理措施，知悉自身在安全生产方面的权利和义务。未经安全生产教育和培训合格的从业人员，不得上岗作业。生产经营单位应当建立安全生产教育和培训档案，如实记录安全生产教育和培训的时间、内容、参加人员以及考核结果等情况。

第二，代××安全意识差，以致在作业过程中发生死亡事故，也反映出其不清楚"蜘蛛人"岗位存在的危险因素、防范措施、事故应急措施及遵守安全操作规程的重要性，这主要是由于其所在单位违反了《安全生产法》第四十一条的规定：生产经营单位应当教育和督促从业人员严格执行本单位的安全生产规章制度和安全操作规程，并向从业人员如实告知作业场所和工作岗位存在的危险因素、防范措施以及事故应急措施。

第三，生产经营单位违反《安全生产法》第二十五条和第四十一条的相应罚则为第九十四条：生产经营单位有未按照规定对从业人员、被派遣劳动者、实习学生进行安全生产教育和培训，或者未按照规定如实告知有关的安全生产事项行为的，责令限期改正，可以处五万元以下的罚款；逾期未改正的，责令停产停业整顿，并处五万元以上十万元以下的罚款，对其直接负责的主管人员和其他直接责任人员处一万元以上二万元以下的罚款。

二、事故原因

1. 直接原因

作业人员代××在进行清洗外立面作业时，未按照 GB 23525—2009《座板式单人吊具悬吊作业安全技术规范》中 7.1.3 条款规定，在未将工作绳固定在楼顶挂点装置的情况下，违反 GB 23525－2009《座板式单人吊具悬吊作业安全技术规范》中 7.2.5 条款规定，没有将安全带（经查所用安全带不符合 GB 6095—2009《安全带》，且无特种劳动防护用品标识）（重点解读 3）的自锁器安装在柔性导轨上并扣好保险（重点解读 4），盲目上座板装置违章作业，导致工作绳从挂点装置脱落时，坠落保护系统不能提供必要的保护，致使其坠落死亡，是事故发生的直接原因。

【重点解读 3】

第一，经查代××所用的安全带主带宽度为 30mm，不符合 GB 6095—2009《安全带》中 5.1.3.2 "主带应是整根，不能有接头。宽度不应小于 40mm"的规定。

代××所在单位在劳动防护用品发放方面违反了《安全生产法》第四十二条：生产经营单位必须为从业人员提供符合国家标准或者行业标准的劳动防护用品，并监督、教育从业人员按照使用规则佩戴、使用。

生产经营单位违反《安全生产法》第四十二条的相应罚则为第九十四条：生产经营单位有未为从业人员提供符合国家标准或者行业标准的劳动防护用品行为的，责令限期改正，可以处五万元以下的罚款；逾期未改正的，处五万元以上二十万元以下的罚款，对其直接负责的主管人员和其他直接责任人员处一万元以上二万元以下的罚款；情节严重的，责令停产停业整顿；构成犯罪的，依照刑法有关规定追究刑事责任。

第二，安全带属于特种劳动防护用品，因此代××使用的安全带应取得特种劳动防护用品标识，即安全带产品上应有"LA"标识，经查代××所用的安全带无"LA"标识。

《劳动防护用品监督管理规定》（国家安监总局令第 1 号）（以下简称《1 号令》）第六条规定"特种劳动防护用品实行安全标志管理"。根据国家安监总局 2005 年 10 月 13 日公布的《特种劳动防护用品安全标志实施细则》（安监总规划字〔2005〕149 号），该细则的"附件 1《特种劳动防护用品目录》"中的"防坠落护具类"包括"安全带"。

《1 号令》第十八条规定："生产经营单位不得采购和使用无安全标志的特种劳动防护用品；购买的特种劳动防护用品须经本单位的安全生产技术部门或者管理人员检查验收"，采购的劳动防护用品，生产经营单位必须落实由经过专业的产品知识和法规标准培训的人员进行验收，保障作业人员使用的特种劳动防护用品具备安全标志，并且性能安全可靠。

如违反上述规定，相应的监督管理要求为：《1 号令》第二十一条规定：安全生产监督管理部门、煤矿安全监察机构对有"配发无安全标志的特种劳动防护用品的"行为的生产经营单位，应当依法查处。

相应的依法查处的罚则为：《1 号令》第二十五条规定：生产经营单位未按国家

有关规定为从业人员提供符合国家标准或者行业标准的劳动防护用品，有"配发无安全标志的特种劳动防护用品的"行为的，安全生产监督管理部门或者煤矿安全监察机构责令限期改正；逾期未改正的，责令停产停业整顿，可以并处五万元以下的罚款；造成严重后果，构成犯罪的，依法追究刑事责任。

【重点解读4】

第一，GB 23525—2009《座板式单人吊具悬吊作业安全技术规范》中7.1.3规定："每次作业前应检查挂点装置是否牢固可靠，承载能力是否符合要求，绳结应为死结，绳扣不能自动脱出。检查应有记录，每项检查应由检查责任人签字确认"。代××在作业前未进行任何有关挂点装置的检查。相关检查责任人，如项目经理或安全员也未进行检查并签字确认。

第二，GB 23525—2009《座板式单人吊具悬吊作业全技术规范》中7.2.5规定："作业人员应按先系好安全带，再将自锁器按标记箭头向上安装在柔性导轨上，扣好保险，最后上座板装置。检查无误后方可悬吊作业"。代××未将安全带的自锁器安装在柔性导轨上并扣好保险，盲目上座板装置，导致工作绳从挂点装置脱落时，坠落保护系统不能提供必要的保护，致其坠落死亡。

第三，代××的上述行为违反了《安全生产法》第五十四条"从业人员在作业过程中，应当严格遵守本单位的安全生产规章制度和操作规程，服从管理，正确佩戴和使用劳动防护用品"。

第四，代××所在单位未执行GB 23525—2009《座板式单人吊具悬吊作业安全技术规范》的行为违反了《安全生产法》第十条第二款"生产经营单位必须执行依法制定的保障安全生产的国家标准或者行业标准"。

2. 间接原因

（1）×路2号院外立面清洗工程施工现场组织者金××未制定安全生产规章制度和相关操作规程，未核实作业人员代××特种作业操作资格证书的情况下，贸然组织高层建筑物外立面清洗工作。

（2）承包单位××保洁公司将×路2号院外立面清洗工程发包给不具备安全生产条件的个人金××，未制定施工方案，未对工程现场所有作业人员的特种作业操作证进行核实（重点解读5）。

【重点解读5】

第一，关于"安全生产条件"广义的解释在《安全生产法》第十七条：生产经营单位应当具备本法和有关法律、行政法规和国家标准或者行业标准规定的安全生产条件；不具备安全生产条件的，不得从事生产经营活动。

在北京地区，"安全生产条件"具体的解释见《北京市安全生产条例》第十五条：生产经营单位应当具备下列安全生产条件：（一）生产经营场所和设备、设施符合有关安全生产法律、法规的规定和国家标准或者行业标准的要求。（二）矿山、建筑施工单位和危险化学品、烟花爆竹、民用爆破器材生产单位依法取得安全生产许可证。（三）建立健全安全生产责任制，制定安全生产规章制度和相关操作规程。（四）依法设置安全生产管理机构或者配备安全生产管理人员。（五）从业人员配备符合国家标准或者行业标准的劳动防护用品。（六）主要负责人和安全生产管理人员具备与生产经营活动相适应的安全生产知识和管理能力。危险物品的生产、经营、储存单位及矿山、建筑施工单位的主要负责人和安全生产管理人员，依法经安全生产知识和管理能力考核合格。（七）从业人员经安全生产教育和培训合格。特种作业人员按照国家和本市的有关规定，经专门的安全作业培训并考核合格，取得特种作业操作资格证书。（八）法律、法规和国家标准或者行业标准、地方标准规定的其他安全生产条件。不具备安全生产条件的单位不得从事生产经营活动。

个人金××不具备安全生产法和有关法律、行政法规和国家标准或者行业标准规定的安全生产条件，不得从事生产经营活动。按照《北京市安全生产条例》第15条具体来分析，其一，生产设备"座板式单人吊具"挂点装置的安装就不符合GB 23525—2009《座板式单人吊具悬吊作业安全技术规范》的规定；其二，金××没有建立健全安全生产责任制，没有制定高空清洗悬吊作业的安全生产规章制度和相关操作规程；其三，未配备安全生产管理人员；其四，金××为从业人员配备的安全带不符合GB 6095—2009《安全带》，且无特种劳动防护用品标识；其五，金××作为现场组织者不具备与悬吊作业生产经营活动相适应的安全生产知识和管理能力；其六，代××等多人未经安全生产教育和培训合格，代××作为特种作业人员，未按照国家和本市的有关规定，经专门的安全作业培训并考核合格，取得北京市安监局核发的高处作业类操作项目为"高处悬挂作业建筑物表面清洗"的特种作业操作资格证书。

第二，关于"生产经营项目发包"：《安全生产法》第四十六条第一款规定：生产经营单位不得将生产经营项目、场所、设备发包或者出租给不具备安全生产条件或者相应资质的单位或者个人。

××保洁公司从发包单位××物业公司承包了该建筑物清洗项目后，本应在具备安全生产条件的情况下开展施工作业，但其却将该项目二次转包给了不具备安全生产条件的个人金××。

第三，生产经营单位违反《安全生产法》第四十六条第一款规定的相应罚则为第一百条第一款：生产经营单位将生产经营项目、场所、设备发包或者出租给不具备安全生产条件或者相应资质的单位或者个人的，责令限期改正，没收违法所得；违法所得十万元以上的，并处违法所得二倍以上五倍以下的罚款；没有违法所得或者违法所得不足十万元的，单处或者并处十万元以上二十万元以下的罚款；对其直接负责的主管人员和其他直接责任人员处一万元以上二万元以下的罚款；导致发生生产安全事故给他人造成损害的，与承包方、承租方承担连带赔偿责任。

(3) ××保洁公司法定代表人程××，未建立本单位安全生产责任制，未明确"蜘蛛人"清洗悬吊作业现场安全责任及分工；未督促、检查本单位的安全生产工作，及时消除生产安全事故隐患（重点解读6）。

【重点解读6】

关于生产经营单位主要负责人在安全生产方面的职责，《安全生产法》第十八条规定：生产经营单位的主要负责人对本单位安全生产工作负有下列职责：（一）建立、健全本单位安全生产责任制；（二）组织制定本单位安全生产规章制度和操作规程；（三）组织制定并实施本单位安全生产教育和培训计划；（四）保证本单位安全生产投入的有效实施；（五）督促、检查本单位的安全生产工作，及时消除生产安全事故隐患；（六）组织制定并实施本单位的生产安全事故应急救援预案；（七）及时、如实报告生产安全事故。

程××作为××保洁公司的法定代表人，违反了《安全生产法》第十八条第（一）项、第（五）项的规定：未建立本单位安全生产责任制，未明确"蜘蛛人"清洗悬吊作业现场安全责任及分工；未督促、检查本单位的安全生产工作，及时消除生产安全事故隐患。

(4) 发包单位××物业公司将×路2号院外立面清洗工程发包给不具备安全生产条件的××保洁公司，未对施工现场所有作业人员的特种作业操作证进行核实，未核实查看××保洁公司的安全生产责任制、安全生产规章制度和操作规程等材料（重点解读7）。

【重点解读7】

与"重点解读5"类似：××保洁公司不具备安全生产法和有关法律、行政法规和国家标准或者行业标准规定的安全生产条件，不得从事生产经营活动。按照《北京市安全生产条例》第十五条具体来分析，其一，该公司没有建立健全安全生产责任制，没有制定高空清洗悬吊作业的安全生产规章制度和相关操作规程；其二，未配备安全生产管理人员；其三，代××等多人未经安全生产教育和培训合格；其四，代××作为特种作业人员，未按照国家和本市的有关规定，经专门的安全作业培训并考核合格，取得北京市安监局核发的高处作业类操作项目为"高处悬挂作业建筑物表面清洗"的特种作业操作资格证书。

发包单位××物业公司未履行对××保洁公司是否具备安全生产条件的审查程序：未对施工现场所有作业人员的特种作业操作证进行核实，未作业人员是否经过安全生产教育并培训合格，未核实查看××保洁公司的安全生产责任制、安全生产规章制度和操作规程等材料。

三、事故责任分析及处理意见

（1）代××作为现场作业人员，在清洗外立面作业时，在未将工作绳固定在楼顶挂点装置的状况下，未按照 GB 23525—2009《座板式单人吊具悬吊作业安全技术规范》中 7.2.5 条款的规定，没有将安全带的自锁器安装在柔性导轨上并扣好保险，盲目上座板装置，违章作业，导致工作绳从挂点装置脱落时，坠落保护系统不能提供必要的保护，致使其坠落死亡，其行为违反了《安全生产法》第四十九条的规定，未正确佩戴和使用劳动防护用品，对事故发生负有直接责任，鉴于其在事故中死亡，不予追究。

（2）金××作为×路 2 号院外立面清洗作业的现场组织者，不具备安全生产条件，在未建立健全安全生产责任制；未制定安全生产规章制度和相关操作规程；未核实现场作业人员作业资格和相关特种作业操作资格证书的情况下，擅自组织从事高层建筑物外立面清洗，其行为违反了《安全生产法》第十七条"生产经营单位应当具备本法和有关法律、行政法规和国家标准或者行业标准规定的安全生产条件；不具备安全生产条件的，不得从事生产经营活动"的规定，对事故发生负有直接责任，依据《刑法修正案（九）》第一百三十四条第一款的规定（重点解读 8），建议司法机关依法对金××追究刑事责任。

【重点解读 8】

第一，中华人民共和国刑法修正案（九）于 2015 年 8 月 29 日实施，涉及安全生产的条款在《刑法》第二编《分则》的第二章《危害公共安全罪》的第一百三十四条至一百三十九条。

第二，第一百三十四条第一款规定：在生产、作业中违反有关安全管理的规定，因而发生重大伤亡事故或者造成其他严重后果的，处三年以下有期徒刑或者拘役；情节特别恶劣的，处三年以上七年以下有期徒刑。

金××在建筑物清洗作业过程中，违反《安全生产法》和多项国家标准的规定，导致发生 1 人死亡事故。

第三，刑事案件立案追诉标准是指公安机关、人民检察院发现犯罪事实或者犯罪嫌疑人，或者公安机关、人民检察院、人民法院对于报案、控告、举报和自首的材料，以及自诉人起诉的材料，按照各自的管辖范围进行审查后，决定是否作为刑事案件进行侦查起诉或者审判所依赖的标准。

根据《最高人民检察院、公安部关于公安机关管辖的刑事案件立案追诉标准的规定（一）》（公通字〔2008〕36 号）第八条规定：［重大责任事故案（刑法第一百三十四条第一款）］在生产、作业中违反有关安全管理的规定，涉嫌下列情形之一的，应予立案追诉：（一）造成死亡一人以上，或者重伤三人以上；（二）造成直接经济损失五十万元以上的；（三）发生矿山生产安全事故，造成直接经济损失一百万元以上的；（四）其他造成严重后果的情形。

金××涉嫌造成死亡一人，根据上述规定，应予立案追诉，因此，司法机关依法对金××追究刑事责任。

（3）程××作为××保洁公司公司法定代表人，未建立、健全本单位安全生产责任制，未明确安全责任及分工，违反了《安全生产法》第十八条第（一）、（五）项的规定，对事故发生负有领导责任，依据《刑法修正案（九）》第一百三十四条第一款的规定，建议司法机关依法对程××追究刑事责任（重点解读9）。

【重点解读9】

生产经营单位的主要负责人违反《安全生产法》第十八条规定，未履行对本单位安全生产工作的7项职责的某一项或某几项，相应的罚则为《安全生产法》第九十一条第二款：生产经营单位的主要负责人有前款（未履行本法规定的安全生产管理职责的）违法行为，导致发生生产安全事故的，给予撤职处分；构成犯罪的，依照刑法有关规定追究刑事责任。

程××作为××保洁公司的法定代表人，未履行《安全生产法》第十八条第（一）项、第（五）项的规定：未建立本单位安全生产责任制，未明确"蜘蛛人"清洗悬吊作业现场安全责任及分工；未督促、检查本单位的安全生产工作，及时消除生产安全事故隐患。因而导致发生1人死亡的生产安全事故，构成犯罪，依照刑法第一百三十四条第一款"在生产、作业中违反有关安全管理的规定，因而发生重大伤亡事故或者造成其他严重后果的，处三年以下有期徒刑或者拘役；情节特别恶劣的，处三年以上七年以下有期徒刑"的规定追究刑事责任。

（4）××保洁公司将生产经营项目发包给不具备安全生产条件的个人金××，违反了《安全生产法》第四十六条第一款的规定，对事故发生负有主要责任，依据《安全生产法》第一百零九条第（一）项的规定，由安全生产监督管理部门给予其罚款30万元的行政处罚（重点解读10）。

【重点解读10】

第一，《安全生产法》第一百零九条规定：发生生产安全事故，对负有责任的生产经营单位除要求其依法承担相应的赔偿等责任外，由安全生产监督管理部门依照下列规定处以罚款：（一）发生一般事故的，处二十万元以上五十万元以下的罚款；（二）发生较大事故的，处五十万元以上一百万元以下的罚款；（三）发生重大事故的，处一百万元以上五百万元以下的罚款；（四）发生特别重大事故的，处五百万元以上一千万元以下的罚款；情节特别严重的，处一千万元以上二千万元以下的罚款。

第二，按照现行的《生产安全事故报告和调查处理条例》（中华人民共和国国务院令第493号）第三条第四项的规定：一般事故，是指造成3人以下死亡，或者10

人以下重伤，或者 1000 万元以下直接经济损失的事故。因此本起死亡 1 人的事故为一般生产安全事故，处罚额度在二十万元到五十万元之间，故安全生产监督管理部门给予其罚款 30 万元的行政处罚。

（5）发包单位××物业公司将×路 2 号院外立面清洗工程发包给不具备安全生产条件的××保洁公司，违反了《安全生产法》第四十六条第一款的规定，对事故发生负有主要责任，依据《安全生产法》第一百零九条第（一）项的规定，由安全生产监督管理部门给予其罚款 30 万元的行政处罚（重点解读 11）。

【重点解读 11】 与"重点解读 10"类似（略）。

附录 1：解读刑法修正案（见第三章）。

附录 2：事故处理涉及以下方面：

（1）追究刑事责任（刑法）

（2）追究行政责任（监察部、安监总局 11 号令）

（3）党纪处分（中共纪律处分条例）

（4）行政处罚（《安全生产法》《生产安全事故调查处理条例》等）

（5）吊销证照、执业资格，暂停安全生产许可证，停止招投标资格

（6）赔偿家属费用（亡 1 人：100～300 万）、医疗康复费用、接待家属费用

（7）因停产停业整顿造成的损失（一周停产 2000 多万损失）

【案例 13.2】 两名作业人员利用同一个挂点造成的安全事故

1. 事故经过

某清洗公司承接企业厂房外墙面清洗业务。在工期较紧、作业人员较少的情况下，公司外墙部门经理在社会上招聘了几名新工人。并且让外墙清洗领班带领他们一起清洗该厂房外墙。领班带领他们做了一吊后，就称自己还有事离开了，留下这几名工人在做。那几位新工人在做第二吊时，把两根工作吊绳栓在屋面上冷却器底下的一根砖柱上，其中两名作业人员一起下吊进行清洗。在做到三层时，屋面上的砖柱被两根工作吊绳拉倒，导致这二名作业人员坠落，造成一名作业人员股骨骨折，另一名作业人员脚骨骨折。

2. 原因分析

（1）该公司管理混乱，对新招聘工人没有进行安全教育培训就上岗作业，所以导致这起安全事故，属无证作业。

（2）作业人员缺乏自我保护意识，在作业过程中不安装坠落保护系统。

（3）挂点选择了砖混砌筑结构，不能承受剪力。

（4）两个人使用同一个挂点装置。

（5）工作绳绑扎在屋顶上的砖柱上受座板的重力、摆动影响，使砖柱拉倒，绳落人坠。也没有坠落保护系统所以造成这次重大安全事故。

（6）公司存在麻痹思想，总认为以前比这高得多的高楼也做过，某厂房不算高问题不大等想法，所以引起这起安全事故。

3. 防范措施

（1）GB 23525—2009《座板式单人吊具悬吊作业安全技术规范》中 7.2.1 规定，悬吊作业时屋面应有经过专业培训的安全员监护。

（2）GB 23525—2009《座板式单人吊具悬吊作业安全技术规范》中 8.1.2 规定，作业人员应接受高处悬吊作业的岗位培训，取得座板式单人吊具悬吊作业操作证后，持证上岗作业。

（3）提高作业人员的安全知识和自我保护意识。

（4）GB 23525—2009《座板式单人吊具悬吊作业安全技术规范》中 4.1.7 规定，每个挂点只能供一人使用。不能两人共用同一个挂点。悬吊下降系统和坠落保护系统的挂点一定要牢固。

（5）一定要安装坠落保护系统。

（6）GB 23525—2009《座板式单人吊具悬吊作业安全技术规范》中 4.1.5 规定，严禁利用屋面砖混砌筑结构、烟囱、通气孔、避雷线等结构作为挂点装置。

【案例 13.3】在恶劣天气中作业的安全事故

1. 事故经过

为了迎国庆节的到来，以整洁的面貌来迎接建国，某物业公司正在抓紧时间对二十余层的某酒店进行墙面清洗工作。

这天风力较大（五级以上），上班前公司现场负责人要大家注意安全。章某与同伴用吊具作业。章某在大楼的墙角处清洗，吊具受风影响摆动不停，一阵疾风将吊具同章某吹出去 10m 左右，碰到了电线杆上的架空电线后又弹了回来。此时章某已被安全绳扣在吊具上，垂着脑袋不会动弹，现场人员将失去知觉的章某急送医院，经人工呼吸等紧急抢救，章某终于脱离了生命危险。

2. 原因分析

（1）章某从事高空清洗作业已一年多，但没参加过特种作业安全技术培训，属无证违章操作，公司负有全部责任。

（2）这天风力较大，公司现场负责人仅对作业人员作了口头交待，为了抢进度，仍安排大家作业，没有采取必要的安全措施。

（3）墙角处是大风通过的道口，狭缝效应产生的疾风将章某随同吊板吹起与380V 电线的裸露部分撞了一下，章某被受瞬间电击弹了回来。因电击时间短又抢救及时，终于挽回了生命。

（4）未使用坠落保护系统。

3. 防范措施

（1）GB 23525—2009《座板式单人吊具悬吊作业安全技术规范》中 8.3.2 规定，风力 4 级以上时，禁止高空清洗作业。

（2）GB 23525—2009《座板式单人吊具悬吊作业安全技术规范》中 8.1.2 规定，作业人员作业前，先要参加高空清洗作业安全技术培训，经考试合格取得上岗操作证后，才能从事高空清洗作业。

（3）GB 23525—2009《座板式单人吊具悬吊作业安全技术规范》中 4.3.1 规定，高空清洗每个作业人员应单独配置坠落保护系统。

【案例 13.4】 工作绳磨断造成的事故

1. 事故经过

一家公司为某发电厂清洗 187m 高的烟囱，4 个人使用座板式单人吊具在烟囱上进行清洗作业。作业人员先铲除积灰、再用药水清洗，由于药水腐蚀性强，用量太多，滴到工作绳上，将绳腐蚀断，4 个操作工坠落到烟囱休息台上，造成腿骨骨折。

某清洗公司使用座板式单人吊具对某大楼的外墙进行清洗作业，由于 16 层商住大楼圆弧的外形较为特殊，且工作量较大，公司员工张某为追求清洗速度，只用一根工作绳挂上座板就投入了作业，在施工过程中，因绳子的摆幅较大，绳子突然断裂，张某在离地 8m 处坠落，结果当即倒地不起，经送医院抢救无效死亡。

2. 原因分析

（1）未使用坠落保护系统。

（2）对使用已久的工作绳，在使用前没有作检查；

（3）在屋顶转角处，没有垫好衬垫，绳子被磨断，造成人员坠落。

3. 防范措施

（1）GB 23525—2009《座板式单人吊具悬吊作业安全技术规范》中 7.2.4 规定，建筑物的凸缘或转角处应垫有防止绳索损伤的衬垫，或采用马架，防止绳子磨损，造成安全事故；

（2）GB 23525—2009《座板式单人吊具悬吊作业安全技术规范》中 7.1.1 规定，作业前一定要对设备工具做班前检查后，才能从事高空清洗作业；

（3）GB 23525—2009《座板式单人吊具悬吊作业安全技术规范》中 4.3.1 规定，高空清洗每个作业人员应单独配置坠落保护系统。

【案例 13.5】 开放式挂点，使工作绳滑脱的安全事故

1. 事故经过

1998 年 8 月 17 日，闹市区新建成的某商厦，清洗公司正在用座板式单人吊具对 20 层大厦幕墙上的灰垢进行清洗，清洗工孙某正吊在 3 楼作业，突然一声响，接着一长串的粗绳从天而降，自上坠下的孙某被压在散落的绳下，急送医院抢救，终因伤重不治身亡。

2. 原因分析

（1）开放式挂点，使工作绳滑脱。

（2）未安装使用坠落保护系统。

（3）悬吊作业区域下方未设警戒区，如碰到行人，后果更为严重。

3. 防范措施

（1）GB 23525—2009《座板式单人吊具悬吊作业安全技术规范》中 4.1.4 规定，利用屋面钢筋混凝土结构作为挂点装置时，固定栓固点应为封闭型结构，防止工作绳、柔性导轨从栓固点脱出。

（2）GB 23525—2009《座板式单人吊具悬吊作业安全技术规范》中 4.3.1 规定：高空清洗每个作业人员应单独配置坠落保护系统。

（3）GB 23525—2009《座板式单人吊具悬吊作业安全技术规范》中 7.2.2 规定：悬吊作业区域下方应设警戒区，其宽度应符合 GB 3608—2008《高处作业分级》中附录 A 可能坠落范围半径 R 的要求，在醒目处设警示标志并有专人监控。悬吊作业时警戒区内不得有人、车辆和堆积物。

第十四章 吊篮事故案例

【案例 14.1】设备有缺陷造成重大伤亡安全事故自制吊篮设备不具备安全生产条件

1. 事故经过

某幕墙公司承包某大厦玻璃幕墙的安装业务。在完成大部分的工程后，只剩下一个悬窗未装。天下起大雨，只好停止室外作业，并将吊篮平台停放在18层处。下午2时，董队长带领一名作业人员从18层的悬窗口通过脚架进入吊篮平台，又冒雨进行作业。因下雨，原来已经破裂的吊篮升降开关被雨水淋湿后失灵，致使吊篮失控，平台直往上冲。董队长发现吊篮失控后大叫"拉电"但为时已晚，先是吊篮平台的左边冲顶（20层），接着吊篮平台右边也冲顶。因无限位装置，平台冲顶后紧紧卡在用22号工字钢做成的吊臂上，电机仍在转动，使左右两边工作钢丝绳先后被强行拉断，吊篮平台坠落，同时把操纵控制电缆线也拉断。吊篮左边工作钢丝绳先拉断，把董队长抛出平台，从20层摔到7层脚手架后再落在5层脚手板上，不治身亡。另一名作业人员因发现吊篮失控后，紧紧抓住吊篮平台一起坠落到7层脚手架上，经抢救后生命获救，但造成多处骨折。终身残疾。

2. 原因分析

（1）自制吊篮设备有缺陷，无上下限位装置，只有工作钢丝绳无安全钢丝绳，也没有超速锁或防倾斜锁等安全保护装置。安装后又未经有关部门检查验收，就投入使用。

（2）破损的吊篮升降开关被雨水淋湿后失灵，造成事故隐患。

（3）现场管理混乱，无安全生产责任制，职责不清；无安全操作规程；安全管理网络不健全，无专人进行安全检查等。

（4）作业人员违反登高架设作业的有关规定，未系安全带和使用人身安全绳。

（5）董队长和另一名作业人员，没参加过特种作业人员登高架设作业（墙面装饰维修清洗）安全技术培训，属无证违章操作。

3. 防范措施

（1）登高设备架设完毕后，要经过有关部门检查验收，并取得有关证后方可使用。

（2）加强现场管理制度，职责要明确，设备使用前一定要全方位进行检查。发现设备设施有缺陷或隐患不得使用。

（3）严格按照操作规程进行作业。高空清洗作业人员必须使用坠落悬挂安全带和人身安全绳。

（4）登高作业人员先要参加特种作业人员登高架设作业（立面装饰维修清洗）安全技术培训，经考核合格取得特种作业操作证后，才能从事登高作业。

【案例14.2】吊篮架设不规范及作业人员超载造成的安全事故

1. 事故经过

某建筑防水涂料公司承接一栋高层写字搂，对外墙面涂刷外墙防水涂料，租赁暂设式吊篮（300kg），在租赁公司安装吊篮悬挂机构（轮架）时，因屋面深度只有5m，悬挂机构与吊篮平台不能成90°安装，所以架设人员就把悬挂机构与吊篮平台安装成60°。架设完毕后，就交给使用单位使用（某建筑防水涂料公司）。在作业时，三名作业人员操作吊篮渐渐上升至四层阳台底部，由于吊篮平台受阳台底部阻挡，不能再上升，一名作业人员用木棒支撑阳台底部，以便吊篮平台继续上升，至使屋顶上的一只轮架向外侧翻导致吊篮平台一侧超速倾覆，三名作业人员因受到吊篮平台上栏杆撞击后受伤，其中一名三根右肋骨骨折，一名手臂骨折，另一名腿骨骨折。

2. 原因分析

（1）租赁公司架设人员，没有按照高处作业吊篮的有关规定架设悬挂机构（轮架），在屋面达不到架设要求的情况下强制架设，这样悬挂机构防倾覆力矩变小，起不到原设计防倾覆力矩要求，是悬挂机构倾覆的主要因素。

（2）吊篮架设完毕后，在交给使用单位使用前设备未经有关部门检查验收。

（3）企业管理混乱，无安全生产责任制，无安全操作规程，无专人进行安全检查，无过载保护装置。

（4）该吊篮载重为300kg，作业人员上去三名，属超载作业。是悬挂机构倾覆的主要因素。

3. 防范措施

（1）吊篮设备的架设，必须按照有关标准规定进行，不得私自改动安装要求。吊篮设备架设完毕后，一定经过有关责能部门进行检察，并取得有关使用证后，方可交给使用单位使用。

（2）使用单位在使用设备前，必须对作业人员安全教育，加强作业人员自我保护意识。不准超载作业。

（3）带病、有缺陷、有隐患的吊篮不准投入使用。

【案例14.3】吊篮设备电气操纵控制箱连接电器的安全事故

1. 事故经过

上海某建筑公司为某大楼承担外墙装饰工程，泥工毛某和沈师傅在大楼的十二层用高空吊篮进行大理石砌挂作业，为了抢进度，晚饭后还需将剩下的一部分大理石砌完。6时10分，天色已暗，毛某取来小太阳灯作照明，用小太阳灯的一根线插入吊篮电气操纵箱的380V端子内，另一根灯线同电箱外壳的地线桩头相联，电箱外壳固定在吊篮平台的铁栏杆上，构成220V电路回路，小太阳灯用白铁管作支架，与平台栏杆绑接。接线时，毛某脚踏在平台的木质底板上，开始工作时，毛某手抓在平台的栏杆惨叫一声触电，倒地不起。在楼内切割大理石槽子的沈师傅闻声后准备上吊篮平台看个明白，用手背在平台栏杆处快速一擦，只觉浑身一阵痉挛，知道毛某已经触电，急忙转身狂奔到楼内电源箱将吊篮的电源切断，毛已不省人事。因时间已晚，大部分员工已下班，加班的仅存廖廖数人，众人一起将人从吊篮的平台上抬到楼内电梯旁，齐声呼喊电梯不见上来。几个人只好手忙脚乱的将毛某一层层抬到楼下，叫车将毛某送到市六医院抢救，时间已过一个多小时，毛某已气绝身亡。

2. 原因分析

（1）违反操作规程，小太阳灯应插在220V的电源插座上，不应私自接在吊篮内380V电压的电气操纵箱内。

（2）小太阳灯用导电的白铁管作支架，灯管没有管座，电线直接进灯脚头，灯线接触外罩壳导电。

（3）工地夜间施工，工地领导不在场，也没有配备电工。

（4）员工们缺乏对触电者进行人工呼吸的急救护理常识，而折腾了一个多小时才送到医院抢救，为时已晚。

3. 防范措施

（1）工地领导应组织好夜间施工，并派电工作好施工场地的照明工作。照明灯具应完好。

（2）不准在吊篮电气操纵箱内擅自接线。电源接线应由经特种作业培训考核合格，取得电工上岗证的人员操作。

（3）上夜班的电梯工不应随便离开岗位。

（4）公司应对员工进行培训，掌握触电的预防措施和急救常识。对触电者应就地躺下进行人工呼吸或请医生来诊治，切莫瞎折腾，贻误时间。

【案例14.4】吊篮严重机械故障的安全事故

1. 事故经过

某高层建筑施工作业时，吊篮下降离至地面4m左右处，发生严重故障。两名作业人员中一人系有安全绳，被摔出吊篮后挂在空中，脸、手等处挫伤。另一人为了提早下班，解下了安全绳，结果被摔出吊篮，头部撞在地面，人昏迷不醒。

2. 原因分析

（1）吊篮齿轮箱第2挡轴齿轮碎裂成五小块。

（2）安全锁安全保护装置无铅封，机构内弹簧锈蚀，并有垃圾阻塞，动作不灵活，有卡滞现象。

（3）受伤重的作业人员违反安全规定。

3. 防范措施

（1）设备应定期定人检修。

（2）不准私自拆装安全装置。

（3）作业人员应严格按安全作业规程施工。

【案例 14.5】吊篮架设不当的安全事故

1. 事故经过

1996 年某日，两名作业人员乘坐刚安装好的吊篮升至九楼，准备进行外墙粉刷时，固定在屋顶女儿墙的一只 U 形固定块突然脱落，吊篮立刻倾斜，吊篮内的作业人员翻出篮外，先后坠落在地，其中一人当场死亡，另一人严重摔伤。

2. 原因分析

（1）U 形固定块安装不当。

（2）作业人员未将安全带连接在人身安全绳上。

（3）使用吊篮前未对吊篮设施作全面检查。

3. 防范措施

（1）严格按设备架设的技术指标进行安装、架设。

（2）进入吊篮的作业人员必须经过专业培训，持证上岗。

（3）安全带必须按要求挂在人身安全绳上使用。

【案例 14.6】吊篮超载的安全事故

1. 事故经过

1998 年 9 月 25 日下午，北京富国广场工地，某装饰公司安排夏某、饶某等 5 人从一层往 6 层运送花岗岩板材。夏某、饶某等人使用现场搁置几天未用的电动吊篮进行运输。当 5 块花岗岩板材的电动吊篮上升到第三层（约 11m 高）时，一边的工作钢丝绳突然全部破断使悬吊平台的一端坠落下来，悬吊平台上有两人，一人系了安全带受轻伤，另一人未系安全带摔到地面上，受重伤。当时悬吊平台上共有 5 块花岗岩板材及 2 名作业人员共重 480kg。

2. 原因分析

（1）工作钢丝绳破断。导致钢丝绳破断的原因有：所载人和物超载 130kg（额定载荷 350kg）；使用了不合要求的工作钢丝绳，致使钢丝绳磨损加剧。

（2）已停用的电动吊篮在使用时未作全面检查。

（3）未系绳坠铁，安全锁未起作用。

（4）将电动吊篮作为垂直运输工具使用。

（5）一人未系安全带。

3. 防范措施

（1）严禁将电动吊篮作为垂直运输工具、严禁超载。

（2）工作钢丝绳与安全钢丝绳型号有区别时，安装时要引起注意，严禁安装错误。

（3）已停用的电动吊篮在使用前应作全面检查，合格后方可使用。

（4）安全钢丝绳下端须系绳坠铁。

【案例 14.7】 吊篮违章安装错误的安全事故

1. 事故经过

2000 年 6 月 18 日下午，北京西客站东维修工区综合楼外墙瓷砖维修工程，电动吊篮在正常使用时，一根挑梁连同悬吊平台一起从 9 层坠落至一层裙楼楼顶的冷却塔上，死两人、重伤一人，冷却塔报废。

直接原因：未安装联接销轴，致使悬挂机构左侧挑梁的后支柱从后导向支柱中拔出后坠落。

2. 原因分析

（1）个人挂靠在某租赁公司非法经营。

（2）安装完毕未经检查验收，就开始使用。

（3）三人均未配带安全带。

3. 防范措施

（1）由于电动吊篮的安装频繁，出租单位应加强安装管理，对安装完毕的吊篮进行检查验收。

（2）作业人员必须系安全带，戴安全帽。

（3）为防止悬挂机构坠落，作业人员应配备安全绳，并将安全绳固定在屋顶可靠的固定点上，再将安全带通过自锁器系于安全绳上。

【案例 14.8】 吊篮违章安装错误的安全事故

1. 事故经过

2000 年 8 月 13 日，在海淀区蓝旗营 3 号楼工地，电动吊篮上升过程中，悬挂机构的一根挑梁折断，连同悬吊平台一起从 7～8 层坠落在 3 层顶板上，四名作业人员一人死，二人重伤，一人轻伤。

2. 原因分析

（1）前支架未安装，而将挑梁直接放在女儿墙上，使其抵抗扭矩的刚度大为降低。

（2）挑梁的外伸长度过大。生产厂《使用说明书》明确指出悬臂挑梁外伸距离应小于 1.5m，当悬臂挑梁外伸距离大于 1.5m，必须更换加长挑梁并增加足够数量的配重。该电动吊篮的挑梁外伸长度为 1.7m，增加了挑梁的弯矩。

（3）吊篮混装。该电动吊篮是 ZLD500 的悬挂机构与 ZLD800 的悬吊平台混装而成，这是绝对不允许的，由于混装致使电动吊篮超载。

（4）悬挂机构挑梁两吊点的距离大于悬挂平台的宽度。这样使左右钢丝绳不平行，对挑梁产生扭矩，并且悬吊平台的位置越高，扭矩也越大。

（5）连接螺栓以小代大。悬挂机构的前挑梁与中间梁连接处，以 M8 螺栓代替 M12 螺栓。

综上所述，随着悬吊平台位置的不断上升，左右钢丝绳与铅垂线的夹角随之加大，对挑梁的扭矩也相应加大，再加上未安装前支架、挑梁外伸长度过大、超载等因素的共同作用，致使挑梁联接螺栓被剪或脱扣破坏，前挑梁连同悬吊平台一起坠落。

3. 防范措施

（1）电动吊篮不能混装，悬挂机构挑梁的外伸长度要符合说明书的要求，连接螺栓严禁以"小"代"大"，严禁超载。

（2）不允许不安装悬挂机构的前支架。当现场确无安装前支架的条件时，请与生产厂家商定具体的补救措施，严禁自行采取措施。

（3）为防止坠落事故发生，悬吊平台上的作业人员应配备安全绳。

【案例 14.9】吊篮违章安装错误的安全事故

1. 事故经过

8月21日上午7点30分左右，海淀区蓝旗营5号楼工一台 ZLD500 电动吊篮在正常工作时，其悬挂机构的一根挑梁从屋顶掉到三层楼顶上，悬吊平台倾斜在7至8层空中，悬吊平台上的三人均从窗口爬回楼内。

2. 原因分析

该电动吊篮未安装前支架，而后支架上固定挑梁的4根螺栓中有2根已明显松动，固定挑梁脚手架的扣件也已松动，导致挑梁从后支架上的固定夹板中拽出后，掉到三层楼顶上。

3. 防范措施

（1）不允许不安装电动吊篮的前支架。当现场确无安装前支架的条件时，请与生产厂商定具体的补救措施，严禁自行采取措施。

（2）出租单位应加强对电动吊篮的日常检查，尤其是联接螺栓等关键部位的检查。

【案例 14.10】吊篮违章安装错误的安全事故

1. 事故经过

2000 年 11 月 13 日，西便门西里十五号楼进行外墙刷涂料作业。中午 12 点 30 分左右，一台正在施工的 ZLD500 电动吊篮从 10 层高处坠落到一层裙楼楼顶上，三名作业人员中一人死亡，二人重伤。

2. 原因分析

据现场调查，该电动吊篮存在多处违章安装现象：

（1）悬挂机构前支架安装在楼顶女儿墙外的挑槽外侧，未加任何有效约束，使整个机构处于非稳定状态。

（2）前支架超高安装，高于该设备正确安装的最大极限高度约 250mm，并且将原结构连接销轴改为焊接。超高安装使悬挂机构的重心提高，增加了悬挂机构的不稳定性。

（3）悬挂机构的横梁与前支架连接的四个螺栓仅安装了两个。同时，据多名目击者反映，作业人员存在严重违章操作行为：为了涂刷够不到的墙面而采用荡秋千的方式将工作荡至相应位置后，由两人扒住窗户，另一人进行涂刷作业。违章安装是事故的根源，违章操作是这起事故的"导火线"。

3. 防范措施

（1）严禁以"荡秋千"的方式操作电动吊篮。

（2）严禁超高安装前支架、严禁少安装悬挂机构的固定螺栓。

（3）为防止悬挂机构坠落，悬吊平台上的作业人员应配备安全绳。

第四部分

附　录

中华人民共和国安全生产法

（2002 年 6 月 29 日第九届全国人民代表大会常务委员会第二十八次会议通过，2014 年 8 月 31 日第十二届全国人民代表大会常务委员会第十次会议修改）

第一章　总　则

第一条　为了加强安全生产工作，防止和减少生产安全事故，保障人民群众生命和财产安全，促进经济社会持续健康发展，制定本法。

第二条　在中华人民共和国领域内从事生产经营活动的单位（以下统称生产经营单位）的安全生产，适用本法；有关法律、行政法规对消防安全和道路交通安全、铁路交通安全、水上交通安全、民用航空安全以及核与辐射安全、特种设备安全另有规定的，适用其规定。

第三条　安全生产工作应当以人为本，坚持安全发展，坚持安全第一、预防为主、综合治理的方针，强化和落实生产经营单位的主体责任，建立生产经营单位负责、职工参与、政府监管、行业自律和社会监督的机制。

第四条　生产经营单位必须遵守本法和其他有关安全生产的法律、法规，加强安全生产管理，建立、健全安全生产责任制和安全生产规章制度，改善安全生产条件，推进安全生产标准化建设，提高安全生产水平，确保安全生产。

第五条　生产经营单位的主要负责人对本单位的安全生产工作全面负责。

第六条　生产经营单位的从业人员有依法获得安全生产保障的权利，并应当依法履行安全生产方面的义务。

第七条　工会依法对安全生产工作进行监督。

生产经营单位的工会依法组织职工参加本单位安全生产工作的民主管理和民主监督，维护职工在安全生产方面的合法权益。

生产经营单位制定或者修改有关安全生产的规章制度，应当听取工会的意见。

第八条　国务院和县级以上地方各级人民政府应当根据国民经济和社会发展规划制定安全生产规划，并组织实施。安全生产规划应当与城乡规划相衔接。

国务院和县级以上地方各级人民政府应当加强对安全生产工作的领导，支持、督促各有关部门依法履行安全生产监督管理职责，建立健全安全生产工作协调机制，及时协调、解决安全生产监督管理中存在的重大问题。

乡、镇人民政府以及街道办事处、开发区管理机构等地方人民政府的派出机关应当按照职责，加强对本行政区域内生产经营单位安全生产状况的监督检查，协助上级人民政府有关部门依法履行安全生产监督管理职责。

第九条　国务院安全生产监督管理部门依照本法，对全国安全生产工作实施综合监督管理；县级以上地方各级人民政府安全生产监督管理部门依照本法，对本行政区域内安全生产工作实施综合监督管理。

国务院有关部门依照本法和其他有关法律、行政法规的规定，在各自的职责范围内对有关行业、领域的安全生产工作实施监督管理；县级以上地方各级人民政府有关部门依照本法和其他有关法律、法规的规定，在各自的职责范围内对有关行业、领域的安全生产工作实施监督管理。

安全生产监督管理部门和对有关行业、领域的安全生产工作实施监督管理的部门，统称负有安全生产监督管理职责的部门。

第十条　国务院有关部门应当按照保障安全生产的要求，依法及时制定有关的国家标准或者行业标准，并根据科技进步和经济发展适时修订。

生产经营单位必须执行依法制定的保障安全生产的国家标准或者行业标准。

第十一条　各级人民政府及其有关部门应当采取多种形式，加强对有关安全生产的法律、法规和安全生产知识的宣传，增强全社会的安全生产意识。

第十二条　有关协会组织依照法律、行政法规和章程，为生产经营单位提供安全生产方面的信息、培训等服务，发挥自律作用，促进生产经营单位加强安全生产管理。

第十三条　依法设立的为安全生产提供技术、管理服务的机构，依照法律、行政法规和执业准则，接受生产经营单位的委托为其安全生产工作提供技术、管理服务。

生产经营单位委托前款规定的机构提供安全生产技术、管理服务的，保证安全生产的责任仍由本单位负责。

第十四条　国家实行生产安全事故责任追究制度，依照本法和有关法律、法规的规定，追究生产安全事故责任人员的法律责任。

第十五条　国家鼓励和支持安全生产科学技术研究和安全生产先进技术的推广应用，提高安全生产水平。

第十六条　国家对在改善安全生产条件、防止生产安全事故、参加抢险救护等方面取得显著成绩的单位和个人，给予奖励。

第二章　生产经营单位的安全生产保障

第十七条　生产经营单位应当具备本法和有关法律、行政法规和国家标准或者行业标准规定的安全生产条件；不具备安全生产条件的，不得从事生产经营活动。

第十八条 生产经营单位的主要负责人对本单位安全生产工作负有下列职责：

（一）建立、健全本单位安全生产责任制。

（二）组织制定本单位安全生产规章制度和操作规程。

（三）保证本单位安全生产投入的有效实施。

（四）督促、检查本单位的安全生产工作，及时消除生产安全事故隐患。

（五）组织制定并实施本单位的生产安全事故应急救援预案。

（六）及时、如实报告生产安全事故。

（七）组织制定并实施本单位安全生产教育和培训计划。

第十九条 生产经营单位的安全生产责任制应当明确各岗位的责任人员、责任范围和考核标准等内容。生产经营单位应当建立相应的机制，加强对安全生产责任制落实情况的监督考核，保证安全生产责任制的落实。

第二十条 生产经营单位应当具备的安全生产条件所必需的资金投入，由生产经营单位的决策机构、主要负责人或者个人经营的投资人予以保证，并对由于安全生产所必需的资金投入不足导致的后果承担责任。

有关生产经营单位应当按照规定提取和使用安全生产费用，专门用于改善安全生产条件。

安全生产费用在成本中据实列支。

安全生产费用提取、使用和监督管理的具体办法由国务院财政部门会同国务院安全生产监督管理部门征求国务院有关部门意见后制定。

第二十一条 矿山、金属冶炼、建筑施工、道路运输单位和危险物品的生产、经营、储存单位，应当设置安全生产管理机构或者配备专职安全生产管理人员。

前款规定以外的其他生产经营单位，从业人员超过一百人的，应当设置安全生产管理机构或者配备专职安全生产管理人员；从业人员在一百人以下的，应当配备专职或者兼职的安全生产管理人员。

第二十二条 生产经营单位的安全生产管理机构以及安全生产管理人员履行下列职责：

（一）组织或者参与拟订本单位安全生产规章制度、操作规程和生产安全事故应急救援预案；

（二）组织或者参与本单位安全生产教育和培训，如实记录安全生产教育和培训情况；

（三）督促落实本单位重大危险源的安全管理措施；

（四）组织或者参与本单位应急救援演练；

（五）检查本单位的安全生产状况，及时排查生产安全事故隐患，提出改进安全生产管理的建议；

（六）制止和纠正违章指挥、强令冒险作业、违反操作规程的行为；

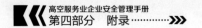

（七）督促落实本单位安全生产整改措施。

第二十三条　生产经营单位的安全生产管理机构以及安全生产管理人员应当恪尽职守，依法履行职责。

生产经营单位作出涉及安全生产的经营决策，应当听取安全生产管理机构以及安全生产管理人员的意见。

生产经营单位不得因安全生产管理人员依法履行职责而降低其工资、福利等待遇或者解除与其订立的劳动合同。

危险物品的生产、储存单位以及矿山、金属冶炼单位的安全生产管理人员的任免，应当告知主管的负有安全生产监督管理职责的部门。

第二十四条　生产经营单位的主要负责人和安全生产管理人员必须具备与本单位所从事的生产经营活动相应的安全生产知识和管理能力。

危险物品的生产、经营、储存单位以及矿山、金属冶炼、建筑施工、道路运输单位的主要负责人和安全生产管理人员，应当由主管的负有安全生产监督管理职责的部门对其安全生产知识和管理能力考核合格。考核不得收费。

危险物品的生产、储存单位以及矿山、金属冶炼单位应当有注册安全工程师从事安全生产管理工作。

鼓励其他生产经营单位聘用注册安全工程师从事安全生产管理工作。

注册安全工程师按专业分类管理，具体办法由国务院人力资源和社会保障部门、国务院安全生产监督管理部门会同国务院有关部门制定。

第二十五条　生产经营单位应当对从业人员进行安全生产教育和培训，保证从业人员具备必要的安全生产知识，熟悉有关的安全生产规章制度和安全操作规程，掌握本岗位的安全操作技能，了解事故应急处理措施，知悉自身在安全生产方面的权利和义务。

未经安全生产教育和培训合格的从业人员，不得上岗作业。

生产经营单位使用被派遣劳动者的，应当将被派遣劳动者纳入本单位从业人员统一管理，对被派遣劳动者进行岗位安全操作规程和安全操作技能的教育和培训。

劳务派遣单位应当对被派遣劳动者进行必要的安全生产教育和培训。

生产经营单位接收中等职业学校、高等学校学生实习的，应当对实习学生进行相应的安全生产教育和培训，提供必要的劳动防护用品。

学校应当协助生产经营单位对实习学生进行安全生产教育和培训。

生产经营单位应当建立安全生产教育和培训档案，如实记录安全生产教育和培训的时间、内容、参加人员以及考核结果等情况。

第二十六条　生产经营单位采用新工艺、新技术、新材料或者使用新设备，必须了解、掌握其安全技术特性，采取有效的安全防护措施，并对从业人员进行专门的安全生产教育和培训。

第二十七条 生产经营单位的特种作业人员必须按照国家有关规定经专门的安全作业培训，取得相应资格，方可上岗作业。

特种作业人员的范围由国务院安全生产监督管理部门会同国务院有关部门确定。

第二十八条 生产经营单位新建、改建、扩建工程项目（以下统称建设项目）的安全设施，必须与主体工程同时设计、同时施工、同时投入生产和使用。

安全设施投资应当纳入建设项目概算。

第二十九条 矿山、金属冶炼建设项目和用于生产、储存、装卸危险物品的建设项目，应当按照国家有关规定进行安全评价。

第三十条 建设项目安全设施的设计人、设计单位应当对安全设施设计负责。

矿山、金属冶炼建设项目和用于生产、储存、装卸危险物品的建设项目的安全设施设计应当按照国家有关规定报经有关部门审查，审查部门及其负责审查的人员对审查结果负责。

第三十一条 矿山、金属冶炼建设项目和用于生产、储存、装卸危险物品的建设项目的施工单位必须按照批准的安全设施设计施工，并对安全设施的工程质量负责。

矿山、金属冶炼建设项目和用于生产、储存危险物品的建设项目竣工投入生产或者使用前，应当由建设单位负责组织对安全设施进行验收；验收合格后，方可投入生产和使用。

安全生产监督管理部门应当加强对建设单位验收活动和验收结果的监督核查。

第三十二条 生产经营单位应当在有较大危险因素的生产经营场所和有关设施、设备上，设置明显的安全警示标志。

第三十三条 安全设备的设计、制造、安装、使用、检测、维修、改造和报废，应当符合国家标准或者行业标准。

生产经营单位必须对安全设备进行经常性维护、保养，并定期检测，保证正常运转。

维护、保养、检测应当作好记录，并由有关人员签字。

第三十四条 生产经营单位使用的危险物品的容器、运输工具，以及涉及人身安全、危险性较大的海洋石油开采特种设备和矿山井下特种设备，必须按照国家有关规定，由专业生产单位生产，并经具有专业资质的检测、检验机构检测、检验合格，取得安全使用证或者安全标志，方可投入使用。

检测、检验机构对检测、检验结果负责。

第三十五条 国家对严重危及生产安全的工艺、设备实行淘汰制度，具体目录由国务院安全生产监督管理部门会同国务院有关部门制定并公布。

法律、行政法规对目录的制定另有规定的，适用其规定。

省、自治区、直辖市人民政府可以根据本地区实际情况制定并公布具体目录，对前款规定以外的危及生产安全的工艺、设备予以淘汰。生产经营单位不得使用应当淘汰的危及生产安全的工艺、设备。

第三十六条　生产、经营、运输、储存、使用危险物品或者处置废弃危险物品的，由有关主管部门依照有关法律、法规的规定和国家标准或者行业标准审批并实施监督管理。

生产经营单位生产、经营、运输、储存、使用危险物品或者处置废弃危险物品，必须执行有关法律、法规和国家标准或者行业标准，建立专门的安全管理制度，采取可靠的安全措施，接受有关主管部门依法实施的监督管理。

第三十七条　生产经营单位对重大危险源应当登记建档，进行定期检测、评估、监控，并制定应急预案，告知从业人员和相关人员在紧急情况下应当采取的应急措施。

生产经营单位应当按照国家有关规定将本单位重大危险源及有关安全措施、应急措施报有关地方人民政府安全生产监督管理部门和有关部门备案。

第三十八条　生产经营单位应当建立健全生产安全事故隐患排查治理制度，采取技术、管理措施，及时发现并消除事故隐患。

事故隐患排查治理情况应当如实记录，并向从业人员通报。

县级以上地方各级人民政府负有安全生产监督管理职责的部门应当建立健全重大事故隐患治理督办制度，督促生产经营单位消除重大事故隐患。

第三十九条　生产、经营、储存、使用危险物品的车间、商店、仓库不得与员工宿舍在同一座建筑物内，并应当与员工宿舍保持安全距离。

生产经营场所和员工宿舍应当设有符合紧急疏散要求、标志明显、保持畅通的出口。

禁止锁闭、封堵生产经营场所或者员工宿舍的出口。

第四十条　生产经营单位进行爆破、吊装以及国务院安全生产监督管理部门会同国务院有关部门规定的其他危险作业，应当安排专门人员进行现场安全管理，确保操作规程的遵守和安全措施的落实。

第四十一条　生产经营单位应当教育和督促从业人员严格执行本单位的安全生产规章制度和安全操作规程；并向从业人员如实告知作业场所和工作岗位存在的危险因素、防范措施以及事故应急措施。

第四十二条　生产经营单位必须为从业人员提供符合国家标准或者行业标准的劳动防护用品，并监督、教育从业人员按照使用规则佩戴、使用。

第四十三条　生产经营单位的安全生产管理人员应当根据本单位的生产经营特点，对安全生产状况进行经常性检查；对检查中发现的安全问题，应当立即处理；不能处理的，应当及时报告本单位有关负责人，有关负责人应当及时处理。

检查及处理情况应当如实记录在案。生产经营单位的安全生产管理人员在检查中发现重大事故隐患，依照前款规定向本单位有关负责人报告，有关负责人不及时处理的，安全生产管理人员可以向主管的负有安全生产监督管理职责的部门报告，接到报告的部门应当依法及时处理。

第四十四条　生产经营单位应当安排用于配备劳动防护用品、进行安全生产培训的经费。

第四十五条　两个以上生产经营单位在同一作业区域内进行生产经营活动，可能危及对方生产安全的，应当签订安全生产管理协议，明确各自的安全生产管理职责和应当采取的安全措施，并指定专职安全生产管理人员进行安全检查与协调。

第四十六条　生产经营单位不得将生产经营项目、场所、设备发包或者出租给不具备安全生产条件或者相应资质的单位或者个人。

生产经营项目、场所发包或者出租给其他单位的，生产经营单位应当与承包单位、承租单位签订专门的安全生产管理协议，或者在承包合同、租赁合同中约定各自的安全生产管理职责；生产经营单位对承包单位、承租单位的安全生产工作统一协调、管理，定期进行安全检查，发现安全问题的，应当及时督促整改。

第四十七条　生产经营单位发生生产安全事故时，单位的主要负责人应当立即组织抢救，并不得在事故调查处理期间擅离职守。

第四十八条　生产经营单位必须依法参加工伤保险，为从业人员缴纳保险费。

第三章　从业人员的安全生产权利义务

第四十九条　生产经营单位与从业人员订立的劳动合同，应当载明有关保障从业人员劳动安全、防止职业危害的事项，以及依法为从业人员办理工伤保险的事项。

生产经营单位不得以任何形式与从业人员订立协议，免除或者减轻其对从业人员因生产安全事故伤亡依法应承担的责任。

第五十条　生产经营单位的从业人员有权了解其作业场所和工作岗位存在的危险因素、防范措施及事故应急措施，有权对本单位的安全生产工作提出建议。

第五十一条　从业人员有权对本单位安全生产工作中存在的问题提出批评、检举、控告；有权拒绝违章指挥和强令冒险作业。

生产经营单位不得因从业人员对本单位安全生产工作提出批评、检举、控告或者拒绝违章指挥、强令冒险作业而降低其工资、福利等待遇或者解除与其订立的劳动合同。

第五十二条　从业人员发现直接危及人身安全的紧急情况时，有权停止作业或者在采取可能的应急措施后撤离作业场所。

生产经营单位不得因从业人员在前款紧急情况下停止作业或者采取紧急撤离措施而降低其工资、福利等待遇或者解除与其订立的劳动合同。

第五十三条　因生产安全事故受到损害的从业人员，除依法享有工伤保险外，依照有关民事法律尚有获得赔偿的权利的，有权向本单位提出赔偿要求。

第五十四条　从业人员在作业过程中，应当严格遵守本单位的安全生产规章制度和操作规程，服从管理，正确佩戴和使用劳动防护用品。

第五十五条　从业人员应当接受安全生产教育和培训，掌握本职工作所需的安全生产知识，提高安全生产技能，增强事故预防和应急处理能力。

第五十六条　从业人员发现事故隐患或者其他不安全因素，应当立即向现场安全生产管理人员或者本单位负责人报告；接到报告的人员应当及时予以处理。

第五十七条　工会有权对建设项目的安全设施与主体工程同时设计、同时施工、同时投入生产和使用进行监督，提出意见。

工会对生产经营单位违反安全生产法律、法规，侵犯从业人员合法权益的行为，有权要求纠正；发现生产经营单位违章指挥、强令冒险作业或者发现事故隐患时，有权提出解决的建议，生产经营单位应当及时研究答复；发现危及从业人员生命安全的情况时，有权向生产经营单位建议组织从业人员撤离危险场所，生产经营单位必须立即作出处理。

工会有权依法参加事故调查，向有关部门提出处理意见，并要求追究有关人员的责任。

第四章　安全生产的监督管理

第五十八条　生产经营单位使用被派遣劳动者的，被派遣劳动者享有本法规定的从业人员的权利，并应当履行本法规定的从业人员的义务。

第五十九条　县级以上地方各级人民政府应当根据本行政区域内的安全生产状况，组织有关部门按照职责分工，对本行政区域内容易发生重大生产安全事故的生产经营单位进行严格检查。

安全生产监督管理部门应当按照分类分级监督管理的要求，制定安全生产年度监督检查计划，并按照年度监督检查计划进行监督检查，发现事故隐患，应当及时处理。

第六十条　负有安全生产监督管理职责的部门依照有关法律、法规的规定，对涉及安全生产的事项需要审查批准（包括批准、核准、许可、注册、认证、颁发证照等，下同）或者验收的，必须严格依照有关法律、法规和国家标准或者行业标准规定的安全生产条件和程序进行审查；不符合有关法律、法规和国家标准或者行业标准规定的安全生产条件的，不得批准或者验收通过。

对未依法取得批准或者验收合格的单位擅自从事有关活动的，负责行政审批的部门发现或者接到举报后应当立即予以取缔，并依法予以处理。

对已经依法取得批准的单位，负责行政审批的部门发现其不再具备安全生产条件的，应当撤销原批准。

第六十一条　安全生产监督管理部门和其他负有安全生产监督管理职责的部门依法开展安全生产行政执法工作，对生产经营单位执行有关安全生产的法律、法规和国家标准或者行业标准的情况进行监督检查，行使以下职权：

（一）进入生产经营单位进行检查，调阅有关资料，向有关单位和人员了解情况；

（二）对检查中发现的安全生产违法行为，当场予以纠正或者要求限期改正；对依法应当给予行政处罚的行为，依照本法和其他有关法律、行政法规的规定作出行政处罚决定；

（三）对检查中发现的事故隐患，应当责令立即排除；重大事故隐患排除前或者排除过程中无法保证安全的，应当责令从危险区域内撤出作业人员，责令暂时停产停业或者停止使用相关设施、设备；重大事故隐患排除后，经审查同意，方可恢复生产经营和使用；

（四）对有根据认为不符合保障安全生产的国家标准或者行业标准的设施、设备、器材以及违法生产、储存、使用、经营、运输的危险物品予以查封或者扣押，对违法生产、储存、使用、经营危险物品的作业场所予以查封，并依法作出处理决定。

监督检查不得影响被检查单位的正常生产经营活动。

第六十二条　负有安全生产监督管理职责的部门对涉及安全生产的事项进行审查、验收，不得收取费用；不得要求接受审查、验收的单位购买其指定品牌或者指定生产、销售单位的安全设备、器材或者其他产品。

第六十三条　生产经营单位对负有安全生产监督管理职责的部门的监督检查人员（以下统称安全生产监督检查人员）依法履行监督检查职责，应当予以配合，不得拒绝、阻挠。

第六十四条　安全生产监督检查人员应当忠于职守，坚持原则，秉公执法。

安全生产监督检查人员执行监督检查任务时，必须出示有效的监督执法证件；对涉及被检查单位的技术秘密和业务秘密，应当为其保密。

第六十五条　安全生产监督检查人员应当将检查的时间、地点、内容、发现的问题及其处理情况，作出书面记录，并由检查人员和被检查单位的负责人签字；被检查单位的负责人拒绝签字的，检查人员应当将情况记录在案，并向负有安全生产监督管理职责的部门报告。

第六十六条　负有安全生产监督管理职责的部门依法对存在重大事故隐患的生产经营单位作出停产停业、停止施工、停止使用相关设施或者设备的决定，生产经营单位应当依法执行，及时消除事故隐患。

生产经营单位拒不执行，有发生生产安全事故的现实危险的，在保证安全的前提下，经本部门主要负责人批准，负有安全生产监督管理职责的部门可以采取通知有关单位停止供电、停止供应民用爆炸物品等措施，强制生产经营单位履行决定。

通知应当采用书面形式，有关单位应当予以配合。

负有安全生产监督管理职责的部门依照前款规定采取停止供电措施，除有危及生产安全的紧急情形外，应当提前二十四小时通知生产经营单位。

生产经营单位依法履行行政决定、采取相应措施消除事故隐患的，负有安全生产监督管理职责的部门应当及时解除前款规定的措施。

第六十七条　负有安全生产监督管理职责的部门在监督检查中，应当互相配合，实行联合检查；确需分别进行检查的，应当互通情况，发现存在的安全问题应当由其他有关部门进行处理的，应当及时移送其他有关部门并形成记录备查，接受移送的部门应当及时进行处理。

第六十八条　监察机关依照行政监察法的规定，对负有安全生产监督管理职责的部门及其工作人员履行安全生产监督管理职责实施监察。

第六十九条　承担安全评价、认证、检测、检验的机构应当具备国家规定的资质条件，并对其作出的安全评价、认证、检测、检验的结果负责。

第七十条　负有安全生产监督管理职责的部门应当建立举报制度，公开举报电话、信箱或者电子邮件地址，受理有关安全生产的举报；受理的举报事项经调查核实后，应当形成书面材料；需要落实整改措施的，报经有关负责人签字并督促落实。

第七十一条　任何单位或者个人对事故隐患或者安全生产违法行为，均有权向负有安全生产监督管理职责的部门报告或者举报。

第七十二条　居民委员会、村民委员会发现其所在区域内的生产经营单位存在事故隐患或者安全生产违法行为时，应当向当地人民政府或者有关部门报告。

第七十三条　县级以上各级人民政府及其有关部门对报告重大事故隐患或者举报安全生产违法行为的有功人员，给予奖励。

具体奖励办法由国务院安全生产监督管理部门会同国务院财政部门制定。

第七十四条　负有安全生产监督管理职责的部门应当建立安全生产违法行为信息库，如实记录生产经营单位的安全生产违法行为信息；对违法行为情节严重的生产经营单位，应当向社会公告，并通报行业主管部门、投资主管部门、国土资源主管部门、证券监督管理机构以及有关金融机构。

第七十五条　国家加强生产安全事故应急能力建设，在重点行业、领域建立应急救援基地和应急救援队伍，鼓励生产经营单位和其他社会力量建立应急救援队伍，配备相应的应急救援装备和物资，提高应急救援的专业化水平。

国务院安全生产监督管理部门建立全国统一的生产安全事故应急救援信息系统，国务院有关部门建立健全相关行业、领域的生产安全事故应急救援信息系统。

第七十六条　新闻、出版、广播、电影、电视等单位有进行安全生产公益宣传教育的义务，有对违反安全生产法律、法规的行为进行舆论监督的权利。

第五章　生产安全事故的应急救援与调查处理

第七十七条　生产经营单位应当制定本单位生产安全事故应急救援预案，与所在地县级以上地方人民政府组织制定的生产安全事故应急救援预案相衔接，并定期组织演练。

第七十八条　危险物品的生产、经营、储存单位以及矿山、金属冶炼、城市轨道交通运营、建筑施工单位应当建立应急救援组织；生产经营规模较小的，可以不建立应急救援组织，但应当指定兼职的应急救援人员。

危险物品的生产、经营、储存、运输单位以及矿山、金属冶炼、城市轨道交通运营、建筑施工单位应当配备必要的应急救援器材、设备和物资，并进行经常性维护、保养，保证正常运转。

第七十九条　县级以上地方各级人民政府应当组织有关部门制定本行政区域内生产安全事故应急救援预案，建立应急救援体系。

第八十条　生产经营单位发生生产安全事故后，事故现场有关人员应当立即报告本单位负责人。

单位负责人接到事故报告后，应当迅速采取有效措施，组织抢救，防止事故扩大，减少人员伤亡和财产损失，并按照国家有关规定立即如实报告当地负有安全生产监督管理职责的部门，不得隐瞒不报、谎报或者迟报，不得故意破坏事故现场、毁灭有关证据。

第八十一条　有关地方人民政府和负有安全生产监督管理职责的部门的负责人接到生产安全事故报告后，应当按照生产安全事故应急救援预案的要求立即赶到事故现场，组织事故抢救。

参与事故抢救的部门和单位应当服从统一指挥，加强协同联动，采取有效的应急救援措施，并根据事故救援的需要采取警戒、疏散等措施，防止事故扩大和次生灾害的发生，减少人员伤亡和财产损失。

事故抢救过程中应当采取必要措施，避免或者减少对环境造成的危害。

第八十二条　事故调查处理应当按照科学严谨、依法依规、实事求是、注重实效的原则，及时、准确地查清事故原因，查明事故性质和责任，总结事故教训，提出整改措施，并对事故责任者提出处理意见。

事故调查报告应当依法及时向社会公布。

事故调查和处理的具体办法由国务院制定。

事故发生单位应当及时全面落实整改措施，负有安全生产监督管理职责的部门应当加强监督检查。

第八十三条　负有安全生产监督管理职责的部门接到事故报告后，应当立即按照国家有关规定上报事故情况。

负有安全生产监督管理职责的部门和有关地方人民政府对事故情况不得隐瞒不报、谎报或者迟报。

第八十四条　生产经营单位发生生产安全事故，经调查确定为责任事故的，除了应当查明事故单位的责任并依法予以追究外，还应当查明对安全生产的有关事项负有审查批准和监督职责的行政部门的责任，对有失职、渎职行为的，依照本法第八十八条的规定追究法律责任。

第八十五条　任何单位和个人不得阻挠和干涉对事故的依法调查处理。

第八十六条　县级以上地方各级人民政府安全生产监督管理部门应当定期统计分析本行政区域内发生生产安全事故的情况，并定期向社会公布。

第六章　法律责任

第八十七条　负有安全生产监督管理职责的部门的工作人员，有下列行为之一的，给予降级或者撤职的处分；构成犯罪的，依照刑法有关规定追究刑事责任：

（一）对不符合法定安全生产条件的涉及安全生产的事项予以批准或者验收通过的；

（二）发现未依法取得批准、验收的单位擅自从事有关活动或者接到举报后不予取缔或者不依法予以处理的；

（三）对已经依法取得批准的单位不履行监督管理职责，发现其不再具备安全生产条件而不撤销原批准或者发现安全生产违法行为不予查处的。

（四）在监督检查中发现重大事故隐患，不依法及时处理的。

负有安全生产监督管理职责的部门的工作人员有前款规定以外的滥用职权、玩忽职守、徇私舞弊行为的，依法给予处分；构成犯罪的，依照刑法有关规定追究刑事责任。

第八十八条　负有安全生产监督管理职责的部门，要求被审查、验收的单位购买其指定的安全设备、器材或者其他产品的，在对安全生产事项的审查、验收中收取费用的，由其上级机关或者监察机关责令改正，责令退还收取的费用；情节严重的，对直接负责的主管人员和其他直接责任人员依法给予处分。

第八十九条　承担安全评价、认证、检测、检验工作的机构，出具虚假证明的，没收违法所得；违法所得在十万元以上的，并处违法所得二倍以上五倍以下的罚款；没有违法所得或者违法所得不足十万元的，单处或者并处十万元以上二十万元以下的罚款；对其直接负责的主管人员和其他直接责任人员处二万元以上五万元以下的罚款；给他人造成损害的，与生产经营单位承担连带赔偿责任；构成犯罪的，依照刑法有关规定追究刑事责任。

对有前款违法行为的机构，吊销其相应资质。

第九十条　生产经营单位的决策机构、主要负责人或者个人经营的投资人不依照本法规定保证安全生产所必需的资金投入，致使生产经营单位不具备安全生产条件的，责令限期改正，提供必需的资金；逾期未改正的，责令生产经营单位停产停业整顿。

有前款违法行为，导致发生生产安全事故的，对生产经营单位的主要负责人给予撤职处分，对个人经营的投资人处二万元以上二十万元以下的罚款；构成犯罪的，依照刑法有关规定追究刑事责任。

第九十一条 生产经营单位的主要负责人未履行本法规定的安全生产管理职责的，责令限期改正；逾期未改正的，处二万元以上五万元以下的罚款，责令生产经营单位停产停业整顿。

生产经营单位的主要负责人有前款违法行为，导致发生生产安全事故的，给予撤职处分；构成犯罪的，依照刑法有关规定追究刑事责任。

生产经营单位的主要负责人依照前款规定受刑事处罚或者撤职处分的，自刑罚执行完毕或者受处分之日起，五年内不得担任任何生产经营单位的主要负责人；对重大、特别重大生产安全事故负有责任的，终身不得担任本行业生产经营单位的主要负责人。

第九十二条 生产经营单位的主要负责人未履行本法规定的安全生产管理职责，导致发生生产安全事故的，由安全生产监督管理部门依照下列规定处以罚款：

（一）发生一般事故的，处上一年年收入百分之三十的罚款；

（二）发生较大事故的，处上一年年收入百分之四十的罚款；

（三）发生重大事故的，处上一年年收入百分之六十的罚款；

（四）发生特别重大事故的，处上一年年收入百分之八十的罚款。

第九十三条 生产经营单位的安全生产管理人员未履行本法规定的安全生产管理职责的，责令限期改正；导致发生生产安全事故的，暂停或者撤销其与安全生产有关的资格；构成犯罪的，依照刑法有关规定追究刑事责任。

第九十四条 生产经营单位有下列行为之一的，责令限期改正，可以处五万元以下的罚款；逾期未改正的，责令停产停业整顿，并处五万元以上十万元以下的罚款，对其直接负责的主管人员和其他直接责任人员处一万元以上二万元以下的罚款：

（一）未按照规定设置安全生产管理机构或者配备安全生产管理人员的；

（二）危险物品的生产、经营、储存单位以及矿山、金属冶炼、建筑施工、道路运输单位的主要负责人和安全生产管理人员未按照规定经考核合格的；

（三）未按照规定对从业人员、被派遣劳动者、实习学生进行安全生产教育和培训，或者未按照规定如实告知有关的安全生产事项的；

（四）未如实记录安全生产教育和培训情况的；

（五）未将事故隐患排查治理情况如实记录或者未向从业人员通报的；

（六）未按照规定制定生产安全事故应急救援预案或者未定期组织演练的；

（七）特种作业人员未按照规定经专门的安全作业培训并取得相应资格，上岗作业的。

第九十五条　生产经营单位有下列行为之一的，责令停止建设或者停产停业整顿，限期改正；逾期未改正的，处五十万元以上一百万元以下的罚款，对其直接负责的主管人员和其他直接责任人员处二万元以上五万元以下的罚款；构成犯罪的，依照刑法有关规定追究刑事责任：

（一）未按照规定对矿山、金属冶炼建设项目或者用于生产、储存、装卸危险物品的建设项目进行安全评价的；

（二）矿山、金属冶炼建设项目或者用于生产、储存、装卸危险物品的建设项目没有安全设施设计或者安全设施设计未按照规定报经有关部门审查同意的；

（三）矿山、金属冶炼建设项目或者用于生产、储存、装卸危险物品的建设项目的施工单位未按照批准的安全设施设计施工的；

（四）矿山、金属冶炼建设项目或者用于生产、储存危险物品的建设项目竣工投入生产或者使用前，安全设施未经验收合格的。

第九十六条　生产经营单位有下列行为之一的，责令限期改正，可以处五万元以下的罚款；逾期未改正的，处五万元以上二十万元以下的罚款，对其直接负责的主管人员和其他直接责任人员处一万元以上二万元以下的罚款；情节严重的，责令停产停业整顿；构成犯罪的，依照刑法有关规定追究刑事责任：

（一）未在有较大危险因素的生产经营场所和有关设施、设备上设置明显的安全警示标志的；

（二）安全设备的安装、使用、检测、改造和报废不符合国家标准或者行业标准的；

（三）未对安全设备进行经常性维护、保养和定期检测的；

（四）未为从业人员提供符合国家标准或者行业标准的劳动防护用品的；

（五）危险物品的容器、运输工具，以及涉及人身安全、危险性较大的海洋石油开采特种设备和矿山井下特种设备未经具有专业资质的机构检测、检验合格，取得安全使用证或者安全标志，投入使用的；

（六）使用应当淘汰的危及生产安全的工艺、设备的。

第九十七条　未经依法批准，擅自生产、经营、运输、储存、使用危险物品或者处置废弃危险物品的，依照有关危险物品安全管理的法律、行政法规的规定予以处罚；构成犯罪的，依照刑法有关规定追究刑事责任。

第九十八条　生产经营单位有下列行为之一的，责令限期改正，可以处十万元以下的罚款；逾期未改正的，责令停产停业整顿，并处十万元以上二十万元以下的罚款，对其直接负责的主管人员和其他直接责任人员处二万元以上五万元以下的罚款；构成犯罪的，依照刑法有关规定追究刑事责任：

（一）生产、经营、运输、储存、使用危险物品或者处置废弃危险物品，未建立专门安全管理制度、未采取可靠的安全措施的；

（二）对重大危险源未登记建档，或者未进行评估、监控，或者未制定应急预案的；

（三）进行爆破、吊装以及国务院安全生产监督管理部门会同国务院有关部门规定的其他危险作业，未安排专门人员进行现场安全管理的；

（四）未建立事故隐患排查治理制度的。

第九十九条　生产经营单位未采取措施消除事故隐患的，责令立即消除或者限期消除；生产经营单位拒不执行的，责令停产停业整顿，并处十万元以上五十万元以下的罚款，对其直接负责的主管人员和其他直接责任人员处二万元以上五万元以下的罚款。

第一百条　生产经营单位将生产经营项目、场所、设备发包或者出租给不具备安全生产条件或者相应资质的单位或者个人的，责令限期改正，没收违法所得；违法所得十万元以上的，并处违法所得二倍以上五倍以下的罚款；没有违法所得或者违法所得不足十万元的，单处或者并处十万元以上二十万元以下的罚款；对其直接负责的主管人员和其他直接责任人员处一万元以上二万元以下的罚款；导致发生生产安全事故给他人造成损害的，与承包方、承租方承担连带赔偿责任。

生产经营单位未与承包单位、承租单位签订专门的安全生产管理协议或者未在承包合同、租赁合同中明确各自的安全生产管理职责，或者未对承包单位、承租单位的安全生产统一协调、管理的，责令限期改正，可以处五万元以下的罚款，对其直接负责的主管人员和其他直接责任人员可以处一万元以下的罚款；逾期未改正的，责令停产停业整顿。

第一百零一条　两个以上生产经营单位在同一作业区域内进行可能危及对方安全生产的生产经营活动，未签订安全生产管理协议或者未指定专职安全生产管理人员进行安全检查与协调的，责令限期改正，可以处五万元以下的罚款，对其直接负责的主管人员和其他直接责任人员可以处一万元以下的罚款；逾期未改正的，责令停产停业整顿。

第一百零二条　生产经营单位有下列行为之一的，责令限期改正，可以处五万元以下的罚款，对其直接负责的主管人员和其他直接责任人员可以处一万元以下的罚款；逾期未改正的，责令停产停业整顿；构成犯罪的，依照刑法有关规定追究刑事责任：

（一）生产、经营、储存、使用危险物品的车间、商店、仓库与员工宿舍在同一座建筑内，或者与员工宿舍的距离不符合安全要求的；

（二）生产经营场所和员工宿舍未设有符合紧急疏散需要、标志明显、保持畅通的出口，或者锁闭、封堵生产经营场所或者员工宿舍出口的。

第一百零三条 生产经营单位与从业人员订立协议，免除或者减轻其对从业人员因生产安全事故伤亡依法应承担的责任的，该协议无效；对生产经营单位的主要负责人、个人经营的投资人处二万元以上十万元以下的罚款。

第一百零四条 生产经营单位的从业人员不服从管理，违反安全生产规章制度或者操作规程的，由生产经营单位给予批评教育，依照有关规章制度给予处分；构成犯罪的，依照刑法有关规定追究刑事责任。

第一百零五条 违反本法规定，生产经营单位拒绝、阻碍负有安全生产监督管理职责的部门依法实施监督检查的，责令改正；拒不改正的，处二万元以上二十万元以下的罚款；对其直接负责的主管人员和其他直接责任人员处一万元以上二万元以下的罚款；构成犯罪的，依照刑法有关规定追究刑事责任。

第一百零六条 生产经营单位的主要负责人在本单位发生生产安全事故时，不立即组织抢救或者在事故调查处理期间擅离职守或者逃匿的，给予降级、撤职的处分，并由安全生产监督管理部门处上一年年收入百分之六十至百分之一百的罚款；对逃匿的处十五日以下拘留；构成犯罪的，依照刑法有关规定追究刑事责任。

生产经营单位的主要负责人对生产安全事故隐瞒不报、谎报或者迟报的，依照前款规定处罚。

第一百零七条 有关地方人民政府、负有安全生产监督管理职责的部门，对生产安全事故隐瞒不报、谎报或者迟报的，对直接负责的主管人员和其他直接责任人员依法给予处分；构成犯罪的，依照刑法有关规定追究刑事责任。

第一百零八条 生产经营单位不具备本法和其他有关法律、行政法规和国家标准或者行业标准规定的安全生产条件，经停产停业整顿仍不具备安全生产条件的，予以关闭；有关部门应当依法吊销其有关证照。

第一百零九条 发生生产安全事故，对负有责任的生产经营单位除要求其依法承担相应的赔偿等责任外，由安全生产监督管理部门依照下列规定处以罚款：

（一）发生一般事故的，处二十万元以上五十万元以下的罚款；

（二）发生较大事故的，处五十万元以上一百万元以下的罚款；

（三）发生重大事故的，处一百万元以上五百万元以下的罚款；

（四）发生特别重大事故的，处五百万元以上一千万元以下的罚款；情节特别严重的，处一千万元以上二千万元以下的罚款。

第一百一十条 本法规定的行政处罚，由安全生产监督管理部门和其他负有安全生产监督管理职责的部门按照职责分工决定。

予以关闭的行政处罚由负有安全生产监督管理职责的部门报请县级以上人民政府按照国务院规定的权限决定；给予拘留的行政处罚由公安机关依照治安管理处罚法的规定决定。

第一百一十一条 生产经营单位发生生产安全事故造成人员伤亡、他人财产损失的，应当依法承担赔偿责任；拒不承担或者其负责人逃匿的，由人民法院依法强制执行。

生产安全事故的责任人未依法承担赔偿责任，经人民法院依法采取执行措施后，仍不能对受害人给予足额赔偿的，应当继续履行赔偿义务；受害人发现责任人有其他财产的，可以随时请求人民法院执行。

第一百一十二条　本法规定的生产安全一般事故、较大事故、重大事故、特别重大事故的划分标准由国务院规定。

国务院安全生产监督管理部门和其他负有安全生产监督管理职责的部门应当根据各自的职责分工，制定相关行业、领域重大事故隐患的判定标准。

第七章　附　则

第一百一十三条　本法下列用语的含义：

危险物品，是指易燃易爆物品、危险化学品、放射性物品等能够危及人身安全和财产安全的物品。

重大危险源，是指长期地或者临时地生产、搬运、使用或者储存危险物品，且危险物品的数量等于或者超过临界量的单元（包括场所和设施）。

第一百一十四条　本法自 2014 年 12 月 1 日起施行。

中华人民共和国标准化法

(1988 年 12 月 29 日第七届全国人民代表大会常务委员会第五次会议通过)

第一章　总　则

第一条　为了发展社会主义商品经济，促进技术进步，改进产品质量，提高社会经济效益，维护国家和人民的利益，使标准化工作适应社会主义现代化建设和发展对外经济关系的需要，制定本法。

第二条　对下列需要统一的技术要求，应当制定标准：

（一）工业产品的品种、规格、质量、等级或者安全、卫生要求。

（二）工业产品的设计、生产、检验、包装、储存、运输、使用的方法或者生产、储存、运输过程中的安全、卫生要求。

（三）有关环境保护的各项技术要求和检验方法。

（四）建设工程的设计、施工方法和安全要求。

（五）有关工业生产、工程建设和环境保护的技术术语、符号、代号和制图方法。

重要农产品和其他需要制定标准的项目，由国务院规定。

第三条　标准化工作的任务是制定标准、组织实施标准和对标准的实施进行监督。标准化工作应当纳入国民经济和社会发展计划。

第四条　国家鼓励积极采用国际标准。

第五条　国务院标准化行政主管部门统一管理全国标准化工作。国务院有关行政主管部门分工管理本部门、本行业的标准化工作。

省、自治区、直辖市标准化行政主管部门统一管理本行政区域的标准化工作。省、自治区、直辖市政府有关行政主管部门分工管理本行政区域内本部门、本行业的标准化工作。

市、县标准化行政主管部门和有关行政主管部门，按照省、自治区、直辖市政府规定的各自的职责，管理本行政区域内的标准化工作。

第二章　标准的制定

第六条　对需要在全国范围内统一的技术要求，应当制定国家标准。国家标准由国务院标准化行政主管部门制定。对没有国家标准而又需要在全国某个行业范围内统一的技术要求，可以制定行业标准。行业标准由国务院有关行政主管部门制定，并报国务院标准化行政主管部门备案，在公布国家标准之后，该项行业标准即行废止。对没有国家标准和行业标准而又需要在省、自治区、直辖市范围内统一的工业产品的安全、卫生要求，可以制定地方标准。地方标准由省、自治区、直辖市标准化行政主管部门制定，并报国务院标准化行政主管部门和国务院有关行政主管部门备案，在公布国家标准或者行业标准之后，该项地方标准即行废止。

企业生产的产品没有国家标准和行业标准的，应当制定企业标准，作为组织生产的依据。企业的产品标准须报当地政府标准化行政主管部门和有关行政主管部门备案。已有国家标准或者行业标准的，国家鼓励企业制定严于国家标准或者行业标准的企业标准，在企业内部适用。

法律对标准的制定另有规定的，依照法律的规定执行。

第七条 国家标准、行业标准分为强制性标准和推荐性标准。保障人体健康，人身、财产安全的标准和法律、行政法规规定强制执行的标准是强制性标准，其他标准是推荐性标准。

省、自治区、直辖市标准化行政主管部门制定的工业产品的安全、卫生要求的地方标准，在本行政区域内是强制性标准。

第八条 制定标准应当有利于保障安全和人民的身体健康，保护消费者的利益，保护环境。

第九条 制定标准应当有利于合理利用国家资源，推广科学技术成果，提高经济效益，并符合使用要求，有利于产品的通用互换，做到技术上先进，经济上合理。

第十条 制定标准应当做到有关标准的协调配套。

第十一条 制定标准应当有利于促进对外经济技术合作和对外贸易。

第十二条 制定标准应当发挥行业协会、科学研究机构和学术团体的作用。

制定标准的部门应当组织由专家组成的标准化技术委员会，负责标准的草拟，参加标准草案的审查工作。

第十三条 标准实施后，制定标准的部门应当根据科学技术的发展和经济建设的需要适时进行复审，以确认现行标准继续有效或者予以修订、废止。

第三章 标准的实施

第十四条 强制性标准，必须执行。不符合强制性标准的产品，禁止生产、销售和进口。推荐性标准，国家鼓励企业自愿采用。

第十五条 企业对有国家标准或者行业标准的产品，可以向国务院标准化行政主管部门或者国务院标准化行政主管部门授权的部门申请产品质量认证。认证合格的，由认证部门授予认证证书，准许在产品或者其包装上使用规定的认证标志。

已经取得认证证书的产品不符合国家标准或者行业标准的，以及产品未经认证或者认证不合格的，不得使用认证标志出厂销售。

第十六条　出口产品的技术要求，依照合同的约定执行。

第十七条　企业研制新产品、改进产品，进行技术改造，应当符合标准化要求。

第十八条　县级以上政府标准化行政主管部门负责对标准的实施进行监督检查。

第十九条　县级以上政府标准化行政主管部门，可以根据需要设置检验机构，或者授权其他单位的检验机构，对产品是否符合标准进行检验。法律、行政法规对检验机构另有规定的，依照法律、行政法规的规定执行。

处理有关产品是否符合标准的争议，以前款规定的检验机构的检验数据为准。

第四章　法律责任

第二十条　生产、销售、进口不符合强制性标准的产品的，由法律、行政法规规定的行政主管部门依法处理，法律、行政法规未作规定的，由工商行政管理部门没收产品和违法所得，并处罚款；造成严重后果构成犯罪的，对直接责任人员依法追究刑事责任。

第二十一条　已经授予认证证书的产品不符合国家标准或者行业标准而使用认证标志出厂销售的，由标准化行政主管部门责令停止销售，并处罚款；情节严重的，由认证部门撤销其认证证书。

第二十二条　产品未经认证或者认证不合格而擅自使用认证标志出厂销售的，由标准化行政主管部门责令停止销售，并处罚款。

第二十三条　当事人对没收产品、没收违法所得和罚款的处罚不服的，可以在接到处罚通知之日起十五日内，向作出处罚决定的机关的上一级机关申请复议；对复议决定不服的，可以在接到复议决定之日起十五日内，向人民法院起诉。当事人也可以在接到处罚通知之日起十五日内，直接向人民法院起诉。当事人逾期不申请复议或者不向人民法院起诉又不履行处罚决定的，由作出处罚决定的机关申请人民法院强制执行。

第二十四条　标准化工作的监督、检验、管理人员违法失职、徇私舞弊的，给予行政处分；构成犯罪的，依法追究刑事责任。

第五章　附　则

第二十五条　本法实施条例由国务院制定。

第二十六条　本法自 1989 年 4 月 1 日起施行。

ICS 13.100
C 75

中华人民共和国国家标准

GB/T 3608—2008
代替 GB/T 3608—1993

高 处 作 业 分 级

Classification of work at heights

2008-10-30 发布

2009-06-01 实施

中华人民共和国国家质量监督检验检疫总局
中国国家标准化管理委员会 发 布

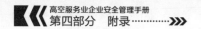

前　言

　　本标准代替 GB/T 3608—1993《高处作业分级》。本标准是对 GB/T 3608—1993 的修订。

　　本标准与 GB/T 3608—1993 相比，主要变化如下：

　　——增加了术语的英文对应词（本标准的第 3 章）和部分术语的符号（本标准的 3.4～3.6），修改了定义的形式（本标准的第 3 章；GB/T 3608—1993 的第 3 章），对部分术语的先后顺序进行了调整（本标准的 3.3～3.5；GB/T 3608—1993 的 3.3～3.5）；

　　——修改了客观危险因素中的阵风风力［本标准的 4.2 a）；GB/T 3608—1993 的 4.2 a.］；

　　——修改了客观危险因素中的高温条件［本标准的 4.2 b）；GB/T 3608—1993 的 4.2 b.］；

　　——修改了客观危险因素中的低温作业环境［本标准的 4.2 c）；GB/T 3608—1993 的 4.2 c.］；

　　——增加了冷水作业客观危险因素，并作了具体规定［本标准的 4.2 d)］；

　　——修改了光线和能见度条件［本标准的 4.2 f)；GB/T 3608—1993 的 4.2 e.］；

　　——修改了接近或接触危险电压带电体这一客观危险因素，对接近危险电压带电体的距离作了具体的规定［本标准的 4.2 g)；GB/T 3608—1993 的 4.2 f.］；

　　——修改了立足处只有很小的平面这一客观危险因素，对"很小的平面"作了具体量化的规定［本标准的 4.2 h)；GB/T 3608—1993 的 4.2 g.］；

　　——修改了超过体力搬运重量限值的搬运这一客观危险因素，用体力劳动强度代替了搬运重量，并规定了属客观危险因素的体力劳动强度级别［本标准的 4.2 i)；GB/T 3608—1993 的 4.2 i.］；

　　——增加了在存在有毒气体或缺氧的环境中作业的客观危险因素［本标准的 4.2 j)］；

　　——修改了抢救突然发生的各种灾害事故这一客观危险因素，增加了"可能会引起各种灾害事故的作业环境"的内容［本标准的 4.2 k)；GB/T 3608—1993 的 4.2 h.］；

　　——删除了附录 A 中有关符号表示的内容［GB/T 3608—1993 的 A1］。

　　本标准的附录 A 为规范性附录。

本标准由国家安全生产监督管理总局提出。

本标准由全国安全生产标准化技术委员会（SAC/TC 288）解释并归口。

本标准负责起草单位：上海市安全生产科学研究所。

本标准参加起草单位：上海外高桥造船有限公司、上海市房地产科学研究院。

本标准主要起草人：邵宝仁、吴焕荣、顾礼铭、唐一鸣、霍文晶、蒋瑞靓、钟晴威、尹建国、贾骏、马罡亮。

本标准于 1983 年 4 月首次发布，1993 年 12 月第一次修订。

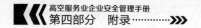

高 处 作 业 分 级

1 范围

本标准规定了高处作业的术语和定义、高度计算方法及分级。

本标准适用于各种高处作业。

2 规范性引用文件

下列文件中的条款通过本标准的引用而成为本标准的条款。凡是注日期的引用文件，其随后所有的修改单（不包括勘误的内容）或修订版均不适用于本标准，然而，鼓励根据本标准达成协议的各方研究是否可使用这些文件的最新版本。凡是不注日期的引用文件，其最新版本适用于本标准。

GB 3869—1997 体力劳动强度分级

GB/T 4200—2008 高温作业分级

3 术语和定义

下列术语和定义适用于本标准。

3.1

高处作业 work at heights

在距坠落高度基准面（3.2）2m 或 2m 以上有可能坠落的高处进行的作业。

3.2

坠落高度基准面 datum plane for highness of falling

通过可能坠落范围（3.3）内最低处的水平面。

3.3

可能坠落范围 possible falling bounds

以作业位置为中心，可能坠落范围半径（3.4）为半径划成的与水平面垂直的柱形空间。

3.4

可能坠落范围半径 radius of possible falling bounds

R

为确定可能坠落范围（3.3）而规定的相对于作业位置的一段水平距离。

注：可能坠落范围半径用米表示，其大小取决于与作业现场的地形、地势或建筑物分布等有

关的基础高度（3.5），具体的规定是在统计分析了许多高处坠落事故案例的基础上作出的。

3.5

基础高度 basic highness

h_b

以作业位置为中心，6m 为半径，划出的垂直于水平面的柱形空间内的最低处与作业位置间的高度差。

注：基础高度用米表示。

3.6

［高处］作业高度 highness of work ［at heights］

h_w

作业区各作业位置至相应坠落高度基准面（3.2）的垂直距离中的最大值。

注：高处作业高度用米表示，计算方法见附录 A。

4 高处作业分级

4.1 高处作业高度分为 2m 至 5m、5m 以上至 15m、15m 以上至 30m 及 30m 以上四个区段。

4.2 直接引起坠落的客观危险因素分为 11 种：

　　a) 阵风风力五级（风速 8.0m/s）以上；

　　b) GB/T 4200—2008 规定的Ⅱ级或Ⅱ级以上的高温作业；

　　c) 平均气温等于或低于 5 ℃的作业环境；

　　d) 接触冷水温度等于或低于 12 ℃的作业；

　　e) 作业场地有冰、雪、霜、水、油等易滑物；

　　f) 作业场所光线不足，能见度差；

　　g) 作业活动范围与危险电压带电体的距离小于表 1 的规定；

表 1 作业活动范围与危险电压带电体的距离

危险电压带电体的电压等级/kV	距离/m
≤10	1.7
35	2.0
63～110	2.5
220	4.0
330	5.0
500	6.0

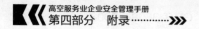

h) 摆动，立足处不是平面或只有很小的平面，即任一边小于 500mm 的矩形平面、直径小于 500mm 的圆形平面或具有类似尺寸的其他形状的平面，致使作业者无法维持正常姿势；

i) GB 3869—1997 规定的Ⅲ级或Ⅲ级以上的体力劳动强度；

j) 存在有毒气体或空气中含氧量低于 0.195 的作业环境；

k) 可能会引起各种灾害事故的作业环境和抢救突然发生的各种灾害事故。

4.3 不存在 4.2 列出的任一种客观危险因素的高处作业按表 2 规定的 A 类法分级，存在 4.2 列出的一种或一种以上客观危险因素的高处作业按表 2 规定的 B 类法分级。

表 2 高处作业分级

分类法	高处作业高度/m			
	$2 \leqslant h_w \leqslant 5$	$5 < h_w \leqslant 15$	$15 < h_w \leqslant 30$	$h_w > 30$
A	Ⅰ	Ⅱ	Ⅲ	Ⅳ
B	Ⅱ	Ⅲ	Ⅳ	Ⅳ

附　录　A
（规范性附录）
高处作业高度计算方法

A.1　可能坠落范围半径的规定

R 根据 h_b 规定如下：

a)　当 $2m \leqslant h_b \leqslant 5m$ 时，R 为 3m；

b)　当 $5m < h_b \leqslant 15m$ 时，R 为 4m；

c)　当 $15m < h_b \leqslant 30m$ 时，R 为 5m；

d)　当 $h_b > 30m$ 时，R 为 6m。

A.2　高处作业高度计算方法

高处作业高度计算步骤如下：

a)　按 3.5 确定 h_b；

b)　按 A.1 确定 R；

c)　按 3.6 确定 h_w。

示例1：如图 A.1，其中 $h_b = 20m$，$R = 5m$，$h_w = 20m$。

单位为米

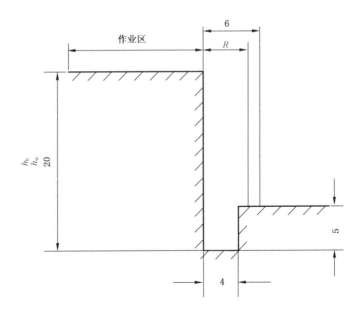

图 A.1

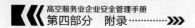

示例2：如图 A.2，其中 $h_b=20m$，$R=5m$，$h_w=14m$。

单位为米

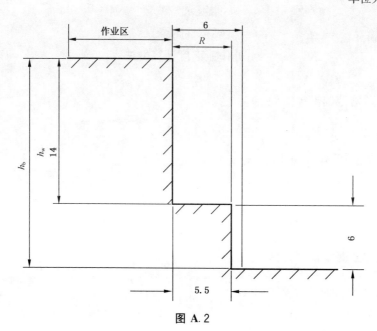

图 A.2

示例3：如图 A.3，其中 $h_b=29.5m$，$R=5m$，$h_w=4.5m$。

单位为米

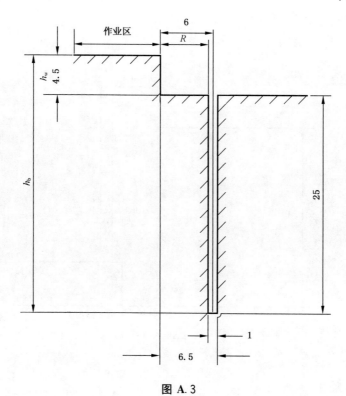

图 A.3

参 考 文 献

[1] GB 8958—2006 缺氧危险作业安全规程

[2] GB/T 14439—1993 冷水作业分级

[3] GB/T 14440—1993 低温作业分级

[4] CB 3785—1997 船厂高处作业安全规程

[5] DL 5009.2—2004 电力建设安全工作规程 第2部分：架空电力线路

[6] JGJ 80—1991 建筑施工高处作业安全技术规范

[7] TB/T 2607—2006 铁道行业体力劳动强度分级

ICS 53
P 97

中华人民共和国国家标准

GB/T 9465—2008
代替 GB/T 9465.1～9465.3—1988

高 空 作 业 车

Vehicle-mounted mobile elevating work platform

2008-02-03 发布

2008-07-01 实施

中华人民共和国国家质量监督检验检疫总局
中国国家标准化管理委员会 发 布

前　言

本标准代替 GB/T 9465.1—1988《高空作业车分类》、GB/T 9465.2—1988《高空作业车技术条件》和 GB/T 9465.3—1988《高空作业车试验方法》。

本标准与 GB/T 9465.1～9465.3 三个标准相比主要变化如下：

——最大作业高度改为 100 m，并提出不适用产品的范围；

——增加了额定载荷系列 2 000 kg、3 000 kg、4 000 kg、5 000 kg；

——增加了型号中绝缘型高空作业车的标记；

——增加了高空作业车工作条件；

——结构安全系数、平台的升降速度、回转速度参照 ISO 16368：2003 国际标准的要求；

——增加了高空作业车调平机构要求；

——增加了绝缘性能的试验方法。

本标准由中国机械工业联合会提出。

本标准由北京建筑机械化研究院归口。

本标准起草单位：北京建筑机械化研究院、杭州爱知车辆工程有限公司、杭州赛奇高空作业机械有限公司、徐州海伦哲专用车辆有限公司、北京京城重工机械有限责任公司。

本标准主要起草人：张华、陈继军、陈建平、张秀伟、白日、张海云、张梅嘉。

本标准所代替标准的历次版本发布情况为：

——GB/T 9465.1—1988、GB/T 9465.2—1988、GB/T 9465.3—1988。

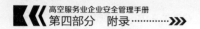

高 空 作 业 车

1　范围

本标准规定了高空作业车的术语和定义、分类、技术要求、试验方法、检验规则、标志、包装、运输和贮存等。

本标准适用于最大作业高度不大于 100 m 的高空作业车（以下简称作业车）。

本标准不适用于高空消防车、高空救援车。

2　规范性引用文件

下列文件中的条款通过本标准的引用而成为本标准的条款。凡是注日期的引用文件，其随后所有的修改单（不包括勘误的内容）或修订版均不适用于本标准，然而，鼓励根据本标准达成协议的各方研究是否可使用这些文件的最新版本。凡是不注日期的引用文件，其最新版本适用于本标准。

GB/T 507　绝缘油击穿电压测定法

GB 1589　道路车辆外廓尺寸、轴荷及质量限值

GB/T 3766　液压系统通用技术条件（GB/T 3766—2001，eqv ISO 4413：1998）

GB 7258　机动车运行安全技术条件

GB/T 7935　液压元件　通用技术条件

GB/T 9969.1　工业产品使用说明书　总则

GB/T 12534　汽车道路试验方法通则

GB/T 16927.1　高电压试验技术　第 1 部分：一般试验要求（GB/T 16927.1—1997，eqv IEC 60060-1：1989）

JG/T 5011.1　建筑机械与设备　铸钢件通用技术条件

JG/T 5011.4　建筑机械与设备　灰铁铸件通用技术条件

JG/T 5011.12　建筑机械与设备　涂漆通用技术条件

JG/T 5035　建筑机械与设备用油液固体污染清洁度分级

JG/T 5066　油液中固体颗粒污染物的重量分析法

JG/T 5079.1　建筑机械与设备　噪声限值

JG/T 5082.1　建筑机械与设备　焊接件通用技术条件

JB 8716　汽车起重机和轮胎起重机安全规程

QC/T 459　随车起重运输汽车技术条件

QC/T 252 专用汽车定型试验规程

3 术语和定义

下列术语和定义适用于本标准。

3.1

高空作业车 vehicle-mounted mobile elevating work platform

高空作业平台的底盘为定型道路车辆，并有车辆驾驶员操纵其移动的设备。

3.2

高空作业平台 aerial work platform

用来运送人员、工具和材料到指定位置进行工作的设备。包括带控制器的工作平台、伸展结构和底盘。

3.3

工作平台 work platform

在空中承载工作人员和使用器材的装置。例如斗、篮、筐或其他类似的装置。

3.4

最大工作平台高度 maximum platform height

工作平台承载面与作业车支承面之间的最大垂直距离。

3.5

最低工作平台高度 minimum platform height

工作平台收回到行驶状态下承载面与作业车支承面之间的最小垂直距离。

3.6

最大作业高度 maximum working height

最大工作平台高度与作业人员可以进行安全作业所能达到的高度（1.7 m）之和。

3.7

最大平台幅度 maximum platform range ability

回转中心轴线与工作平台外边缘的最大水平距离。

3.8

最大作业幅度 maximum working range ability

最大平台幅度与作业人员可以进行安全作业所能达到的最大水平距离（0.6 m）之和。

3.9

额定载荷 rated load

工作平台所标称的最大装载质量。

4 分类

4.1 型式

作业车按伸展结构的类型可分为下列几种，见表1，示意图见图1。

表 1 伸展结构的类型

型式	伸缩臂式	折叠臂式	混合式	垂直升降式
代号	S	Z	H	C

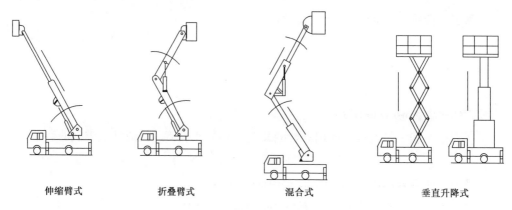

图 1 伸展结构类型示意图

4.2 规格型号

作业车规格型号由组、型代号、形式代号、主参数代号和更新变型代号组成，说明如下：

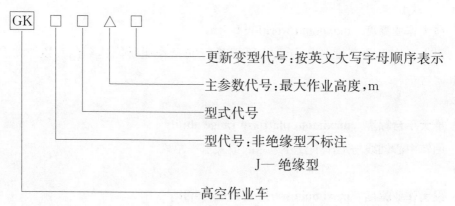

更新变型代号：按英文大写字母顺序表示

主参数代号：最大作业高度，m

型式代号

型代号：非绝缘型不标注
J— 绝缘型

高空作业车

标记示例

a) 最大作业高度为 10 m 的绝缘型伸缩臂式高空作业车：

　　高空作业车　GKJS 10　　GB/T 9465

b) 最大作业高度为 12 m 的非绝缘型垂直升降式高空作业车的第一次变型产品；

　　高空作业车　GKC 12A　　GB/T 9465

4.3 基本参数

作业车的基本参数系列见表2。

表2 基本参数

项 目	参 数
最大作业高度/m	6、8、10、12、14、16、18、20、25、32、35、40、45、50、55、60、65、70、80、90、100
额定载荷/kg	125、136、160、200、250、320、400、500、630、800、1 000、2 000、3 000、4 000、5 000

5 技术要求

5.1 整车

5.1.1 作业车应按经规定程序批准的产品图样和技术文件制造。

5.1.2 外购件、外协件应有制造厂的合格证，否则应按相关标准的规定经检验合格后方能使用。所有自制零部件经检查合格后方可装配。

5.1.3 作业车的外廓尺寸、轴荷及质量限值应符合 GB 1589 的规定。

5.1.4 作业车外部照明和信号装置、制动距离、噪声及发动机排放应符合 GB 7258 的规定；作业车作业噪声限值应符合 JG/T 5079.1 的规定。

5.1.5 最大作业高度大于或等于 20 m 的作业车应备有上下联系的对讲设备。

5.1.6 外观质量要求如下：

    a) 油漆涂层应符合 JG/T 5011.12 的有关规定；

    b) 外露金属表面应进行防锈处理；

    c) 焊接质量应符合 JG/T 5082.1 的有关规定；

    d) 铸造质量应符合 JG/T 5011.1 和 JG/T 5011.4 的有关规定。

5.1.7 制造装配质量要求如下：

    a) 液压、气动系统的管线应排列整齐、合理、连接紧密牢固，各元件和组件一般应可单独拆装，并维修方便；

    b) 作业车无相对运动部位，不应有漏油、漏水、漏气现象，在连续作业过程中，各相对运动的部件，不应有漏油现象；

    c) 作业车应设置安全警示标志；

    d) 作业车的标牌、标志应安装牢固、端正、醒目、清晰。

5.1.8 工作条件：

    a) 地面应坚实平整，作业过程中地面不应下陷；

    b) 环境温度为 $-25\ ^\circ\text{C} \sim +40\ ^\circ\text{C}$；

    c) 风速不超过 12.5 m/s；

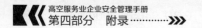
d)　海拔高度不超过 1 000 m；

e)　环境相对湿度不大于 90％（25 ℃）。

5.2　稳定性

5.2.1　水平面上稳定性

在坚固的水平地面上，外伸支腿固定作业车，平台承载 1.5 倍的额定载荷，升降机构伸展到整车处于稳定性最不利的状态，作业车应稳定。

5.2.2　斜面上稳定性

作业车在特定的形式下使用时，平台承载 1.25 倍的额定载荷，整车置于易倾翻方向坡度为 5°的斜面上，允许外伸支腿调整，作业车应稳定。

5.2.3　作业稳定性

作业车在坚固的水平地面上，支腿外伸，平台承载额定载荷，伸展机构伸展到整车稳定性最不利状态时紧急制动，任一个支腿不应离地。

5.3　结构安全系数

5.3.1　平台及伸展机构承载部件所用的塑性材料，按材料最低屈服极限计算，结构安全系数应不小于 2。

5.3.2　平台及伸展机构承载部件所用的非塑性材料，按材料的最小强度极限计算，结构安全系数应不小于 5。

5.3.3　确定结构安全系数的设计应力，是作业车在额定载荷工况下作业，并遵守操作规程时，结构件内所产生的最大应力值。设计应力还应考虑到应力集中及动力载荷的影响，安全系数按公式（1）计算：

$$S = \frac{\sigma}{(\sigma_1 + \sigma_2)f_1 f_2} \quad \cdots\cdots\cdots\cdots\cdots\cdots\cdots\cdots (1)$$

式中：

S——结构安全系数；

σ——在 5.3.1 中所述的材料屈服强度或在 5.3.2 中所述的材料强度极限，单位为帕（Pa）；

σ_1——由结构质量产生的应力，单位为兆帕（MPa）；

σ_2——由额定载荷产生的应力，单位为兆帕（MPa）；

f_1——应力集中系数；

f_2——动力载荷系数；

f_1、f_2 的数值可通过对样机的试验应力分析确定；或取 $f_1 \geqslant 1.1$、$f_2 \geqslant 1.25$。

5.3.4　平台或伸展机构如由钢丝绳或链条承受额定载荷，按最小强度极限计算，钢丝绳或链条的安全系数应不小于 8。

5.4　液压系统

5.4.1　液压系统的设计、制造、安装等应符合 GB/T 3766 的有关规定。

5.4.2 液压系统元件应符合 GB/T 7935 的有关规定。

5.4.3 液压系统液压油工作 1.5 h 后，清洁度应符合 JG/T 5035 中 19/16 的等级规定。

5.5 工作平台

5.5.1 工作平台尺寸应符合以下规定：

   a) 工作平台四周应有护栏或其他防护结构，高度应不小于 1 100 mm 并应设有中间横杆。

   b) 踢脚板高度应不小于 150 mm，人员进出口处应不小于 100 mm。

   c) 工作平台宽度应不小于 450 mm，单人工作平台最小面积应不小于 $0.36 \ m^2$。

   d) 工作平台的任何水平截面的外形尺寸应为：承载 1 人的不超过 $0.6 \ m^2$，且任一边不大于 0.85m；承载 2 人的不超过 $1.0 m^2$，且任一边不大于 1.4m。超过此规定应加装载荷传感器，当达到许可倾翻力矩时，应发出视觉警告，并阻止除减少倾翻力矩外的其他进一步运动。

5.5.2 护栏结构应能承受沿水平方向作用在顶部栏杆或中间横杆上 360 N/m 的载荷，顶部栏杆或中间横杆在两支杆之间应能承受垂直方向的 1 300 N 的集中载荷，护栏终端支杆能承受 900N 来自各方向对杆顶端的静集中载荷。

5.5.3 工作平台的工作表面应能防滑和自排水。进入工作平台可设置梯子，梯子的踏面应防滑。工作平台可设置出入门，门不得向外开，也可用栏杆、挡链或其他设施代替，宽度应不小于 350mm。梯子应与出入门对齐。

5.5.4 工作平台应备有系安全带或绳索的结点。

5.5.5 工作平台上应醒目地注明作业车额定载荷和承载人数。

5.6 安全装置

5.6.1 伸展机构由单独的钢丝绳或链条实现传动时，系统应有断绳安全保护装置。

5.6.2 作业车采用液压式或气动式支腿和伸展机构时，应设有防止液压和气动管路发生故障时回缩的安全保护装置。

5.6.3 作业车应装有指示装置（例如倾斜开关或水平仪）以指明底盘倾斜是否是在制造商的许可范围内。此指示装置应受保护，以免损坏和意外的设置更改。对于无支腿可行走作业的作业车当达到倾斜极限时，工作平台上应有声光报警信号。对于用稳定器来调平的作业车，底盘倾斜指示器（例如水平仪）在每个稳定器的控制点应该都能清楚的看见。

5.6.4 作业车应装有急停开关，该开关可在应急时有效地切断所有动力系统，并置于操作者易于操作的地方。

5.6.5 作业车应在地面人员易接近的位置安装应急辅助装置（如手动泵，第二动力源，重力下降阀）以确保在主动力源失效时，工作平台可以返回到一个位置，在此位置可无危险离开，包括必要的移动平台离开障碍物。如果作业车配备了可安全到达工作平台的其他方法（如安装了梯子），上述装置可不设置。

5.6.6　作业车上各动作的终点位置应设有限位装置。

5.7　作业性能

5.7.1　作业车的各机构应保证平台起升、下降时动作平稳、准确，无爬行、振颤、冲击及驱动功率异常增大等现象。

5.7.2　平台的起升，下降速度应不大于 0.4m/s。

5.7.3　带有回转机构的作业车最大回转速度不大于 2r/min，起动、回转、制动应平稳、准确，无抖动、晃动现象，在行驶状态时，回转部分不应产生相对运动。

5.7.4　作业车在行驶状态下，支腿收放机构应确保各支腿可靠地固定在作业车上，支腿最大位移量应不大于 5mm。

5.7.5　作业车的伸展机构及驱动控制系统应安全可靠，平台在额定载荷下起升时应能在任意位置可靠制动，制动后 15min，平台下沉量应不超过该工况工作平台高度的 0.5%。

5.7.6　作业车空载时最大平台高度误差应不大于公称值的 0.4%。

5.7.7　支腿纵、横向跨距误差应不大于公称值的 1%。

5.7.8　作业车前、后桥的负荷应符合 GB 1589 的要求。

5.7.9　具有伸展性能的平台，应在说明书中对伸展时所允许的载荷值和相应的工作条件作出明确规定。

5.7.10　作业车的调平机构应保证工作平台在任一工作位置均处于水平状态，工作平台底面与水平面的夹角应不大于 5°，调平过程必须平稳、可靠，不得出现振颤、冲击、打滑等现象。采用钢丝绳调平的作业车，滑轮的直径应不小于钢丝绳直径的 12 倍，且滑轮应有防止钢丝绳脱槽的装置。由单根钢丝绳或链条传动的绳链的安全系数应不小于 5；由双根绳链传动的绳链的安全系数应不小于 9。采用液压缸调平的作业车，应设有防止油管破裂而使平台倾翻的装置。

5.8　操纵系统

5.8.1　在地面操作的应急辅助装置，应有明显标记。

5.8.2　装备有上、下两套控制装置的工作平台应有互锁装置，上控制装置应设在工作平台上，下控制装置应具有上控制装置的功能，并应设有能超越上控制的装置。

5.8.3　工作平台运动的控制手柄松开时应能自动复位，并且操作方向与控制的功能运动方向一致。

5.8.4　下控制装置应设置在操作者能够清楚地看到伸展过程全貌的地方。

5.8.5　各操作动作不应相互干扰和引起误操作，操作应轻便灵活、准确可靠。

5.9　绝缘性能

5.9.1　基本要求

额定电压为 63kV 以上折叠臂式作业车的检测电极应固定安装在主绝缘臂内外

表面，位于主绝缘臂下端金属部分 100mm～150mm 处。所有连接上臂绝缘部分的液压和气压管，需用金属连接器与每条软管连接，并位于绝缘臂的检测电极附近。

5.9.2 绝缘平台

5.9.2.1 用作主绝缘的工作平台一般应包括外绝缘平台和绝缘平台内衬，且限于 10kV 电压等级，其外表面的绝缘水平应符合表 3 的规定；试验过程中不应有击穿、闪络和严重过热现象发生（温升容限 10℃）。

表 3 用做主绝缘的绝缘平台外表面绝缘性能

额定电压/kV	内外电极试验沿面间距/m	1min 工频耐压试验电压/kV			交流泄漏试验	
		型式试验	交接验收试验	预防性试验	试验电压/kV	泄漏值/μA
10	0.4	100	50	45	20	≤200

5.9.2.2 用做主绝缘和辅助绝缘的绝缘平台内衬的型式试验应进行 50kV、5min±5s 的壁厚绝缘工频耐压试验，外绝缘平台的型式试验应进行 20 kV、5min±5s 的壁厚绝缘工频耐压试验；预防性试验施加 20kV、持续时间 1min±5s；交接验收试验时，施加 20 kV 试验电压、持续时间 5min±5s。

5.9.2.3 绝缘平台的表面应平整、光洁，无凹坑、麻面现象，憎水性强。

5.9.3 绝缘臂

5.9.3.1 绝缘臂的电气绝缘性能的试验电压和持续时间进行工频耐压试验见表 4。试验过程中不应有击穿、闪络和严重过热现象发生（温升容限 10℃）。

表 4 绝缘臂工频耐压

额定电压/kV	1min 工频耐压试验电压/kV				交流泄漏试验		
	试验距离 L/m	型式试验	出厂试验	预防性试验	试验距离 L/m	试验电压/kV	泄漏值/μA
10	0.4	100	50	45	1.0	20	(1) 安装前部件单独试验：≤200 (2) 安装后整车部件试验：≤500
35	0.6	150	105	95	1.5	70	
63	0.7	175	141	105	1.5	105	
110	1.0	250	245	220	2.0	126	
220	1.8	450	440	440	3.0	252	
注 1：在折叠臂式高空作业车上，主要是针对主绝缘臂——上臂而言。							
注 2：试验应在有效绝缘区间内进行。							

5.9.3.2 绝缘臂的表面应平整、光洁，无凹坑、麻面现象，憎水性强。

5.9.3.3 各电压等级的绝缘作业车绝缘臂的最小有效绝缘长度，不宜小于表 5 所列数值。

表5　绝缘臂的最小有效绝缘长度

额定电压/kV	10	35	63	110	220
最小有效绝缘长度/m	1.0	1.5	1.5	2.0	3.0

5.9.3.4　绝缘作业车，如装有下部辅助绝缘体，其试验电压为交流有效值50kV，时间为1min，试验时无火花、飞弧或击穿，无明显发热现象（温升容限为10℃）。

5.9.4　整车

整车绝缘要求应符合表6的规定。

表6　整车绝缘要求

额定电压/kV	交流泄漏试验	
	试验电压/kV	泄漏值/μA
10	20	≤500
35	70	≤500
63	105	≤500
110	126	≤500
220	252	≤500

5.9.5　液压油

用于承受带电作业电压的液压油，应例行击穿强度试验，平均击穿电压不小于20kV。

5.10　起重辅助装置

作业车可装配小于1 000 kg的起重辅助装置，起重辅助装置应符合QC/T 459的规定。大于或者等于1 000 kg的起重辅助装置应符合JB 8716的规定。

5.11　作业可靠性

最大作业高度大于或等于20 m的作业车应进行800次可靠性作业循环，最大作业高度小于20 m的作业车应进行1 000次可靠性作业循环，平均无故障工作时间不少于80 h，可靠度不小于85%。

6　试验方法

6.1　试验条件

试验条件和试验准备按GB/T 12534、GB/T 16927.1的规定进行；试验场地应符合5.1.8中a)、b)的规定，且风速应小于3 m/s。

6.2　定型试验

定型试验按QC/T 252的规定进行。

6.3 液压油清洁度

液压系统液压油固体清洁度检测按 JG/T 5066 规定进行。

6.4 技术特性参数测量

6.4.1 测量方法如下：

a) 作业车停放在试验场地上，前轮为直行位置；放支腿，作业车处于工作状态；

b) 水平尺寸、垂直尺寸除直接测量外，也可利用重锤、或专用测量仪器对所需尺寸进行测量；

c) 用秒表测量平台起升、下降、回转所需时间，每种工况各测量 3 次。

6.4.2 测量项目见表 7 和图 2、图 3。

表 7 测量项目

序号	符号单位	项目名称
1	H_{min}	最低平台高度/m
2	H_{max}	最大平台高度/m
3	R	最大平台高度时的平台幅度/m
4	R_{max}	最大平台幅度/m
5	H	最大平台幅度时的平台高度/m
6	L_1	支腿横向跨距/m
7	L_2	支腿纵向跨距/m
8	v_1	平台起升速度/（m/min）
9	v_2	平台下降速度/（m/min）
10	v_3	回转速度/（r/min）

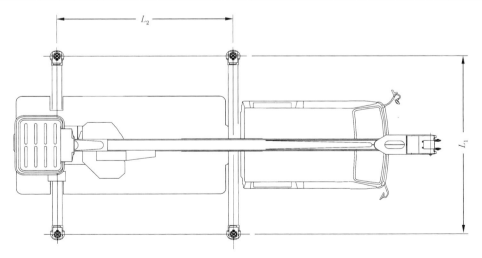

图 2 支腿跨距示意图

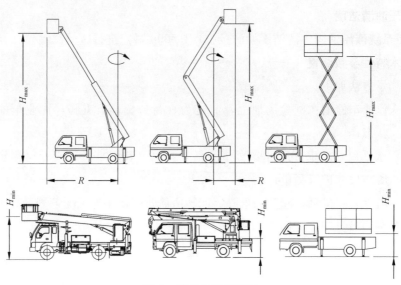

图3 技术参数示意图

6.4.3 工作平台的起升、下降速度按公式（2）和公式（3）计算：

$$v_1 = (H_{max} - H_{min}) / t_1 \cdots\cdots\cdots\cdots\cdots\cdots (2)$$

$$v_2 = (H_{max} - H_{min}) / t_2 \cdots\cdots\cdots\cdots\cdots\cdots (3)$$

式中：

v_1——工作平台的起升速度，单位为米每分（m/min）；

v_2——工作平台的下降速度，单位为米每分（m/min）；

t_1——最低平台高度升到最大平台高度所用时间，单位为分（min）；

t_2——最大平台高度降至最低平台高度所用时间，单位为分（min）。

6.4.4 工作平台的回转速度按公式（4）计算：

$$v_3 = \frac{1}{t_3} \cdots\cdots\cdots\cdots\cdots\cdots\cdots\cdots\cdots (4)$$

式中：

v_3——工作平台的回转速度，单位为转每分（r/min）；

t_3——回转一周所用时间，单位为分（min）。

6.5 空载试验

起升、下降、伸缩、变幅、回转、支腿收放，分别以低速和高速在最大允许工作范围内进行，观察有无异常现象。

6.6 额定载荷试验

放支腿，平台承载额定载荷提升至一定高度，停置15min，测量平台下沉量；再分别以稳定的标称速度起升到最大平台幅度，左右回转360°；然后起升到最大平台高度，左右回转360°；再下降到初始位置，并在升降、回转过程中，各进行1～2

次停止、起动，观察有无异常现象。

6.7 稳定性试验

6.7.1 水平面上稳定性试验

按5.2.1中的工况进行试验，试验时允许调整液压系统安全溢流阀的开启压力，但在试验后应重新调到规定数值。观察作业车是否稳定。

6.7.2 斜面上稳定性试验

按5.2.2中的工况进行试验，观察作业车是否稳定。

6.7.3 作业稳定性试验

放支腿、平台承载额定载荷，在360°范围内回转，测定支腿在受力最不利情况下的支承反力，当支承反力为零时，即视为支腿离地。

6.8 动载试验

放支腿，平台承载1.25倍额定载荷，分别以稳定的标称速度起升到最大平台幅度，左右回转360°；然后起升到最大平台高度，左右回转360°；再下降到初始位置，并在升降、回转过程中，各进行1~2次停止、起动。然后升降30次，观察各构件有无异常现象。

6.9 静载试验

放支腿，上升至整车处于允许的最差稳定状态下，平台承载1.5倍的额定载荷，停留15min，测量平台下沉量，并观察有无异常现象。试验时允许调整液压系统安全溢流阀的开启压力，但在试验后应重新调到规定数值。

6.10 工作平台承载能力测量

放支腿，将额定载荷集中放置在平台周边内距周边300 mm处的任一位置，全行程升降10次后，观察受力构件是否有永久变形或裂纹。

6.11 工作平台尺寸、护栏承载能力测量

6.11.1 测量平台宽度、出入门宽度、计算平台面积。测量护栏的有关尺寸。

6.11.2 将平台置于地面，护栏固定牢固：

a) 在平台栏杆两支杆间挂上1 300 N的垂直集中载荷，保持3 min，然后撤去载荷，观察在此过程中护栏是否有变形；

b) 在平台栏杆两支杆间挂上1 000 N的拉力计，水平牵拉缓慢加力至360 N/m，保持3 min，然后撤去载荷，观察在此过程中护栏是否有变形；

c) 护栏终端支杆顶端施加900 N的集中载荷，保持3 min，然后撤去载荷，观察在此过程中护栏是否有变形。该集中载荷须在上下左右每个方向施加一次。

6.12 结构应力测试

在完成6.5、6.6、6.7、6.8、6.9试验后进行。测试工况及载荷见表8。

表8　测试工况及载荷

序号	测试工况	载荷	试验目的	被测结构	测试项目
1	各臂在受力最不利情况下支腿最大压力方位	额定载荷	验证主要结构件的强度和刚度	底架、支腿、工作臂、转台、平台调平机构	结构件动应力
2		1.25倍额定载荷			
3		1.5倍额定载荷			结构件静应力

6.13　绝缘体性能试验

6.13.1　绝缘臂、绝缘平台部件电气试验

6.13.1.1　交流耐压试验

6.13.1.1.1　绝缘臂交流耐压试验一般采用连续升压法升压，试验加压方式如图4所示，施加的交流电压、时间和绝缘臂试验距离 L，见表4。

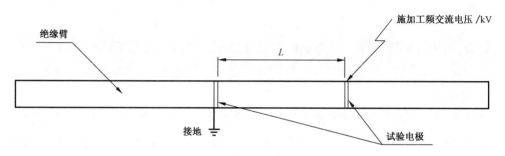

图4　绝缘臂工频耐压试验

6.13.1.1.2　绝缘平台（包括具有内、外层平台的外层平台和内衬平台）交流耐压试验的加压方式如图5所示，把绝缘平台放入水槽，在绝缘平台内外都加水，水面与其顶部距离 h 值不大于150 mm，也可以在绝缘平台的内外侧贴锡箔纸代替水。试验工况见5.9.2.1、5.9.2.2。

6.13.1.2　交流泄漏试验

绝缘臂、绝缘平台（包括具有内、外层平台的外层平台和内衬平台）在进行交流泄漏（全电流）试验时，其试验电极一般采用12.7 mm的导电胶带设置，施加的工频交流电压值、沿面距离 L（对于绝缘平台各电压等级作业车 $h=0.4$ m）及泄漏值见表3、表4，试验方法如图6、图7所示。

6.13.2　胶皮管电气试验

6.13.2.1　试验要求

本试验仅适用于作业车接地部分与绝缘平台之间承受带电作业电压的胶皮管（包括光缆、平衡拉杆等），并在装配前进行。

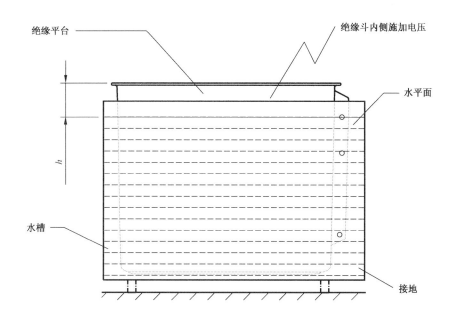

图 5 绝缘平台耐压试验

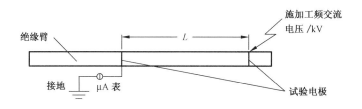

图 6 绝缘臂交流泄漏试验

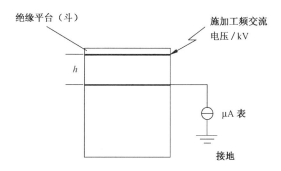

图 7 绝缘作业平台（包括外层平台和内衬平台）交流泄漏试验

6.13.2.2 交流耐压试验

试验时，胶皮管内应注满液压油，并在胶皮管两端封上金属管套，一端（绝缘平台端）加压一端接地，其单位长度所加的工频交流电压值与绝缘臂相同，按表 4

规定进行折算。试件没有击穿、火花或飞弧、热损现象为合格。

胶皮管（光缆、平衡拉杆等）的型式试验，应将试件浸水 24 h，取出擦干后按上述要求进行试验。

6.13.2.3 交流泄漏试验

交流耐压合格的胶皮管（光缆、平衡拉杆等）还应进行交流泄漏试验，胶皮管装置与交流耐压试验相同。按表 4 规定，在距加压端 L 处，采用宽 12.7 mm 导电带设置一电极，将电极及试件接地端接泄漏电流表，然后加压进行测试。

6.13.3 液压油的击穿强度试验

液压油的击穿强度试验按 GB/T 507 规定进行。

6.13.4 整车绝缘电气试验

6.13.4.1 绝缘臂

6.13.4.1.1 试验要求

作业车绝缘臂按其接地部分与绝缘平台之间是否有承受带电作业电压的胶皮管、液压油、光缆、平衡拉杆，而试验方法有所不同。

6.13.4.1.2 交流耐压试验

主绝缘臂工频耐压试验方法如图 8 所示，所加电压及 L 值见表 4（试验区间 L 应取在有效绝缘区间范围内）。基本臂（下臂）上具有绝缘臂段的作业车，该绝缘臂段的试验方法如图 9 所示，施加的交流工频电压值为 50kV，1min。

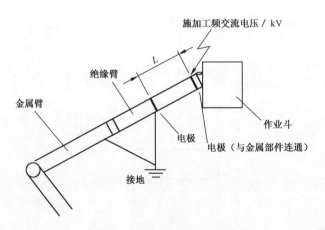

图 8 绝缘臂交流耐压试验

6.13.4.1.3 交流泄漏试验

对除绝缘臂外，还具有承受带电作业电压的胶皮管、液压油、光缆、平衡拉杆等的作业车，整车应进行交流泄漏试验，其交流泄漏值应不大于 500 μA。对没有永久试验电极的作业车，试验方法如图 10 所示，所加电压见表 6（状态：下臂升角最大，上臂为水平位置，平台在车辆后方）。对有永久试验电极的作业车，试验方法如

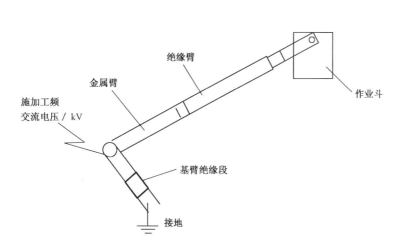

图9 基本臂绝缘臂段交流耐压试验

图11所示，所加电压见表6（状态：下臂升角最大，上臂为水平位置，平台在车辆后方）。

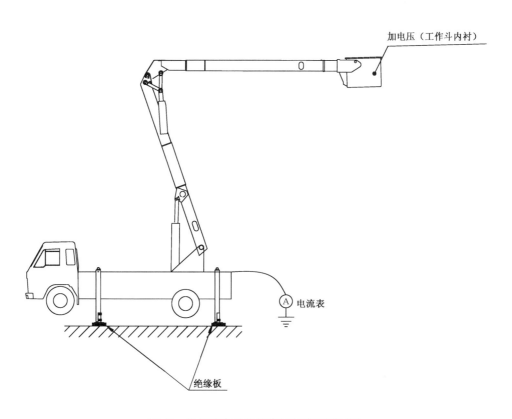

图10 无固定电极绝缘车的整车泄漏试验

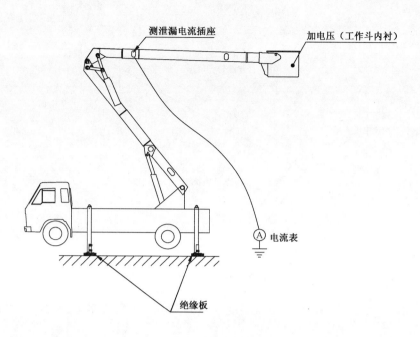

图 11　有永久电极的作业车

6.13.4.2　绝缘平台

6.13.4.2.1　可拆卸式平台（内衬平台）交流耐压试验

可拆卸式绝缘平台（内衬）的工频耐压试验，一般采用浸水法进行，方法见 6.13.1.1.2。

6.13.4.2.2　固定式平台交流耐压试验

固定式平台的工频耐压试验，一般采用贴金属薄膜法进行，方法见 6.13.1.1.2。

6.14　可靠性试验

6.14.1　作业车可靠性试验的循环次数和试验工况见表 9，其每两次循环的间隔不大于 10min。

表 9　循环次数和试验工况

最大作业高度	循环次数	试验工况
≥20m	800	平台承载额定载荷起升到最大幅度左右回转，然后再到最大高度左右回转，下降到原位置为一个循环
<20m	1000	

6.14.2　作业车的故障按对人身安全、零部件损坏程度、功能影响及修复的难易程度分为轻度故障、一般故障、严重故障和致命故障四类。并用故障危害度系数对故障进行统计，见表 10。

表 10 故障类别和故障危害度系数

故障类别	故障名称	故障特征	故障危害度系数，ε
1	致命故障	零部件严重变形、机身断裂、绝缘性能严重降低，导致人身伤亡	∞
2	严重故障	结构件发生扭曲变形、安全保护装置失灵，修复时间在 3h 以上	3.0
3	一般故障	已影响作业车使用性能，必须停机检修，只用随机工具更换或修理，修复时间不超过 2h，而又不经常发生的故障	1.0
4	轻度故障	紧固件松动，调整不当及维修保养不够等产生的故障，修复时间不超过 30min	0.2

6.14.3 可靠性指标计算如下：

a) 平均无故障工作时间按公式（5）计算：

$$\text{MTBF} = t_0/r_b \quad\cdots\cdots\cdots\cdots\cdots\cdots\cdots\cdots\cdots (5)$$

式中：

MTBF——平均无故障工作时间，单位为小时（h）；

t_0——作业车可靠性试验时间，单位为小时（h）；

r_b——作业车在规定的可靠性试验时间内出现的当量故障数，按公式（6）计算：

$$r_b = \sum_{i=1}^{4} n_i \varepsilon_i \quad\cdots\cdots\cdots\cdots\cdots\cdots\cdots\cdots (6)$$

式中：

n_i——出现第 i 类故障的次数；

ε_i——第 i 类故障的危害度系数。

当 $r_b < 1$ 时，令 $r_b = 1$。

b) 可靠度按公式（7）计算：

$$R = \frac{t_0}{t_0 + t_1} \times 100\% \quad\cdots\cdots\cdots\cdots\cdots\cdots (7)$$

式中：

R——可靠度；

t_1——修复故障所用时间总和，单位为小时（h）。

注：t_0、t_1 均不含正常保养时间。

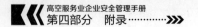
7　检验规则

7.1　出厂检验

7.1.1　每台产品均应进行出厂检验，经制造厂质量检验部门检验合格并签发产品合格证后方可出厂。

7.1.2　出厂检验项目见表11。

7.2　型式试验

7.2.1　凡属下列情况之一应进行型式试验：

a)　新产品或老产品转厂生产试制定型时；

b)　产品停产3年后，恢复生产时；

c)　正式生产后，如材料、工艺有较大改变，可能影响产品性能时；

d)　出厂检验与上次型式试验结果有重大差异时；

e)　国家有关政策或国家质量监督机构提出要求时。

7.2.2　型式检验时，如果属7.2.1中a)、b)、e)情况，则按表11的项目进行检验；如果属7.2.1中c)、d)两种情况，可仅对受影响项目进行检验。

7.2.3　采用随机抽样方法抽取一台样机进行型式试验。抽样基数不限。型式检验项目见表11。

表11　检验项目

序号	检验项目		检验方法	判定依据	型式检验	出厂检验
1	外观检验		目测	5.1.6	√	√
2	安全保护装置		目测	5.6	√	√
3	噪声测量		6.2	5.1.4	√	
4	排放测量		6.2	5.1.4	√	
5	定型试验（整机质量、桥荷、重心）		6.2	5.1.3、5.7.8、5.7.4	√	
6	液压油清洁度		6.3	5.4.3	√	
7	技术参数特性测量		6.4	5.7.1、5.7.2、5.7.3、5.7.6、5.7.7	√	√
8	空载试验		6.5	6.5	√	√
9	额定载荷试验（平台下沉量）		6.6	6.6	√	√
10	稳定性试验	水平面上	6.7.1	5.2.1	√	
		斜面上	6.7.2	5.2.2	√	
		作业时	6.7.3	5.2.3	√	

表 11（续）

序号	检验项目		检验方法	判定依据	型式检验	出厂检验
11	动载试验		6.8	6.8	√	√
12	静载试验（平台下沉量）		6.9	6.9	√	√
13	工作平台承载能力测量		6.10	6.10	√	
14	工作平台尺寸、护栏承载能力测量		6.11	5.5.1、5.5.2、5.5.3、5.5.4、5.5.5	√	
15	结构应力测试		6.12	5.3	√	
16	绝缘体性能试验	绝缘臂、绝缘平台部件试验	6.13.1	5.9.2、5.9.3	√	
		胶皮管试验	6.13.2	6.13.2	√	
		液压油试验	6.13.3	6.13.3	√	
		整车绝缘试验	6.13.4	5.9.4	√	√
17	可靠性试验		6.14	5.11	√	

7.3 判定规则如下：

7.3.1 对于表 11 中型式检验第 2、9、10、11、12、13、14、15、16、17 项中有一项不合格，则判定为不合格；如上述各项均合格，其他有一项不合格，则允许对该项重新抽检，仍不合格时，则判定为不合格；

7.3.2 对于表 11 中出厂检验第 2、7、8、9、11、12 项中有一项不合格，则判定为不合格；如上述各项均合格，其他有一项不合格，则允许对该项重新抽检，仍不合格时，则判定为不合格；

7.3.3 如上述各项均合格，其他有两项不合格则判定为不合格。

8 标志、包装、运输和贮存

8.1 标志

作业车应在明显部位固定产品标牌。标牌应标明如下内容：

a) 生产厂名称；

b) 产品名称及型号；

c) 出厂编号及出厂日期；

d) 最大工作平台高度；

e) 额定载荷；

f) 整车总质量；

g) 整车外形尺寸；

h) 具有绝缘性能高空作业车应标明额定电压和试验日期；

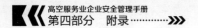

i) 车辆识别代码 VIN；

j) 产品执行标准编号。

8.2 包装

8.2.1 作业车一般采用裸装。其防锈部位（如液压缸、活塞杆、操纵杆）应涂上油脂并用防潮纸包扎，机动车辆的底盘的随车工具置于工具箱内，工具箱应加锁。

8.2.2 作业车出厂时应有下列随车文件：

a）产品合格证和底盘合格证；

b）使用说明书（应符合 GB 9969.1 的有关规定）；

c）随车备件、附件清单。

8.3 运输

作业车在铁路（或水路）运输时以自驶（或拖曳）方式上下车（船），若必须用吊装方式装卸时，应用专用吊具装卸，并给出起吊点的位置，规定装载、加固方法及其注意事项，防止损伤产品。

8.4 贮存

作业车长期停用时应按以下要求进行贮存：

a) 应将支腿放下，使轮胎支离地面，将燃料和水放尽，切断电路、锁上驾驶室；

b) 作业车应停放在通风、防潮、防暴晒、无腐蚀气体侵害及有消防设施的场所；

c) 作业车应按产品使用说明书的规定进行定期保养。

———————————

ICS 13.100
C 65

中华人民共和国国家标准

GB 23525—2009

座板式单人吊具悬吊作业
安全技术规范

Safety technical criterion for personal board-type
sling equipment for suspending work

2009-04-13 发布   2009-12-01 实施

中华人民共和国国家质量监督检验检疫总局
中国国家标准化管理委员会   发 布

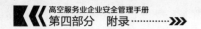

前　　言

本标准全部技术内容为强制性。

本标准附录 A 为资料性附录。

本标准由国家安全生产监督管理总局提出。

本标准由全国安全生产标准化技术委员会（SAC/TC 288）归口。

本标准起草单位：北京市劳动保护科学研究所、中国蓝星（集团）总公司、北京市质量技术监督局、北京市劳保所科技发展有限责任公司、江苏申锡建筑机械有限公司、上海新民劳防用品有限公司、天津南华劳保皮件有限公司、乐清市华东安全防护器材厂、昆明市高层建筑清洗公司、北京市金誉喜劳保用品有限公司、北京洁龙保洁清洗责任公司、泰州市明辉高空安全设备有限公司、深圳市清洁卫生协会。

本标准主要起草人：刘宇、赵留根、高哲宇、肖义庆、宋国建、吴杰、喻惠业。

座板式单人吊具悬吊作业安全技术规范

1 范围

本标准规定了座板式单人吊具的设计原则、技术要求、测试方法、安全规程及悬吊作业安全管理等要求。

本标准适用于使用座板式单人吊具对建筑物清洗、粉饰、养护悬吊作业。

本标准不适用于高处安装和吊运作业。

2 规范性引用文件

下列文件中的条款通过本标准的引用而成为本标准的条款。凡是注日期的引用文件，其随后所有的修改单（不包括勘误的内容）或修订版均不适用于本标准，然而，鼓励根据本标准达成协议的各方研究是否可使用这些文件的最新版本。凡是不注日期的引用文件，其最新版本适用于本标准。

GB 2811　安全帽

GB 3608—2008　高处作业分级

GB 6095　安全带

GB/T 6096—2009　安全带测试方法

GB 14866　个人用眼护具技术要求

3 术语与定义

下列术语和定义适用于本标准。

3.1

座板式单人吊具　personal board-type sling equipment

个体使用的具有防坠落功能、沿建筑物立面自上而下移动的无动力载人作业用具。

注：由挂点装置、悬吊下降系统和坠落保护系统组成。

3.2

挂点装置　anchor device

固定工作绳或柔性导轨的装置。

注：有屋面固定架、固定（屋面、地面）栓固点、锚固点、配重物、配重水袋等型式。

3.3

悬吊下降系统　suspend decline system

通过手控下降器沿工作绳将座板下移或固定在任意高度进行作业的工作系统。

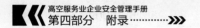

注：由工作绳、下降器、连接器、座板装置组成。

3.3.1

工作绳　suspend rope

固定在挂点装置上、沿作业面敷设，下降器安装其上，工作时承担人体及携带物重量的长绳。

3.3.2

下降器　descender

安装在工作绳上、以工作载重量为动力、通过手控下降的装置。

注：有棒式、多板式、八字环式等多种型式，见附录 A。

3.3.3

连接器　connector

将系统内零部件连接在一起、具有常闭活门的环类零件。亦称为"安全钩"。

3.3.4

座板装置　board device

承载作业人员的装置。

注：由吊带、衬带、拦腰带和座板组成。

3.3.5

吊带　suspend belt

将座板悬吊在下降器上的带。

3.3.6

衬带　lining belt

为防止磨损，衬在吊带与座板底面之间的带。

3.3.7

拦腰带　protect belt

为防止作业人员从座板滑脱，在两吊带之间安装的横带。

3.4

坠落保护系统　fall protection system

发生坠落时保护作业人员安全的系统。

注：由柔性导轨、自锁器、安全短绳、坠落悬挂安全带组成。

3.4.1

柔性导轨　anchor line

固定在挂点装置上、沿作业面敷设，带自锁器，发生坠落时承担人体冲击力的长绳。亦称"生命绳"。

3.4.2

自锁器　guided type fall arrester

可重复使用，具有导向和自锁功能的器具。沿柔性导轨，随作业人员位置的改变而调节移动，发生坠落时，能立即自动锁定在柔性导轨上。

3.4.3

坠落悬挂安全带　fall arrest system

当高处作业或登高人员发生坠落时，将作业人员悬挂在空中的安全带。

3.4.4

安全短绳　lanyard

连接自锁器与坠落悬挂安全带的绳，具有吸收冲击能量的作用。

3.5

工作载重量　working weight

工作绳或柔性导轨上承担的人体及携带物的质量。不包括工作绳或柔性导轨本身的质量。

3.6

总载重量　total weight

挂点装置上承担的人体、携带物、工作绳和柔性导轨的总质量。

4　设计原则

4.1　挂点装置

4.1.1　座板式单人吊具的总载重量不应大于 165 kg。

4.1.2　挂点装置静负荷承载能力不应小于总载重量的 2 倍。

4.1.3　屋面钢筋混凝土结构的静负荷承载能力大于总载重量的 2 倍时，允许将屋面钢筋混凝土结构作为挂点装置的固定栓固点。在栓固前应按建筑资料核实静负荷承载能力，无建筑资料的应由经过专业培训的，有 5 年以上高空作业经验的项目负责人检查通过后签字确认。

4.1.4　利用屋面钢筋混凝土结构作为挂点装置时，固定栓固点应为封闭型结构，防止工作绳、柔性导轨从栓固点脱出。

4.1.5　严禁利用屋面砖混砌筑结构、烟囱、通气孔、避雷线等结构作为挂点装置。

4.1.6　无女儿墙的屋面不准采用配重物型式作为挂点装置。

4.1.7　每个挂点装置只供一人使用。

4.1.8　工作绳与柔性导轨不准使用同一挂点装置。

4.2　悬吊下降系统

4.2.1　悬吊下降系统工作载重量不应大于 100 kg。

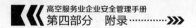

4.2.2 当作业人员发生坠落悬挂时，悬吊下降系统的所有部件应保证与作业人员分离。

4.2.3 工作绳、柔性导轨、安全短绳应同时配套使用。

4.3 坠落保护系统

4.3.1 每个作业人员应单独配置坠落保护系统。

4.3.2 自锁器在发生坠落锁止后，应借助人工明确动作才能打开。

4.3.3 柔性导轨、安全短绳经过一次坠落冲击后应报废，严禁重复使用。

5 技术要求

5.1 一般要求

5.1.1 座板上表面应具有防滑功能，无裂痕、糟朽。并应进行防水处理。

5.1.2 金属件表面应光洁，无裂纹、麻点及能够损伤绳索的缺陷，并应进行防锈处理。

5.1.3 屋面固定架的表面应进行防腐处理。所有焊缝外观应连续、平整，无气孔、夹渣等缺陷。

5.2 结构要求

5.2.1 座板上应有挂清洗工具的装置。

5.2.2 吊带应为一根整带。

5.2.3 工作绳、柔性导轨、安全短绳不应有接头。

5.2.4 工作绳、柔性导轨和安全短绳不应使用丙纶纤维材料制作。

5.2.5 工作绳、柔性导轨和安全短绳应采用插接或压接的环眼。插接时每股绳应插接 4 道花，尾端整理成锥形。

5.2.6 工作绳、柔性导轨和安全短绳的环眼内应装有塑料或金属支架。

5.2.7 下降器、金属圆环、半圆环不应焊接。金属件边缘应加工成 R4 以上的光滑弧形。

5.2.8 工作绳、柔性导轨的制造商应在其产品上标明有效使用期及使用条件。

5.2.9 工作绳、柔性导轨的使用者应按产品上标明的有效使用期及使用条件使用，超过使用期应报废。

5.2.10 工作绳、柔性导轨出现下列情况之一时，应立即报废：

——被切割、断股、严重擦伤、绳股松散或局部破损；

——表面纤维严重磨损、局部绳径变细，或任一绳股磨损达原绳股三分之一；

——内部绳股间出现破断，有残存碎纤维或纤维颗粒；

——发霉变质，酸碱烧伤，热熔化或烧焦；

——表面过多点状疏松、腐蚀；

——插接处破损、绳股拉出；

——编织绳的外皮磨破。

5.3 尺寸要求

5.3.1 座板要求：

——长度：600 mm±20 mm；

——宽度：170 mm±10 mm；

——厚度介于 15 mm～20 mm；

——开孔间距 450 mm±20 mm；

——开孔长度 90 mm±5 mm；

——开孔宽度 25 mm±3 mm。

5.3.2 吊带要求：

——整体长度 1 600 mm±50 mm；

——宽度 50 mm±2 mm。

5.3.3 衬带要求：

——长度 600 mm±20 mm；

——宽度 80 mm±3 mm。

5.3.4 安全短绳

安全短绳长度为 600_{-10}^{0} mm。

5.4 整体静态力学性能

5.4.1 悬吊下降系统按 6.4.1 规定的方法测试，应满足下列要求：

——工作绳不应断裂；

——吊带不应撕裂、开线；

——金属件不应碎裂、变形；

——连接器不应自动开启；

——下降器在手控操作时应能顺利下滑；

——下降器在非手控时，应有处于悬停状态的控制方法。

5.4.2 坠落保护系统按 6.4.2 规定的方法测试，应满足下列要求：

——整体静拉力不应低于 15 kN；

——坠落悬挂安全带不应出现撕裂、开线、模拟人滑脱，不得有任何部件压迫
  人的喉部或外生殖器，腋下或大腿内侧不应有金属件；

——金属件不应碎裂、变形；

——连接器不应自动开启。

5.5 整体动态力学性能

坠落保护系统按 6.5 规定的方法测试，应满足下列要求：

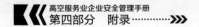

——冲击作用力峰值不应大于 6 kN；

——坠落悬挂安全带不应出现撕裂、开线，不得有任何部件压迫人的喉部或外生殖器，人的腋下或大腿内侧不应有金属件；

——金属件不应碎裂，变形；

——连接器不应自动开启；

——坠落停止，安全短绳与安全带连接点应保持在后背或后腰，不应滑到腋下或腰两侧；

——自锁器在柔性导轨上的运动锁止距离不应大于 0.5 m。

5.6 零部件静态力学性能

5.6.1 零部件测试负荷见表 1。按 6.6.1、6.6.2、6.6.3 规定的方法测试，零部件在表内的测试负荷下保持 3 min，应不发生破坏。

表 1　零部件测试负荷表

零部件名称	测试负荷/kN
工作绳、柔性导轨、安全短绳	22
下降器、自锁器、连接器、圆环（半圆环）、吊带	15
衬带	8

5.6.2 座板按 6.6.4 规定的方法测试，应无裂纹或损坏。

5.6.3 自锁器按 6.7 规定的方法每年至少进行一次周期性锁止测试。应能正常锁止，解锁后应能在柔性导轨上顺畅滑动，正常工作。

5.6.4 坠落悬挂安全带按 6.8 规定的方法测试，应符合 GB 6095 的要求。

5.7 屋面固定架

5.7.1 承载结构应为塑性金属材料。按 6.9 规定的方法测试，依据材料的屈服点计算，其安全系数不应小于 2。

5.7.2 按 6.10 规定的方法测试，抗倾覆力矩与倾覆力矩之比不应小于 2。

5.7.3 屋面固定架整机自重（不含配重）应小于 70 kg。其中最大构件质量应小于 20 kg。

5.7.4 配重应有固定锁紧装置。

5.7.5 应有出厂合格证，并配有指导安装和使用的产品说明书。

5.7.6 主要构件锈蚀、磨损深度达到原构件厚度 10% 时，应报废。

5.7.7 主要构件产生永久变形后，不得修复应报废。

5.7.8 整体失稳后，不得修复应报废。

6 测试方法

6.1 外观

目视、感官检查。

6.2 结构

目视、感官检查。

6.3 尺寸

6.3.1 测量量具

使用钢直尺或钢卷尺，精确到 1 mm。

6.3.2 测量方法

将所测部件自然平放在工作台上，用 6.3.1 要求的量具测量。

6.4 整体静态负荷测试

6.4.1 悬吊下降系统整体静态负荷与下降器功能测试

6.4.1.1 悬吊下降系统整体静态负荷与下降器功能测试示例见图1。

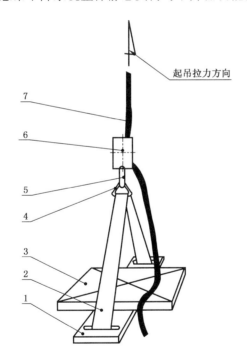

起吊拉力方向

1——座板；
2——吊带；
3——砂包；
4——半圆环；
5——连接器；
6——下降器；
7——工作绳。

图1 悬吊下降系统整体静态负荷与下降器功能测试示意图

6.4.1.2 测试装置

——测试架：顶部有安装工作绳的刚性挂点装置。

——砂包：

质量 100 kg±2 kg；

外型尺寸：长 940 mm、横截面周长 850 mm；

填充物：沙土和锯末的均匀混合物。

6.4.1.3 测试步骤

步骤 1：将工作绳安装在测试架顶部的挂点装置上；

步骤 2：将砂包放置在座板装置上；

步骤 3：将下降器和座板装置按作业状态安装在工作绳上；

步骤 4：用 100 mm/min±5 mm/min 的速度提升工作绳，使座板装置离开地面，至下降器达到测试人员胸部时停止，静置 5 min；

步骤 5：观察悬吊下降系统情况；

步骤 6：按照下降器的操作方法使下降器向下运动 200 mm，静置 5 min；

步骤 7：观察下降器的运动情况，卸载。

6.4.2 坠落保护系统整体静态负荷测试按 GB/T 6096—2009 中 4.7 规定的方法进行。

6.5 整体动态负荷测试

坠落保护系统整体动态负荷测试按 GB/T 6096—2009 中 4.8 规定的方法进行。

6.6 零部件静态负荷测试

6.6.1 工作绳、柔性导轨和安全短绳按 GB/T 6096—2009 中 4.3 规定的方法进行测试。

6.6.2 吊带、衬带按 GB/T 6096—2009 中 4.3 规定的方法进行测试。

6.6.3 金属件（包含自锁器、下降器）按 GB/T 6096—2009 中 4.9 规定的方法进行测试。

6.6.4 座板强度测试方法

6.6.4.1 测试装置：量程小于 50 kN，精度 1 级的压力试验机。测试安装方法见图 2。

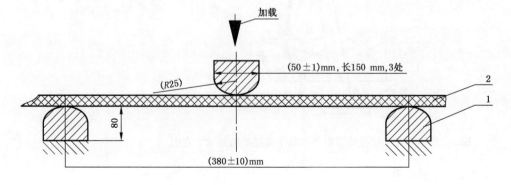

1——加载头；

2——座板。

图 2 座板强度测试安装方法示意图

6.6.4.2 测试步骤

步骤 1：将座板按图 2 所示方法安装在压力试验机上；

步骤 2：用 1 kN/min 的速度均匀加压至 4 400 N，持续 1 min；

步骤 3：观察座板情况，卸载。

6.7 自锁器周期性锁止测试

按制造商的说明将柔性导轨固定，装好自锁器，在安全短绳另一端系上 5 kg±0.1 kg 的测试块，提升测试块至自锁器能够自由滑动，释放测试块，观察自锁器情况。

6.8 坠落悬挂安全带按 GB/T 6096—2009 规定的方法进行测试。

6.9 屋面固定架应力测试

本条款以屋面固定架型式为例，进行应力测试，其他型式可参照本例进行测试。

6.9.1 测试步骤

将固定架安装于平整场地，在固定架吊点加载总载重量。加载稳定后，测量危险断面处的应力，记录应力值。重复测量三次。取三次应力值的平均值为最终测量结果。根据最终测量结果和塑性金属材料屈服点计算安全系数。

6.9.2 数据处理

固定架的安全系数应按式（1）计算：

$$S = \sigma/(\sigma_j \cdot f_1 \cdot f_2) \quad\cdots\cdots\cdots\cdots\cdots\cdots\cdots\cdots\cdots\cdots\cdots（1）$$

式中：

S——固定架的安全系数；

σ——塑性金属材料屈服点，单位为兆帕（MPa）；

σ_j——固定架危险断面处的应力平均值，单位为兆帕（MPa）；

f_1——应力集中系数，$f_1 \geqslant 1.10$；

f_2——动载荷系数，$f_2 \geqslant 1.25$。

6.10 屋面固定架抗倾覆性测试

本条款以屋面固定架型式为例，进行抗倾覆性测试，其他型式可参照本例进行测试。

测试步骤：将固定架安装于平整场地，在固定架吊点加载 2 倍的总载重量，静置 10 min。固定架应保持平衡。后支点不得离地。

7 安全规程

7.1 安全检查

7.1.1 安装前应检查挂点装置、座板装置、绳、带的零部件是否齐全，连接部位是否灵活可靠，有无磨损、锈蚀、裂纹等情况，发现问题应及时处理，不准带故障安

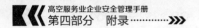

装或作业。

7.1.2 安装应由经过专业培训合格的人员按产品说明书的安装要求进行。安装完毕应经安全员检查通过签字确认方可投入使用。

7.1.3 每次作业前应检查的项目见表 2。检查应有记录，每项检查应由检查责任人签字确认。

表 2　安全检查项目表

检查项目	内　容
建筑物支承处	能否支承吊具的全部重量
工作绳、柔性导轨、安全短绳	是否有腐蚀、磨损断股现象
屋面固定架	配重和销钉是否完整牢固
自锁器	动作是否灵活可靠
坠落悬挂安全带	是否损伤
挂点装置	是否牢固可靠，承载能力是否符合要求，绳结应为死结，绳扣不能自动脱出
建筑物的凸缘或转角处的衬垫	是否垫好；在作业过程中随时检查衬垫是否脱离绳索
劳动保护用品	是否穿戴

7.2 使用要求

7.2.1 悬吊作业时屋面应有经过专业培训的安全员监护。

7.2.2 悬吊作业区域下方应设警戒区，其宽度应符合 GB 3608—2008 附录 A 中可能坠落范围半径 R 的要求，在醒目处设警示标志并有专人监控。悬吊作业时警戒区内不得有人、车辆和堆积物。

7.2.3 悬吊作业前应制定发生事故时的应急和救援预案。

7.2.4 工作绳、柔性导轨应注意预防磨损，在建筑物的凸缘或转角处应垫有防止绳索损伤的衬垫，或采用马架。

7.2.5 作业人员应按先系好安全带，再将自锁器按标记箭头向上安装在柔性导轨上，扣好保险，最后上座板装置。检查无误后方可悬吊作业。

7.2.6 工具应带连接绳，避免作业时失手脱落。悬吊作业时严禁作业人员间传递工具或物品。

7.2.7 作业时应佩戴符合 GB 2811 要求的安全帽。

7.2.8 根据作业需要穿用符合要求的抗油拒水清洗作业服。

7.2.9 根据作业需要佩戴符合 GB 14866 要求的眼护具或面罩。

7.2.10 作业时穿用的清洗作业靴，靴底应有防滑功能，靴面应抗油拒水，耐酸碱腐蚀。

7.2.11 根据作业需要佩戴防护手套。

7.2.12 在垂放绳索时，作业人员应系好安全带。绳索应先在挂点装置上固定，然后顺序缓慢下放，严禁整体抛下。

7.2.13 无安全措施时，严禁在女儿墙上作任何活动。

7.2.14 停工期间应将工作绳、柔性导轨下端固定好，防止行人或大风等因素造成人员伤害及财产损失。

7.2.15 每天作业结束后应将悬吊下降系统、坠落防护系统收起，整理好。

7.2.16 工作绳、柔性导轨应放在干燥通风处，并应盘整好悬吊保存，不准堆积踩压。

7.2.17 严禁将已报废的工作绳作为柔性导轨使用。

7.2.18 严禁使用含氢氟酸的清洗剂。

8 安全管理要求

8.1 资质要求

8.1.1 采用座板式单人吊具悬吊作业的企业应取得座板式单人吊具悬吊作业安全资质。

8.1.2 作业人员应接受高处悬吊作业的岗位培训，取得座板式单人吊具悬吊作业操作证后，持证上岗作业。

8.2 作业人员要求

8.2.1 年龄18周岁以上，初中及以上文化程度。

8.2.2 就业前应体检合格，无不适应高处特种作业的疾病和生理缺陷。

8.2.3 酒后、过度疲劳、情绪异常者不得进行悬吊作业。

8.3 作业环境要求

8.3.1 作业环境气温不大于35 ℃。

8.3.2 悬吊作业地点风力大于4级时，严禁悬吊作业。

8.3.3 大雾、大雪、凝冻、雷电、暴雨等恶劣气候，严禁悬吊作业。

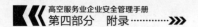

附　录　A
（资料性附录）
座板式单人吊具下降器种类

A.1 座板式单人吊具下降器种类见图 A.1。

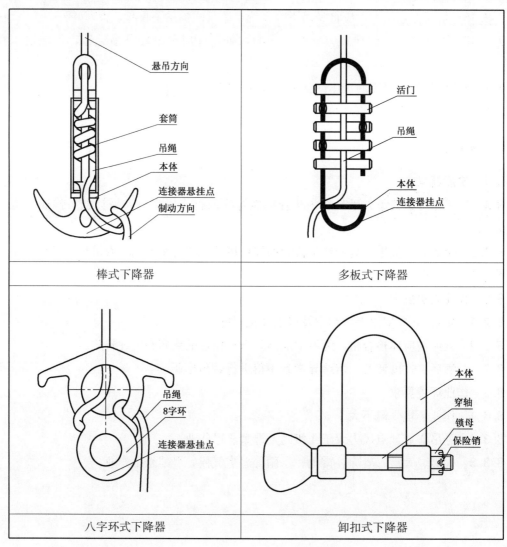

图 A.1　下降器图例

ICS 13.100
B 09

中华人民共和国安全生产行业标准

AQ 3025—2008

化学品生产单位高处作业安全规范

Safety code for works at height in chemical manufacturer

2008-11-19 发布 　　　　　　　　　　2009-01-01 实施

国家安全生产监督管理总局　发　布

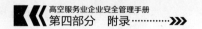

前　言

本标准第 5 章为强制性条款，其余为推荐性条款。

本标准是根据化学品生产单位对高处作业的安全要求制定的。

本标准附录 A 是资料性附录。

本标准由国家安全生产监督管理总局提出，全国安全生产标准化技术委员会化学品安全标准化分技术委员会（TC 288/SC 3）归口并解释。

本标准负责起草单位：中化化工标准化研究所、中国化学品安全协会、中国化工集团公司和中国化工信息中心。

本标准主要起草人：周厚云、梅建、樊晶光、张润泉、张金晓、嵇建军、周玮。

本标准是首次发布。

化学品生产单位高处作业安全规范

1 范围

本标准规定了化学品生产单位的高处作业分级、安全要求与防护和《高处安全作业证》的管理。

本标准适用于化学品生产单位生产区域的高处作业。

2 规范性引用文件

下列文件中的条款通过本标准的引用而成为本标准的条款，凡是注日期的引用文件，其随后所有的修改单（不包括勘误的内容）或修订版均不适用于本标准，然而，鼓励根据本标准达成协议的各方研究是否可使用这些文件的最新版本。凡是不注日期的引用文件，其最新版本适用于本标准。

GB 2811　安全帽

GB/T 3608　高处作业分级

GB 4053.1　固定式钢直梯安全技术条件

GB 4053.2　固定式钢斜梯安全技术条件

GB 6095　安全带

GB 7059　便携式木梯安全要求

GB 12142　便携式金属梯安全要求

GB/T 13869　用电安全导则

JCJ 46　施工现场临时用电安全技术规范

3 术语和定义

本标准采用下列术语和定义。

3.1

高处作业　work at height

凡距坠落高度基准面 2m 及其以上，有可能坠落的高处进行的作业，称为高处作业。

3.2

坠落基准面　falling datum plane

从作业位置到最低坠落着落点的水平面，称为坠落基准面。

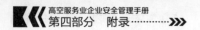

3.3

坠落高度（作业高度）h　falling height（work height）

从作业位置到坠落基准面的垂直距离，称为坠落高度（也称作业高度）。

3.4

异温高处作业　high or low temperature work at height

在高温或低温情况下进行的高处作业。高温是指作业地点具有生产性热源，其气温高于本地区夏季室外通风设计计算温度的气温 2℃ 及以上时的温度。低温是指作业地点的气温低于 5℃。

3.5

带电高处作业　hot-line work at height

作业人员在电力生产和供、用电设备的维修中采取地（零）电位或等（同）电位作业方式，接近或接触带电体对带电设备和线路进行的高处作业。低于表 1 距离的，视为接近带电体。

表 1　各电压等级下最小接近带电体距离

电压等级/kV	10 以下	20～35	44	60～110	154	220
距离/m	1.7	2	2.2	2.5	3	4

4　高处作业分级

4.1　高处作业的分级

高处作业分为一级、二级、三级和特级高处作业，符合 GB/T 3608 的规定。

4.1.1　作业高度在 $2m \leqslant h < 5m$ 时，称为一级高处作业。

4.1.2　作业高度在 $5m \leqslant h < 15m$ 时，称为二级高处作业。

4.1.3　作业高度在 $15m \leqslant h < 30m$ 时，称为三级高处作业。

4.1.4　作业高度在 $h \geqslant 30m$ 以上时，称为特级高处作业。

5　高处作业安全要求与防护

5.1　高处作业前的安全要求

5.1.1　进行高处作业前，应针对作业内容，进行危险辨识，制定相应的作业程序及安全措施。将辨识出的危害因素写入《高处安全作业证》（以下简称《作业证》），并制定出对应的安全措施。

5.1.2　进行高处作业时，除执行本规范外，应符合国家现行的有关高处作业及安全技术标准的规定。

5.1.3　作业单位负责人应对高处作业安全技术负责并建立相应的责任制。

5.1.4 高处作业人员及搭设高处作业安全设施的人员，应经过专业技术培训及专业考试合格，持证上岗，并应定期进行体格检查。对患有职业禁忌证（如高血压、心脏病、贫血病、癫痫病、精神疾病等）、年老体弱、疲劳过度、视力不佳及其他不适于高处作业的人员，不得进行高处作业。

5.1.5 从事高处作业的单位应办理《作业证》，落实安全防护措施后方可作业。

5.1.6 《作业证》审批人员应赴高处作业现场检查确认安全措施后，方可批准高处作业。

5.1.7 高处作业中的安全标志、工具、仪表、电气设施和各种设备，应在作业前加以检查，确认其完好后投入使用。

5.1.8 高处作业前要制定高处作业应急预案，内容包括：作业人员紧急状况时的逃生路线和救护方法，现场应配备的救生设施和灭火器材等。有关人员应熟知应急预案的内容。

5.1.9 在紧急状态下（有下列情况下进行的高处作业的）应执行单位的应急预案：

    1)   遇有 6 级以上强风、浓雾等恶劣气候下的露天攀登与悬空高处作业；

    2)   在临近有排放有毒、有害气体、粉尘的放空管线或烟囱的场所进行高处作业时，作业点的有毒物浓度不明。

5.1.10 高处作业前，作业单位现场负责人应对高处作业人员进行必要的安全教育，交代现场环境和作业安全要求以及作业中可能遇到意外时的处理和救护方法。

5.1.11 高处作业前，作业人员应查验《作业证》，检查验收安全措施落实后方可作业。

5.1.12 高处作业人员应按照规定穿戴符合国家标准的劳动保护用品，安全带符合 GB 6095 的要求，安全帽符合 GB 2811 的要求等。作业前要检查。

5.1.13 高处作业前，作业单位应制定安全措施并填入《作业证》内。

5.1.14 高处作业使用的材料、器具、设备应符合有关安全标准要求。

5.1.15 高处作业用的脚手架的搭设应符合国家有关标准。高处作业应根据实际要求配备符合安全要求的吊笼、梯子、防护围栏、挡脚板等。跳板应符合安全要求，两端应捆绑牢固。作业前，应检查所用的安全设施是否坚固、牢靠。夜间高处作业应有充足的照明。

5.1.16 供高处作业人员上下用的梯道、电梯、吊笼等要符合有关标准要求；作业人员上下时要有可靠的安全措施。固定式钢直梯和钢斜梯应符合 GB 4053.1 和 GB 4053.2 的要求，便携式木梯和便携式金属梯，应符合 GB 7059 和 GB 12142 的要求。

5.1.17 便携式木梯和便携式金属梯梯脚底部应坚实，不得垫高使用。踏板不得有缺档。梯子的上端应有固定措施。立梯工作角度以 $75°±5°$ 为宜。梯子如需接长使用，应有可靠的连接措施，且接头不得超过 1 处。连接后梯梁的强度，不应低于单

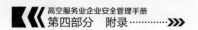

梯梯梁的强度。折梯使用时上部夹角以 35°～45°为宜，铰链应牢固，并应有可靠的拉撑措施。

5.2　高处作业中的安全要求与防护

5.2.1　高处作业应设监护人对高处作业人员进行监护，监护人应坚守岗位。

5.2.2　作业中应正确使用防坠落用品与登高器具、设备。高处作业人员应系用与作业内容相适应的安全带，安全带应系挂在作业处上方的牢固构件上或专为挂安全带用的钢架或钢丝绳上，不得系挂在移动或不牢固的物件上；不得系挂在有尖锐棱角的部位。安全带不得低挂高用。系安全带后应检查扣环是否扣牢。

5.2.3　作业场所有坠落可能的物件，应一律先行撤除或加以固定。高处作业所使用的工具、材料、零件等应装入工具袋，上下时手中不得持物。工具在使用时应系安全绳，不用时放入工具袋中。不得投掷工具、材料及其他物品。易滑动、易滚动的工具、材料堆放在脚手架上时，应采取防止坠落措施。高处作业中所用的物料，应堆放平稳，不妨碍通行和装卸。作业中的走道、通道板和登高用具，应随时清扫干净；拆卸下的物件及余料和废料均应及时清理运走，不得任意乱置或向下丢弃。

5.2.4　雨天和雪天进行高处作业时，应采取可靠的防滑、防寒和防冻措施。凡水、冰、霜、雪均应及时清除。对进行高处作业的高耸建筑物，应事先设置避雷设施。遇有 6 级以上强风、浓雾等恶劣气候，不得进行特级高处作业、露天攀登与悬空高处作业。暴风雪及台风暴雨后，应对高处作业安全设施逐一加以检查，发现有松动、变形、损坏或脱落等现象，应立即修理完善。

5.2.5　在临近有排放有毒、有害气体、粉尘的放空管线或烟囱的场所进行高处作业时，作业点的有毒物浓度应在允许浓度范围内，并采取有效的防护措施。在应急状态下，按应急预案执行。

5.2.6　带电高处作业应符合 GB/T 13869 的有关要求。高处作业涉及临时用电时应符合 JCJ 46 的有关要求。

5.2.7　高处作业应与地面保持联系，根据现场配备必要的联络工具，并指定专人负责联系。尤其是在危险化学品生产、储存场所或附近有放空管线的位置高处作业时，应为作业人员配备必要的防护器材（如空气呼吸器、过滤式防毒面具或口罩等），应事先与车间负责人或工长（值班主任）取得联系，确定联络方式，并将联络方式填入《作业证》的补充措施栏内。

5.2.8　不得在不坚固的结构（如彩钢板屋顶、石棉瓦、瓦楞板等轻型材料等）上作业，登不坚固的结构（如彩钢板屋顶、石棉瓦、瓦楞板等轻型材料）作业前，应保证其承重的立柱、梁、框架的受力能满足所承载的负荷，应铺设牢固的脚手板，并加以固定，脚手板上要有防滑措施。

5.2.9　作业人员不得在高处作业处休息。

5.2.10 高处作业与其他作业交叉进行时，应按指定的路线上下，不得上下垂直作业，如果需要垂直作业时应采取可靠的隔离措施。

5.2.11 在采取地（零）电位或等（同）电位作业方式进行带电高处作业时。应使用绝缘工具或穿均压服。

5.2.12 发现高处作业的安全技术设施有缺陷和隐患时，应及时解决；危及人身安全时，应停止作业。

5.2.13 因作业必需临时拆除或变动安全防护设施时，应经作业负责人同意，并采取相应的措施，作业后应立即恢复。

5.2.14 防护棚搭设时，应设警戒区，并派专人监护。

5.2.15 作业人员在作业中如果发现情况异常，应发出信号，并迅速撤离现场。

5.3 高处作业完工后的安全要求

5.3.1 高处作业完工后，作业现场清扫干净，作业用的工具、拆卸下的物件及余料和废料应清理运走。

5.3.2 脚手架、防护棚拆除时，应设警戒区，并派专人监护。拆除脚手架、防护棚时不得上部和下部同时施工。

5.3.3 高处作业完工后，临时用电的线路应由具有特种作业操作证书的电工拆除。

5.3.4 高处作业完工后，作业人员要安全撤离现场，验收人在《作业证》上签字。

6 《高处安全作业证》的管理

6.1 一级高处作业和在坡度大于45°的斜坡上面的高处作业，由车间负责审批。

6.2 二级、三级高处作业及下列情形的高处作业由车间审核后，报厂相关主管部门审批。

    1) 在升降（吊装）口、坑、井、池、沟、洞等上面或附近进行高处作业；
    2) 在易燃、易爆、易中毒、易灼伤的区域或转动设备附近进行高处作业；
    3) 在无平台、无护栏的塔、釜、炉、罐等化工容器、设备及架空管道上进行高处作业；
    4) 在塔、釜、炉、罐等设备内进行高处作业；
    5) 在临近有排放有毒、有害气体、粉尘的放空管线或烟囱及设备高处作业。

6.3 特级高处作业及下列情形的高处作业，由单位安全部门审核后，报主管安全负责人审批。

    1) 在阵风风力为6级（风速10.8m/s）及以上情况下进行的强风高处作业；
    2) 在高温或低温环境下进行的异温高处作业；
    3) 在降雪时进行的雪天高处作业；
    4) 在降雨时进行的雨天高处作业；

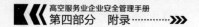
5）　在室外完全采用人工照明进行的夜间高处作业；

6）　在接近或接触带电体条件下进行的带电高处作业；

7）　在无立足点或无牢靠立足点的条件下进行的悬空高处作业。

6.4　作业负责人应根据高处作业的分级和类别向审批单位提出申请，办理《作业证》。《作业证》一式三份，一份交作业人员、一份交作业负责人，一份交安全管理部门留存，保存期1年。

6.5　《作业证》有效期7天，若作业时间超过7天，应重新审批。对于作业期较长的项目，在作业期内，作业单位负责人应经常深入现场检查，发现隐患及时整改，并做好记录。若作业条件发生重大变化，应重新办理《作业证》。

附　录　A

（资料性附录）

高处安全作业证

表 A.1　高处安全作业证（正面）

编号：		申请单位		申请人	
作业时间	自　　年　月　日　时　分至　　年　月　日　时　分				
作业地点					
作业内容					
作业高度			作业类别		
作业单位			作业人		
危害辨识：					
安全措施（执行背面）： 作业单位现场负责人：					
监护人职责	检查安全措施是否安全落实到位，并做好监护		监护人	签字： 　　　　年　月　日　时　分	
作业单位负责人意见	签字： 　　　　年　月　日　时　分				
审核部门意见	签字：		签字：	签字：	
审批部门意见	签字：		签字：	签字：	
完工验收人	签字： 　　　　年　月　日　时　分				

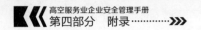

表 A.2 高处安全作业证（背面）——高处作业安全措施

序号	高处作业安全措施	打√
1	作业人员身体条件符合要求	
2	作业人员着装符合工作要求	
3	作业人员佩戴合格的安全帽	
4	作业人员佩戴安全带，安全带要高挂低用	
5	作业人员携带有工具袋	
6	作业人员佩戴：A.过滤式防毒面具或口罩 B.空气呼吸器	
7	现场搭设的脚手架、防护网、围栏符合安全规定	
8	垂直分层作业中间有隔离设施	
9	梯子、绳子符合安全规定	
10	石棉瓦等轻型棚的承重梁、柱能承重负荷的要求	
11	作业人员在石棉瓦等不承重物作业所搭设的承重板稳定牢固	
12	采光不足、夜间作业有充足的照明、安装临时灯、防爆灯	
13	30m 以上高处作业配备通讯、联络工具	
14	补充措施	
15	其他	

ICS 47.020.01
U 09
备案号：40848—2013

CB

中华人民共和国船舶行业标准

CB 3785—2013
代替 CB 3785—1997

船舶修造企业高处作业安全规程

Safety procedures for height operation in shipyard

2013-04-25 发布　　　　　　　　　　2013-09-01 实施

中华人民共和国工业和信息化部　发布

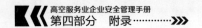

前　　言

本标准全文为强制性的。

本标准按照 GB/T 1.1—2009 给出的规则起草。

本标准代替 CB 3785—1997《船厂高处作业安全规程》，与 CB 3785—1997 相比，主要技术变化如下：

——增加了高处作业的职责（见第 4 章）；

——修订了对作业人员的要求（见第 5 章，1997 年版的第 4 章）；

——修订了对安全设施、设备及个体防护用品的要求（见第 6 章，1997 年版的第 6、7、8、9、10、11、12 章）；

——增加了对环境的要求（见第 7 章）；

——修订了对管理的要求（见第 8 章，1997 年版的第 7.2 条和第 9.2 条）。

本标准由全国海洋船标准化技术委员会船舶基础分技术委员会提出。

本标准由中国船舶工业综合技术经济研究院归口。

本标准起草单位：江南造船（集团）有限责任公司。

本标准主要起草人：蔡水林。

本标准于 1997 年 10 月首次发布。

船舶修造企业高处作业安全规程

1 范围

本标准规定了船舶修造企业高处作业的职责、作业人员的要求、安全设施、设备及个体防护用品的要求、环境要求和管理要求。

本标准适用于船舶修造企业的高处作业，其他企业可参照执行。

2 规范性引用文件

下列文件对于本文件的应用是必不可少的。凡是注日期的引用文件，仅注日期的版本适用于本文件。凡是不注日期的引用文件，其最新版本（包括所有的修改单）适用于本文件。

GB/T 700—2006 碳素结构钢

GB 2811 安全帽

GB/T 3091—2008 低压流体输送用焊接钢管

GB/T 3608 高处作业分级

GB 4053.1 固定式钢梯及平台安全要求 第1部分：钢直梯

GB 4053.2 固定式钢梯及平台安全要求 第2部分：钢斜梯

GB 4053.3 固定式钢梯及平台安全要求 第3部分：工业防护栏杆及钢平台

GB 4303 船用救生衣

GB 5725 安全网

GB 6095 安全带

GB/T 13793—2008 直缝焊接钢管

GB 15831 钢管脚手架扣件

GB 19155 高处作业吊篮

GB 50005—2003 木结构设计规范

3 术语和定义

下列术语和定义适用于本文件。

3.1

高处作业 height operation
在距坠落高度基准面2m或2m以上可能坠落的高处进行的作业。

4　职责

4.1　技术设计部门负责安全技术措施的设计。

4.2　生产管理部门负责安全技术措施的组织制造，并经专业人员检查验收。

4.3　使用部门负责安全技术措施的安装、调试和用后的收管保养。

4.4　安全部门负责对相关部门或单位的职责和程序进行监督。

5　作业人员的要求

5.1　作业人员应年满 18 周岁，且不宜超过国家法定退休年龄，具有初中以上文化程度，经过安全教育，具有登高作业知识和技能。

5.2　有下列疾病或生理缺陷者，不应从事高处作业：

　　a)　高血压；

　　b)　恐高症；

　　c)　精神病、癫痫、美尼尔氏症、眩晕症等；

　　d)　心脏病；

　　e)　四肢骨关节及运动功能障碍。

5.3　应经用人单位入厂"三级教育"后，方可入厂进行高处作业。

5.4　取得"特种作业操作资格证书"后，应在本单位指定师傅的指导下，实习六个月，经本单位考核后，可单独作业。

5.5　特种作业人员的培复训按相关国家或行业规定执行。

5.6　作业人员应保持精力充沛，注意身体状况。

5.7　作业人员应做到未经认可或审批、穿易滑鞋或携带笨重物件、石棉瓦或玻璃瓦上无垫脚板和酒后不登高，在生产现场不嬉闹、不睡觉，不攀爬脚手架或设备登高。

5.8　作业人员应了解作业内容、作业顺序和作业环境，熟悉逃生通道，掌握操作方法，遵守操作规程。

5.9　作业人员共同作业时，应服从现场指挥，步调一致。

5.10　立体交叉作业时，应协调好作业程序。

5.11　当接到管理、监督人员发出暂停作业指令时，应绝对服从。

6　安全设施、设备及个体防护用品的要求

6.1　安全设施、设备应符合以下规定：

　　a)　固定式工业防护栏杆及钢平台的设计、制造和安装符合 GB 4053.3 的
　　　　规定；

　　b)　高处作业吊篮的技术性能、检查、维护和操作符合 GB 19155 的规定；

  c)   脚手架符合附录 A 规定；

  d)   安全网符合 GB 5725 的规定，安全网拉设及管理符合附录 B 规定；

  e)   跳板或浮桥（引桥）符合附录 C 规定；

  f)   开口部位的安全设施符合附录 D 规定；

  g)   梯符合附录 E 规定。

6.2   个体防护用品应符合以下规定：

  a)   安全帽符合 GB 2811 的规定；

  b)   安全带符合 GB 6095 的规定；

  c)   救生衣符合 GB 4303 的规定；

  d)   服装及其他个体防护用品符合国家有关规定。

6.3   高处作业安全设施应执行四个必有：有洞必有盖、有边必有栏、洞边无盖无栏必有网、电梯口必有门联锁。

6.4   使用梯子时，梯子上端应突出 600mm 以上，并绑扎牢固，下端采取防滑措施。上端无法固定时，应有人扶档保护。

6.5   上、下直梯时，应面向直梯，双手扶牢，确保三点着梯。戴手套时应戴五指手套。

6.6   不应两个人同时在同一梯子上、下，或两个人同时站在同一梯上作业；梯上有人时梯不应移位。

6.7   作业时，应穿戴好安全带及其他规范的个体防护用品，不应穿拖鞋、凉鞋、高跟鞋；水上作业时，应穿好救生衣；进行脚手架搭设、拆除作业时，禁止穿硬底鞋、长筒靴、带钉鞋和易滑鞋。

6.8   临时焊接眼板、支撑、托架等用具，应得到主管部门或有关技术人员认可，不应随便使用。

6.9   同一块脚手板上站立的人员和携带的物件的总重量不应超过脚手板额定载荷。

6.10   脚手架、栏杆、网、盖板等安全设施应完好，不应擅自拆除；如因工作原因确实需要进行临时拆除，应获得有关部门管理人员同意，并采取措施确保安全，工作完毕后应立即复原。

6.11   禁止使用有断裂、腐蚀和严重损坏的栏杆。

6.12   禁止在扶手或栏杆上站立或当垫脚物，将物件搁在扶手上，把软管、电线等挂放在扶手上。

6.13   不应将身体靠在临时扶手或栏杆上。

6.14   作业人员在脚手板上走动时，应单手或双手扶着扶手。

6.15   作业人员擦洗玻璃窗或挂横幅标语等非生产性工作时，也应佩带安全带，并挂牢。

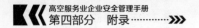

7　环境要求

7.1　作业场所不应有砂子、油污、润滑脂等易滑物。

7.2　作业场所不应有攀上爬下、将扶手当梯上下、奔跑、跳越、剧烈碰撞以及在管子等易滚动物件上行走等不安全行为。

7.3　现场应有充足的照明。

7.4　遇 6 级及以上大风、暴雨、大雪等恶劣气候时，不应进行露天高处作业。

7.5　在敞开处周围临时堆放物品，应离敞开口 1m 以上，高度应不大于 1m。

7.6　与高压线之间的距离应满足国家规定，若不能满足规定，应采取有效的隔离措施。

7.7　有冰、雪、霜、冻时，应在工作前将其扫清，防止滑跌。

7.8　所用物件、材料等堆放应平稳；上层工作时，应对物件、材料等采取稳固措施，不应往下乱抛物件、材料等。

7.9　高处传、接物件时，应做到从手交到手；上下传递物件时，应采取有效措施，防止掉落。

7.10　在物件、材料等坠落半径区域内应采取安全措施，将人员清理出危险区域。

8　管理要求

8.1　作业中所需要的各类安全技术措施，应事先计划，纳入生产准备。

8.2　组织生产人员应做到以下要求后，方可安排作业：

    a)　应使作业人员明确作业内容、作业顺序和作业环境；

    b)　对现场共同作业明确主要负责人，落实安全措施；

    c)　立体交叉作业时，先协调联系，明确落实各有关作业人员的职责；

    d)　对作业人员、作业环境、安全设施设备和个体防护用品的穿戴等情况进行检查，确保满足本标准相关条款的要求。

8.3　作业人员应对高处作业现场进行检查，并符合下列要求：

    a)　栏杆、绳索应拉紧，高度是应到要求；

    b)　脚手板搁架（支架）的焊接应良好，销子、卸扣应插好；

    c)　脚手板搁放、重叠长度应达到要求；

    d)　脚手架、梯、高处作业吊篮应符合安全要求；

    e)　作业场所周围的孔、洞、预留口等应铺设好网、盖板、护栏、警告牌等安全措施，并注意现场四周变化情况；

    f)　逃生通道应安全和畅通；

    g)　敞开处应有防护设施，周围临时堆放物品应符合安全要求；

h) 防踏空用具，例如网、盖板等，应完好，并符合安全要求；

i) 临时焊接眼板、支撑、托架等用具应符合安全要求。

8.4 组织生产人员应及时了解作业进程、生产设备的使用状况及作业人员的操作行为等情况。

8.5 作业单位（或部门）应做到工作完成后，清理物料，并将场地清理干净。

8.6 组织生产人员应对安全实施情况进行评估、完善。

8.7 发现安全隐患，应立即向有关管理人员报告，并通知有关人员及时整改，在安全隐患未排除前，不应进行高处作业。

8.8 作业人员的教育与培训档案由用人单位有关部门建立并保存。

8.9 禁止在无安全措施的情况下进行高处作业。

附 录 A
（规范性附录）
脚手架

A.1 脚手架钢管应采用 GB/T 13793—2008 或 GB/T 3091—2008 中规定的普通钢管，其质量应符合 GB/T 700—2006 中 Q235A 级钢的规定。

A.2 脚手架扣件应符合 GB 15831 的规定。

A.3 木脚手板材质应符合 GB 50005—2003 中 II 级材质的规定，宽度宜不小于 200m，厚度应不小于 50mm。

A.4 脚手架的横向长度应两端分别超出作业面两端点 500mm，纵向高度应高出最高作业部位 1.5m 以上。

A.5 脚手架各层（上下横杆）之间的垂直距离应在 1.8m～2.0m 范围内。

A.6 高度低于 20m 的脚手架立杆间距应不大于 2.5m；高度超过 20m 的脚手架立杆间距应不大于 2m。

A.7 大横杆宜设置在立杆内侧，其长度宜不小于 6m。

A.8 每个主节点处应设置一根小横杆，用直角扣件扣接且不应拆除；

A.9 每道剪刀撑宽度应不小于 4 跨距，斜杆与地面的倾角宜在 45°～60°之间。

A.10 当搭设高度低于 7m 时，可采用设置抛撑的方法保持脚手架的稳定，抛撑应采用通长杆件与脚手架可靠连接，抛撑与地面的倾角应在 45°～60°之间。

A.11 作业层脚手板应铺满、铺稳，离开结构立面 100mm～200mm。脚手板宜铺设在三根横杆上。

A.12 脚手架、脚手板与船体结构或物件之间的间距应不大于 300mm，因船形条件使间距无法达到要求时，应采取加设栏杆或安全网等有效的辅助措施和安全措施；安全护栏高度应在 1050mm～1200mm 之间，并牢固可靠。

A.13 不应使用不同管径的杆件混合搭设脚手架。

A.14 验收合格后，应设置交验合格标识牌；未经验收合格的脚手架禁止任何单位和个人使用。

A.15 供特种涂装使用的脚手架应做好防静电、防燃爆措施。

附　录　B

（规范性附录）

安全网

B.1　安全网拉设的安全要求

B.1.1　修造船作业场所应采用阻燃安全网。

B.1.2　两层以上及多层脚手板的安全网拉设应拉平、拉紧、拉牢。

B.1.3　水平拉设安全网时，应不小于作业位置的坠落半径，坠落半径的计算应符合 GB/T 3608 的要求，安全网的挠度在支承间距的 1/4 以内。

B.2　安全网的安全管理

B.2.1　安全网拉设完毕后进行下列检查：

　　a)　网安装后应经专人检查合格后方可使用；

　　b)　网的挠度应符合要求；

　　c)　网的紧固应符合要求；

　　d)　支承点强度应可靠。

B.2.2　安全网的使用维护检查符合下列要求：

　　a)　使用中应指定专人进行巡回检查；

　　b)　应定期观察安全网的整体垂直度、水平度和挠度等；

　　c)　应经常清除积聚在安全网上的落物，保持网面清洁；

　　d)　应避免大量焊接脱落物或其他火星落入网上。

B.2.3　拆除后的保管和保养符合下列要求：

　　a)　安全网应由专人保管；

　　b)　严禁与腐蚀剂、化学物质堆放在一起，每隔半年进行一次翻仓整理；

　　c)　拆卸后应检查网绳、吊索，发现不良部位应用同等质量绳索进行修补或更换。

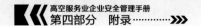

<h1 style="text-align:center">附　录　C</h1>

（规范性附录）

跳板或浮桥（引桥）

C.1 悬空单行跳板或浮桥（引桥）的宽度应不小于 600mm，双行跳板或浮桥（引桥）的宽度应不小于 1200mm。

C.2 活动搁置处搁置长度应不小于 1000mm，根部应牢固。

C.3 防滑板横挡间隔应不大于 500mm，坡度应不大于 30°。

C.4 跳板或浮桥（引桥）两边应加设防护栏杆，下部应设安全网。

C.5 木质跳板厚度应不小于 50mm，长度应不大于 6m。

附　录　D

（规范性附录）

开口部位的安全设施

D.1 船舶结构构件的甲板开口部位、大型开口部位以及有坠落或踏空危险的孔、洞等敞开部位，应设置安全栏杆、围栏、栅栏、盖板、警告标志等安全设施。

D.2 栏杆高度应不低于1050mm。立柱的间距应小于3.4m。栏杆上应装有两道扶手，上道扶手和下道扶手的间距为500mm，下道扶手与底脚的间距为505mm。

D.3 设置栏杆、围栏、栅栏、盖板等有困难，或设置后仍有坠落危险的开口部位，应装设安全网。开口部位不能满足上述要求时，应在距开口1m处，用绳子拦设警戒线，并挂有相应警示标志，在夜间应设灯光警示标志。

D.4 在天棚或轻型屋顶上作业时，应采取在天棚或屋顶上搭上垫板或在天棚或屋顶下方拉设安全网等措施。

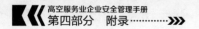

附 录 E
（规范性附录）
梯

E.1　钢制直梯应按 GB 4053.1 的要求制造和放置。

E.2　钢制斜梯应按 GB 4053.2 的要求制造和放置。

E.3　人字梯搭设满足以下安全要求：

　　a)　搭设时应放置在坚实、平整的地面上；

　　b)　梯脚应用橡皮等包扎防滑；

　　c)　人字梯中间应有连接装置，夹角宜为 60°。

ICS 13.100
C 78
备案号：45811—2015

DB11

北 京 市 地 方 标 准

DB11/T 1194—2015

高处悬吊作业企业安全生产
管理规范

Working safety management specification for enterprise
of suspended operations at heights

2015-04-30 发布 2015-11-01 实施

北京市质量技术监督局 发 布

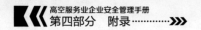

前　　言

　　本标准按照 GB/T 1.1—2009 给出的规则起草。

　　本标准由北京市安全生产监督管理局提出并归口。

　　本标准由北京市安全生产监督管理局组织实施。

　　本标准起草单位：北京市劳动保护科学研究所、北京市西城区安全生产监督管理局、北京云瀚清洁工程有限公司、泰州市明辉高空安全设备有限公司、北京新侨物业管理有限公司、高空机械工程技术研究院有限公司、江苏申锡建筑机械有限公司、北京物业管理行业协会、北京洁龙保洁清洗有限责任公司、北京泰威清洗服务有限公司、北京世纪家洁保洁有限公司。

　　本标准主要起草人：陈国红、毕军东、赵常华、高哲宇、赵磊、刘宇、秦妍、李仲秀、刘兆明、喻惠业、吴杰、王静。

高处悬吊作业企业安全生产管理规范

1 范围

本标准规定了高处悬吊作业企业的一般要求和人员能力、设备与器材、作业安全的要求。

本标准适用于高处悬吊作业企业的安全生产。

2 规范性引用文件

下列文件对于本文件的应用是必不可少的。凡是注日期的引用文件，仅注日期的版本适用于本文件。凡是不注日期的引用文件，其最新版本（包括所有的修改单）适用于本文件。

GB 2811　安全帽

GB 6095　安全带

GB 14866　个人用眼护具技术要求

GB 19154—2003　擦窗机

GB 19155—2003　高处作业吊篮

GB 23525　座板式单人吊具悬吊作用安全技术规范

GB/T 25030—2010　建筑物清洗维护质量要求

3 一般要求

3.1 应建立安全生产管理机制，对高处悬吊作业全过程进行监督管理。

3.2 应建立并执行以下规章制度：

    a)　安全生产责任制；

    b)　作业安全规程；

    c)　设备采购制度；

    d)　作业现场安全检查制度；

    e)　设备的安装、操作及维护规程；

    f)　劳动防护用品管理制度；

    g)　安全培训考核制度；

    h)　记录和存档制度；

    i)　事故应急预案。

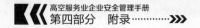

3.3　应跟踪并识别相关的安全生产法律法规及标准，及时更新完善规章制度。

4　人员能力

4.1　安全管理人员应有高处悬吊作业相关的安全生产知识和管理能力。

4.2　安全管理人员应能辨识施工现场的危险源，并具有组织对危险源排除或有效防护的能力。

4.3　应对作业人员进行培训、考核，培训内容应包括：

    a)　高处悬吊作业的法律、法规、规章及标准；

    b)　本单位安全管理制度、高处悬吊作业操作规程、应急措施；

    c)　技能应符合 GB/T 25030—2010 中 5.7.1 的要求。

5　设备与器材

5.1.1　特种劳动防护用品（座板式单人吊具、工作绳、柔性导轨、自锁器、安全带、安全帽）应符合相应国家标准并检验合格。

5.1.2　座板式单人吊具技术性能指标应符合 GB 23525 的要求。

5.1.3　吊篮应符合 GB 19155—2003 的要求。

5.1.4　采购安全设备后应对其规格、数量、产品合格证或质量保证书进行验收。

5.1.5　存放设备与器材的库房应符合以下要求：

    a)　配备在有效期内的消防器材；

    b)　设置报废、停用物品的区域且有标志；

    c)　防水、防雨、通风干燥、防虫防鼠；

    d)　有"禁止烟火"、"禁止入内"的安全标志；

    e)　易燃、易爆、腐蚀等危险化学品应分库存放。

5.1.6　应安排专人每月至少对库房安全措施检查 1 次。

5.1.7　自锁器、连接器应清洗后加油防锈。

5.1.8　吊篮的维护应符合 GB 19155—2003 中 9.3 的规定。

5.1.9　擦窗机的维护应符合 GB 19154—2003 中 9.4 的规定。

5.1.10　设备、器材、劳动防护用品使用前应检查是否完好。

5.1.11　新安装、大修后及闲置一年以上的高空作业设备、高处悬挂设备和装置，启用前应由有资质的检测机构按国家相应标准进行安全性能检测。

5.1.12　柔性导轨、安全带经过 1 次坠落冲击后应报废。

5.1.13　设备、器材使用后应擦拭干净，检查是否失效，并保存在阴凉干燥处。

5.1.14　维护保养后应有记录。

6 作业安全

6.1 施工方案

6.1.1 应识别和确认作业现场的屋顶结构、承重能力及建筑物外立面结构、材质存在影响安全作业的风险点，制定施工方案。

6.1.2 施工方案应对以下内容进行明确规定：

 a) 悬吊作业设备；

 b) 挂点装置、悬挂机构的位置；

 c) 辅助装置及使用方法；

 d) 施工工艺；

 e) 施工工期；

 f) 项目负责人、安全员、作业人员及其职责；

 g) 可能存在的危险源及安全防护措施；

 h) 异形结构的作业技术难点及解决方案；

 i) 对人员坠落、电气设备故障、异常天气的应急措施。

6.2 环境要求

6.2.1 作业设备的使用，应符合以下要求：

 a) 风力大于4级，不应使用座板式单人吊具作业；

 b) 风力大于5级，不应使用吊篮、擦窗机作业。

6.2.2 雨雪天不应室外作业。

6.2.3 作业人员及其携带工具与带电体的动态最小距离不应小于表1的规定。

表1 作业人员及其携带工具与带电体的动态最小距离

电压带电体的电压等级 kV	距离 m
≤10	1.7
35	2.0
110	2.5
220	4.0
500	6.0

6.2.4 应在作业区下方设置警戒区，作业区各作业位置至相应坠落高度基准面的垂直距离中的最大值 h 与警戒区范围半径 R 应符合以下要求：

 a) 当 2m≤h≤5m 时，R≥3m；

 b) 当 5m≤h≤15m 时，R≥4m；

 c) 当 15m≤h≤30m 时，R≥5m；

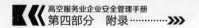

d) 当 $h \geq 30m$ 时，$R \geq 6m$。

6.3 作业现场安全

6.3.1 应指派专人在作业现场顶部自始至终监护，控制作业进度，发现安全问题及时处理。

6.3.2 安全管理人员应向作业人员进行施工作业安全交底，并按附录 A 表 A.1 的要求进行记录。

6.3.3 应为作业人员配备符合 GB 6095 的坠落悬挂安全带和 GB 2811 的安全帽。

6.3.4 作业中使用清洁剂或有异物飞溅时，应配戴符合 GB 14866 的眼护具。

6.3.5 应使用有漏电保护功能的配电箱。

6.3.6 作业前，作业人员应进行自我检查并接受安全员的检查，相关记录应符合以下要求：

    a) 使用座板式单人吊具作业时，作业人员应按附录 B 表 B.1 的要求填写，安全员应按附录 B 表 B.2 的要求填写；

    b) 使用吊篮、擦窗机作业时，作业人员应按附录 C 表 C.1 的要求填写，安全员应按附录 C 表 C.2 的要求填写。

6.3.7 挂点装置应独立使用，静负荷承载能力不应小于 330kg。

附　录　A

（规范性附录）

高处悬吊作业安全技术交底书

作业前，应根据高处悬吊作业安全技术交底书向安全员、作业人员交底，并签字确认。

表 A.1　高处悬吊作业安全技术交底书

序号	交底类型		交底内容
1	作业范围及内容		
2	作业方法		
3	质量标准		
4	工期和每天作业时间要求		
5	人员分工	1）　项目负责人	
		2）　安全员	
		3）　作业人员	
6	开工点和作业顺序		
7	顶部可以利用的固定装置		
8	每天进度		
9	施工作业注意事项	1）　现场危险源	
		2）　解决方案和防护措施	
		3）　其他安全注意事项	
10	异形结构解决方案		

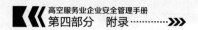

表 A.1 高处悬吊作业安全技术交底书（续）

序号	交底类型		交底内容
11	现场环境	1）温度	
		2）风向	
		3）风力	
		4）施工行走路线	
		5）施工取水点	
		6）污水排放点	
		7）物料存放点	
		8）就餐处	
		9）饮水点	
		10）厕所	
12	其他注意事项		

作业地点		作业时间	
被交底人（签字）：			
交底人（签字）：		交底时间	年　月　日

附 录 B

（规范性附录）

座板式单人吊具作业现场安全检查表

使用座板式单人吊具作业时，作业人员应按表 B.1 进行自我检查、安全员应按表 B.2 进行检查，发现不符合规定的项目应及时整改。

表 B.1 座板式单人吊具—作业人员自我检查表

序号	检查项目	检查结果	备注
1	工作绳、柔性导轨、安全短绳无接头、破裂及切割伤损。	是□ 否□	
2	各设备金属件表面光洁、无裂痕、麻点、变形。	是□ 否□	
3	自锁器动作灵活可靠。	是□ 否□	
4	坠落悬挂安全带织带不应有撕裂、开线。	是□ 否□	
5	座板吊带不应有撕裂、开线。	是□ 否□	
6	作业工具应带连接绳，防止作业时掉落。	是□ 否□	
签字		日期： 年 月 日	

表 B.2 座板式单人吊具—安全员检查表

序号	检查项目	检查结果	备注
1	无雨天、作业处风力不大于 4 级。	是□ 否□	
2	作业人员无疾病未愈、酒后、疲劳、情绪不稳定。	是□ 否□	
3	作业活动范围与危险电压带电体的距离符合本标准 6.2.3 要求。	是□ 否□	
4	保护楼顶接触面应设置临时设施。	是□ 否□	
5	自锁器安装方向正确，指示箭头向上。	是□ 否□	
6	作业区域上方出入口处及下方的警戒区设置警示标志并分别设专人看护。	是□ 否□	
7	作业下方警戒区范围符合本标准 6.2.4 要求。	是□ 否□	
8	挂点装置牢固可靠，承载能力符合要求，且为封闭型结构。	是□ 否□	
9	挂点装置的绳结为死结，绳扣不应自动脱出。	是□ 否□	
10	工作绳、柔性导轨不应使用同一挂点装置。	是□ 否□	
11	工作绳、柔性导轨不应垂落到地面上，绳端距地 0.5～1m。	是□ 否□	
12	挂点装置选用屋面固定架时，配重和销钉应完整牢固。	是□ 否□	

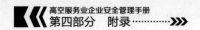

表 B.2　座板式单人吊具—安全员检查表（续）

序号	检查项目	检查结果	备注
13	应随时检查建筑物凸缘或转角处的绳索不脱离衬垫。	是□　否□	
14	停工期间，绳索应固定好，防止因大风等原因造成的物品损坏。	是□　否□	
15	作业后，应清点工具，保存在安全的场所。	是□　否□	
作业地点		作业内容	
签字		日期：　　年　　月　　日	

附 录 C
（规范性附录）
吊篮、擦窗机作业现场安全检查表

使用吊篮、擦窗机作业时，作业人员应按表 C.1 进行自我检查、安全员应按表
C.2 进行检查，发现不符合规定的项目应及时整改。

表 C.1 吊篮、擦窗机—作业人员自我检查表

序号	检查项目	检查结果	备注
1	安全短绳无接头、破裂及切割伤损。	是☐ 否☐	
2	各设备金属件表面光洁、无裂痕、麻点、变形。	是☐ 否☐	
3	自锁器动作灵活可靠。	是☐ 否☐	
4	坠落悬挂安全带织带不应有撕裂、开线。	是☐ 否☐	
5	作业工具应带连接绳，防止作业时掉落。	是☐ 否☐	
签字		日期： 年 月 日	

表 C.2 吊篮、擦窗机—安全员检查表

序号	检查项目	检查结果	备注
1	作业处风力不大于 5 级。	是☐ 否☐	
2	作业人员无疾病未愈、酒后、疲劳、情绪不稳定。	是☐ 否☐	
3	作业活动范围与危险电压带电体的距离符合本标准 6.2.3 要求。	是☐ 否☐	
4	保护楼顶接触面应设置临时设施。	是☐ 否☐	
5	自锁器安装方向正确，指示箭头向上。	是☐ 否☐	
6	作业区域上方出入口处及下方的警戒区设置警示标志并分别设专人看护。	是☐ 否☐	
7	作业下方警戒区范围符合本标准 6.2.4 要求。	是☐ 否☐	
8	电气系统各插头与插座应无松动现象。	是☐ 否☐	
9	保护接地和接零应牢靠。	是☐ 否☐	
10	平台的随行电缆应无损伤，其端部应可靠地固定在平台上。	是☐ 否☐	
11	各控制开关、漏电保护器、限位器和操作按钮应灵敏有效。	是☐ 否☐	
12	悬挂机构前后支架安装位置应无被移动迹象。	是☐ 否☐	
13	配重块应无缺损、码放及固定应牢靠。	是☐ 否☐	
14	悬挂机构的加强钢丝绳应无损伤或松懈现象。	是☐ 否☐	

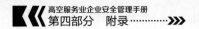
表C.2　吊篮、擦窗机—安全员检查表（续）

序号	检查项目	检查结果	备注
15	悬挂机构移位安装时应有专人指导。	是□　否□	
16	悬吊平台应无弯扭或局部严重变形，其底板、护板和栏杆应牢靠，焊缝应无裂纹。	是□　否□	
17	提升机与平台安装架连接部位应无裂纹、变形和松动现象。	是□　否□	
18	提升机运转应正常、无异响、异味或过热现象。	是□　否□	
19	提升机应无渗油、漏油现象。	是□　否□	
20	制动器应无打滑现象。	是□　否□	
21	手动滑降装置应灵敏有效。	是□　否□	
22	安全锁与平台安装架连接部位应无裂纹、变形和松动现象。	是□　否□	
23	安全锁动作应灵敏可靠。	是□　否□	
24	摆臂式安全锁的锁绳角度应在规定范围内。	是□　否□	
25	离心式安全锁快速抽绳测试时应能触发锁绳机构。	是□　否□	
26	钢丝绳应无断丝、毛刺、扭伤、死弯、松散、起股等缺陷。	是□　否□	
27	钢丝绳表面应无混凝土、涂料或粘结物。	是□　否□	
28	钢丝绳端部的绳夹应无松动现象。	是□　否□	
29	钢丝绳上的上限位止档和下端的坠铁应无移位或松动迹象。	是□　否□	
30	安全钢丝绳应独立于工作钢丝绳另行悬挂且处于悬垂状态。	是□　否□	
31	擦窗机的行走、回转、变幅和升降等机构运行应正常。	是□　否□	
32	擦窗机的行走、回转、变幅和升降等机构的限位装置应有效。	是□　否□	
33	擦窗机的各安全装置应灵敏可靠。	是□　否□	
34	吊篮、擦窗机平台内应无积雪或冰渣等异物。	是□　否□	
35	空载试验运行，设备应升降平稳，启、制动正常。	是□　否□	
36	停工期间，绳索应固定好，避免大风等原因造成的物品损坏。	是□　否□	
作业地点		作业内容	
签字		日期：　　年　月　日	